高等学校教材

海洋油气开采原理与技术

张红玲　编著

U0213670

石 油 工 业 出 版 社

内 容 提 要

本书根据海上油气开采的特点,以海上油气开采和集输工艺过程为主线,系统介绍海上油气开采与集输工程的基本概念、原理、方法、工艺技术和设计计算方法。内容包括油气田开发工程基础、海上油气田生产系统、海上油气井生产原理与技术、注水与增产增注技术、油气水处理、油气储存与集输等。

本书可作为海洋油气工程及其相关专业本科生的教材,也可供现场工程技术人员参考。

图书在版编目(CIP)数据

海洋油气开采原理与技术/张红玲编著.
北京:石油工业出版社,2013.10
(高等学校教材)
ISBN 978－7－5021－9727－8

Ⅰ. 海…
Ⅱ. 张
Ⅲ. 海上油气田－油气开采－高等学校－教材
Ⅳ. TE53

中国版本图书馆 CIP 数据核字(2013)第 197474 号

出版发行:石油工业出版社
　　　　(北京安定门外安华里 2 区 1 号　　100011)
　　　　网　　址:http://pip.cnpc.com.cn
　　　　编辑部:(010)64523579　　发行部:(010)64523620
经　销:全国新华书店
印　刷:北京中石油彩色印刷有限责任公司
2013 年 10 月第 1 版　2013 年 10 月第 1 次印刷
787×1092 毫米　开本:1/16　印张:16.5
字数:420 千字
定价:32.00 元

前　言

随着陆上石油资源的日益减少和开发难度的逐渐增大,从陆地走向海洋、走向深海已经成为石油开发的必然趋势。为了适应我国海上石油工业发展和石油高等教育改革的要求,根据石油高等教育教材建设规划和海洋油气工程专业教学计划,中国石油大学(北京)组织教师编写了相关教材。

《海洋油气开采原理与技术》是针对海洋油气工程专业本科生编写的教材。全书力求以加强专业基础为出发点,将油气田开发过程中各部分的专业知识有机结合起来,突出油气田开发技术过程的完整性,使学生系统掌握油气田开发工程领域的专业知识。

根据海洋油气工程所处的特殊地表环境对石油开采方式的要求,本书突出海洋油气工程的特殊井型、特殊开采方式选择,内容侧重于油层物理基础、渗流力学、油藏工程方法、采油工程原理和海上油气集输的基础知识,注重各部分内容之间的技术界面和衔接,加强与相关学科的交叉。

本书由张红玲执笔,刘慧卿审阅。在本书的编写过程中,得到了中国石油大学(北京)石油工程学院、石油工业出版社的大力支持,在此表示真诚的谢意!

由于编者水平有限,书中错误和不足之处在所难免,敬请使用本教材的师生及有关专家读者批评指正。

编　者

2013 年 3 月

目　　录

绪　　论

随着全球油气需求的快速增长,世界石油工业正面临着极大的挑战。由于陆上油气储量增长乏力,越来越多的国家加大了对海洋油气资源勘探开发的力度。

大陆边缘是大陆和大洋底的过渡地带,占海洋总面积的 25%,沉积层厚度达数千米,蕴藏着极其丰富的油气资源,含有的潜在资源占海底总资源的 99%,因此海上勘探开发前景巨大。大陆边缘主要由大陆架、大陆坡和大陆隆三部分组成,其中大陆架的石油资源非常丰富。

海洋油气资源分布极不均衡,主要富集于四个区域。一是中美洲墨西哥湾、加勒比海、马拉开波湖以及巴西海域,其中墨西哥湾和马拉开波湖是全世界勘探开发最早的海上油气区域;二是北欧、北美大陆架,包括北海、阿拉斯加以及加拿大北部等;三是中东的波斯湾;四是东亚、东南亚海域,包括中国海域、印度尼西亚海域以及澳大利亚海域等。其中,波斯湾海域石油、天然气储量最丰富,约占总储量的一半左右。其次是委内瑞拉的马拉开波湖、北海、墨西哥湾,以及中国、东南亚、澳大利亚、西非等海域。

我国海岸带、大陆架和深海区蕴藏着相当丰富的海洋油气资源。渤海盆地面积为 $7.3 \times 10^4 km^2$,中新生代沉积厚度近万米。黄海盆地面积为 $10 \times 10^4 km^2$,以新生代沉积为主。东海陆架盆地面积为 $46 \times 10^4 km^2$,是我国最大的沉积盆地之一。南海北部陆架区油气资源丰富,其中珠江口盆地面积为 $14.7 \times 10^4 km^2$;莺歌海和琼东南盆地面积为 $7.9 \times 10^4 km^2$;北部湾盆地面积为 $3.5 \times 10^4 km^2$。根据 2008 年公布的第三次全国石油资源评价结果,中国海洋石油资源量为 $246 \times 10^8 t$,占全国石油资源总量的 23%;海洋天然气资源量为 $16 \times 10^{12} m^3$,占全国天然气资源总量的 30%。在中国海洋的油气资源中,70% 又蕴藏于深海区域,而当前中国海洋石油探明程度为 12%,海洋天然气探明程度为 11%,远低于世界平均水平。

一、世界海洋石油工业发展概况

海洋石油开发是一个由浅水到深海、由简易到成熟的发展过程。世界海洋油气开发主要经历了初始阶段、起步阶段和发展阶段。

1. 海洋开发的初始阶段

从 1897 年到 1947 年,是海洋石油开发的初始阶段。1897 年美国加利福尼亚海岸萨姆兰德油田用木桩作基础建立了第一座海上钻井平台,拉开了海洋石油开发的序幕。1920 年委内瑞拉在马拉开波湖发现油田,1930 年,苏联在里海发现油田。这个阶段全世界只有少数几个滩海油田,大多采用结构简单的木质平台和人工岛,只能在近岸的海边和内湖采油。技术落后和成本高昂困扰着海洋石油的开发。

2. 海洋开发的起步阶段

从 1947 年到 1973 年,海洋石油工程发生了巨大的变化。1947 年是海洋石油开发的划时代开端,美国在墨西哥湾成功建造了世界上第一座钢制固定平台。同年在美国路易斯安那州马尔根城西南 12 海里(n mile)的海域,首次使用了海上移动式钻井装置——带有驳船的钻井平台。1953 年美国建成了世界上第一艘自升式钻井平台——“马格洛利亚号”,工作水深 12m。1954 年美国建造了第一艘坐底式平台——“查理先生号”,用于密西西比河口钻井。

海上移动式钻井装置的不断更新,推动了海上石油勘探向大陆架迈进。同时,海上采油设备也在迅速发展,出现了各种适应大陆架开发的工程设施,保证了大陆架油田建设的需要。到 20 世纪 70 年代初,海上石油开采已遍及世界各大洋。

3. 海洋开发的发展阶段

从 1973 年至今是海洋石油开发的发展阶段。1973 年全球石油价格猛涨,进一步推动了海洋石油开发的历史进程,特别是为了适应对环境恶劣的北海和深水油气开发的需要,人们不断采用更先进的海洋工程技术,建造能够抵御更大风浪并适用于深水的海洋平台,如张力腿平台(TLP)、浮式圆柱形平台(SPAR)等,海洋石油开发从此进入大规模开发阶段。近 40 年中,海洋原油产量的比重在世界总产油量中增加了 1 倍。进军深海是近年来世界海洋石油开发的主要技术趋势之一。

截至 2005 年年底,在世界海洋中已经发现了 521 个油田,其中,欧洲和地中海 25 个,北海 110 个,意大利、亚德里亚海 20 个,黑海和里海 17 个,南美洲 43 个,非洲近海 27 个,西非近海 85 个,波斯湾 60 个,印度次大陆沿岸海域 2 个,远东近海 23 个,印度和马来西亚近海 15 个,澳大利亚东部和新西兰近海 3 个,澳大利亚西北大陆架 12 个,南部吉普斯兰德海盆 19 个,北海近海 44 个,美国墨西哥湾 16 个。

二、我国海洋石油工业发展概况

我国的海洋石油开发起步比国外晚了 60 年,迄今已经历了两个发展阶段。

1. 自力更生探索阶段

20 世纪 50 年代,我国由于尚无专门的海上勘探装备,采取"以陆地推测海域"的办法,1957 年在海南岛附近地区找到油气苗,并推测出海上生油凹陷。1965 年,在离莺歌海村水道口外 4km、水深 15m 处用浮筒式钻井装置打的海 2 井发现了原油,这是我国海上第一口油气发现井。1966 年在渤海湾建起了第一座固定式钻井平台,钻探的渤海第一口探井——海 1 井于 1967 年喷出了原油。至 1979 年我国海上共钻井 100 口,发现 9 个含油构造,建成 4 座简易采油平台,最高年产油 17×10^4 t。

2. 合作开发阶段

为了科学合理地开发海洋资源,1982 年 1 月 30 日国务院正式颁布《中华人民共和国对外合作开采海洋石油资源条例》,作为我国海洋石油对外开放的基本政策法规,为开展对外合作提供了法律依据。同年成立中国海洋石油总公司,专门负责海洋石油资源的勘探开发。自此,我国的海洋石油开发走上了专业化、正规化、国际化发展的快车道。

三、海洋石油开采的内容

1. 海上采油

海上采油是从 20 世纪初开始的,很多国家曾先后在浅海的堤坝、栈桥、人工岛及不同的木质、混凝土、钢质平台上进行过海底石油的开采。随着海洋石油钻探进入环境恶劣的深海区,海上采油开始采用各种大型的固定平台、牵索塔式平台和张力腿式平台。各种海上建筑物上的采油、作业方法和所用的采油机械设备,与陆地的差别不大。早在 20 世纪 40 年代初,为了避免浮冰对海上采油设备的撞击,曾在 20 多米深的水下,安装过水下采油井口设备。随着深海采油的需要,海底采油系统成为目前最引人注意的海洋石油开发技术,它具有设备简单、安全可靠和经济实用等特点。

目前,海上采油方法主要有自喷采油、气举采油、电动潜油离心泵采油、水力活塞泵采油、水力喷射泵采油、螺杆泵采油等。

2. 油气集输与储运

海上油气处理工艺与陆上相比,大体相同。不同之处是海上的处理设备布置得比较集中,自动化程度高,效率高。用于浮式生产装置上的处理设备,还要求在晃动状态下仍然可以正常工作。

海上油气输送主要有海底管道输送和油轮输送两种方式。由于海底管道建成后,可以连续输油,输送量大,受水深、气候、地形等条件的影响较小,输油效率高、能力大,且管线铺设的工期短、投产快,一般海上油气集输广泛采用海底管道输送方式。对于海上天然气的输送,最安全、最可靠的输送方式为管道输送。近年来,其他输送方式也有所发展。

四、海上油气田开发生产的主要特点

1. 有限期性

陆地油气田从发现开始,经过油藏评价、开发和生产阶段,直到废弃,需要 50 年或更长时间。而海上油气田因受平台寿命的限制,一般生产期为 15～20 年,有的甚至更短。因此,海上油气田的生命期是有限的,与陆地油气田相比开发速度要快,采油速度要高,又要达到最佳的经济效益。

2. 复杂性(不确定性、多边性)

海上油气田在评价阶段不可能钻太多的评价井,在开发阶段也要按照稀井高产的原则,依据有限的地球物理、钻井和测试数据,很难掌握地质的变化规律。因此海上油气田地质参数的不确定性和生产动态的多变性,可能会变得更为突出、更加复杂。

3. 高风险性

海上平台等设施上设备、流程密集,空间狭小,作业岗位多,交叉作业多,风险度高于陆上石油开发。此外,由于海况恶劣、地质条件复杂,又增加了海上油气田开发的风险性。

海上油气田开发还有其他风险,如政治、战乱、技术、金融等,可见海上油气田开发风险相当高。

4. 高科技性

由于有限期性、复杂性、综合性、高风险性,海上油气田开发要求必须采用当今世界上最先进的工艺技术,进行合理、经济有效的开发。

5. 高投入

海上油气田开发建设需要建造生产平台、生活平台和动力平台,要修海底管线,还要钻开发生产井。同陆上油气田相比,投资要大得多,一般需要 5～6 年或更长一段时间才能偿还全部勘探开发投资。

第一章　油气田开发工程基础

第一节　油藏流体的物理性质

油藏是指具有同一水动力学系统的油气聚集场所。油藏流体是指储存于岩石孔隙中的石油、天然气和水。油藏流体处于高温高压环境下，特别是其中的石油溶解有大量的烃类气体，决定了油藏流体具有特殊的物理性质。

石油和天然气是多组分烃类物质的混合物。石油主要由烷烃、环烷烃和芳香烃组成，此外还含有少量的氧、硫和氮等化合物。天然气主要由甲烷、乙烷、丙烷、丁烷等烃类组成，此外还含有少量的一氧化碳、二氧化碳、氮气和硫化氢等。

一、流体相态特征

相是指体系中具有相同物理和化学性质的任何均匀部分。组成相的物质可以是混合物，也可以是化合物；相间具有明显的界面，用机械方法可以分开。在油藏条件下，具有化学稳定性的每一种化合物称为组分。体系中所含组分以及各组分在总体系中所占的比例称为该体系的组成。相态特征不仅与流体组成有关，而且还与其所处的压力、温度条件等有关。

1. 单组分体系的相态特征

对于一个组成固定的体系，表示压力(p)、温度(T)或体积(V)的关系图称为相图。单组分物质体系相图即纯物质的饱和蒸气压曲线，如图1—1所示。

露点压力是指温度一定时，开始从气相中凝结出第一批液滴时的压力。泡点压力是指温度一定时，开始从液相中分离出第一批气泡时的压力。单组分物质的饱和蒸气压曲线实际是该物质的露点与泡点的共同轨迹线。单组分物质体系的临界点为该体系两相共存的最高压力和最高温度点。图1—2是油气藏中常见的几种纯物质的蒸气压曲线。

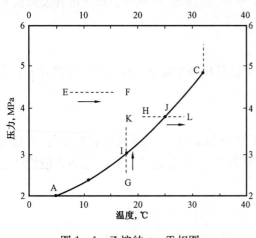

图1—1　乙烷的 $p-T$ 相图

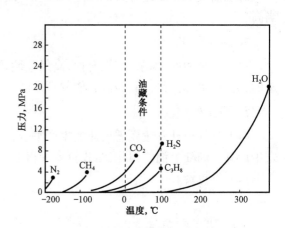

图1—2　常见纯物质的蒸气压曲线

2. 多组分体系的相态特征

多组分体系相图与单组分体系相图之间的差别：

(1)多组分体系相图不是单调的曲线,而是开口环线。泡点线和露点线围成的区域为两相区。两相区的左上侧为液相区,两相区的右下侧为气相区。

(2)多组分体系的临界点不是体系的最高温度和最高压力点,多组分体系的临界点定义为泡点线和露点线的交汇点。

(3)组分的比例不同,两相区面积不同。

(4)多组分体系相图中会出现反常凝析现象。降压过程中液体变为气体是正常的;而降压过程中气体凝结为液体就属于反常的。图1-3中,"B→D"为反常凝析过程,"D→B"为反常蒸发过程。烃类体系产生反常现象的原因主要有两个。一是烃类体系的组成,当一个体系的轻烃和重烃比例合适、轻重差异恰当时(表1-1),就会构成凝析体系;二是压力、温度条件,一个油气藏只有压力、温度合适,才能成为凝析油气藏,才会出现反常凝析(或蒸发)现象。

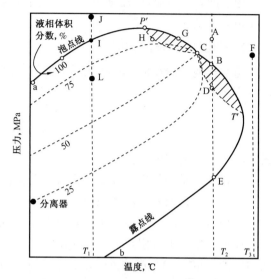

图1-3 多组分烃类体系的 $p-T$ 相图

表1-1 典型的天然气组成数据

组分	体积分数,%		
	干气	凝析气	油田伴生气
C_1	96.00	75.00	27.52
C_2	2.00	7.00	16.34
C_3	0.60	4.50	29.18
C_4	0.30	3.00	22.55
C_5	0.20	2.00	3.90
C_6	0.10	2.50	0.47
C_{7+}	0.80	6.00	0.04
合计	100.00	100.00	100.00
相对分子质量	17.584	27.472	38.568
相对密度	0.607	0.948	1.331

3. 多组分烃类体系相图的应用

如图1-3所示,对多组分烃类体系的 $p-T$ 相图分析如下。

点J:烃类体系为单相(液相),代表一个未饱和油藏,油藏原始压力高于油藏泡点压力。

点I:烃类体系处于饱和状态,代表一个饱和油藏,油藏的原始压力等于油藏泡点压力。

点L:烃类体系处于过饱和状态,代表一个过饱和油藏或带气顶的油藏。

点A:烃类体系处于反常凝析区的上方,代表一个凝析气藏。

点F:表示纯气藏,无论压力如何变化,烃类体系始终是气相,代表一个干(或湿)气藏。

二、地层油的高压物性

地层油处于高温、高压下,且溶解有大量气体,所以地层原油的高压物性与地面原油性质存在很大差别。

1. 地层油的溶解气油比

通常把地层油在地面标准状况下进行一次脱气分离出的气体体积与地面脱气油体积的比值称为溶解气油比。

$$R_s = \frac{V_g}{V_s} \qquad (1-1)$$

式中　R_s——溶解气油比,m^3/m^3;

V_g——地面标准状况下一次脱气分离出的天然气体积,m^3;

V_s——地面脱气油体积,m^3。

典型地层油溶解气油比曲线如图1—4所示。

在油田生产中常用到生产气油比的概念,它的含义是某井(或某区块、或某油田)在一定时间内的产气量(m^3)与产油量(m^3)之比,用 R_p 表示。

一般情况下,生产气油比大于或等于溶解气油比。

2. 地层油的体积系数

地层油的体积系数 B_o 又称原油地下体积系数,是指原油在地下的体积与其在地面脱气后的体积之比。用公式表示为:

$$B_o = \frac{V_o}{V_s} \qquad (1-2)$$

式中　V_o——地层油的体积,m^3;

V_s——V_f 体积的地层油在地面脱气后的体积,m^3。

一般情况下,地下原油的体积受溶解气、热膨胀和压缩性三个因素影响。由于溶解气和热膨胀对原油体积的影响(使之变大)大于压缩性对原油体积的影响(使之变小),地层油的体积总是大于它在地面脱气后的体积,故地层油的体积系数一般大于1。

图1—5中实线为地层油的体积系数与压力的关系曲线。当压力低于泡点压力 p_b 时,地

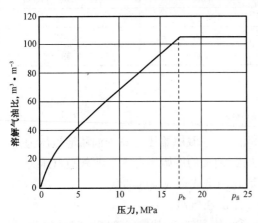

图1—4　典型地层油溶解气油比曲线

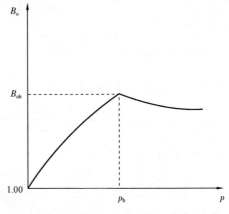

图1—5　体积系数与压力的关系

层油的体积系数 B_o 随压力增加而增加，这是由于压力上升原油中溶解气量增加，原油体积膨胀；当压力高于泡点压力 p_b 时，随着压力的上升，地层油的体积系数 B_o 变小，这是由于压力上升原油体积弹性收缩；当压力等于泡点压力 p_b 时，地层油的体积系数最大。泡点压力下地层油的体积系数常用 B_{ob} 表示。油藏原始压力下地层油的体积系数常用 B_{oi} 表示。

3. 地层油的密度和相对密度

地层油的密度是指单位体积地层油的质量，其数学表达式为：

$$\rho_o = \frac{m_o}{V_o} \qquad (1-3)$$

式中 ρ_o——地层油密度，kg/m^3；

　　　 m_o——地层油质量，kg；

　　　 V_o——地层油体积，m^3。

由于溶解气的关系，地层油密度比地面脱气油密度要低几个甚至十几个百分点。

当压力低于泡点压力 p_b 时，地层油密度随压力的增加而降低；当压力高于泡点压力 p_b 时，地层油密度随压力的增加而增加。矿场上习惯使用地面油相对密度参数，按石油行业标准，地面油相对密度定义为：20℃时的地面油密度与4℃时的水密度之比，用符号 d_4^{20} 或 γ_o 表示。

4. 地层油的等温压缩系数

地层油的弹性大小用等温压缩系数 C_o 表示。地层油等温压缩系数定义为在等温条件下，单位体积地层油随压力变化体积的变化率，用公式表示为：

$$C_o = -\frac{1}{V_o}\left(\frac{\partial V_o}{\partial p}\right)_T \approx -\frac{1}{V_o}\frac{\Delta V_o}{\Delta p} \qquad (1-4)$$

式中 C_o——地层油压缩系数，MPa^{-1}；

　　　 V_o——地层油体积，m^3。

油藏压力 p 与泡点压力 p_b 间的平均压缩系数可表示为：

$$\frac{\partial V_o}{\partial p} \approx \frac{\Delta V_o}{\Delta p} = \frac{V_{ob} - V_o}{p_b - p} \qquad (1-5)$$

则　　　$$C_o = -\frac{1}{V_o}\frac{V_{ob} - V_o}{p_b - p} = -\frac{1}{B_o}\frac{B_{ob} - B_b}{p_b - p} = \frac{1}{B_o}\frac{B_{ob} - B_b}{p - p_b} \qquad (1-6)$$

式中 V_{ob}——泡点压力 p_b 下地层油体积，m^3；

　　　 V_o——p（高于泡点压力 p_b）压力下地层油体积，m^3；

　　　 p_b——泡点压力，MPa；

　　　 p——油藏压力，$p > p_b$，MPa。

通常情况下地面原油的等温压缩系数为 $(4\sim7)\times10^{-4}MPa^{-1}$，地层油的等温压缩系数为 $(10\sim140)\times10^{-4}MPa^{-1}$。

5. 地层油的黏度

原油的黏度取决于它的化学组成、溶解气油比、压力和温度等条件。原油黏度的变化范围很大，可以从零点几个毫帕·秒到上万毫帕·秒。

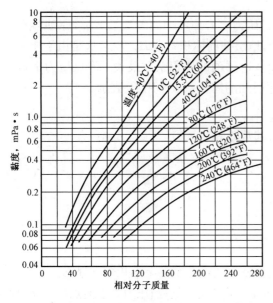

图1—6 原油黏度与相对分子质量的关系曲线

(据 Brown,1948)

1)原油的化学组成

原油的化学组成是影响原油黏度的内在因素。通常,原油的相对分子质量越大,黏度越高,如图1—6所示。原油中重烃、非烃物质(胶质＋沥青质)等大分子化合物的含量对原油的黏度有着重大影响。原油中重烃、胶质＋沥青质含量多,使原油黏度增大,甚至出现非牛顿流体的黏滞特性。

2)温度

地层油和地面脱气油对温度都十分敏感。温度增加,液体分子运动速度增大,液体分子间引力减小,黏度降低。各种原油对温度的敏感性不同,在一定的温度范围内,温度每升高10℃,原油黏度约下降一半。原油黏度与温度的关系近似对数曲线,如图1—7所示。

3)压力和溶解气

由于原油中溶解有大量的天然气,地层油黏度对压力也十分敏感。原油黏度与压力的关系如图1—8所示。

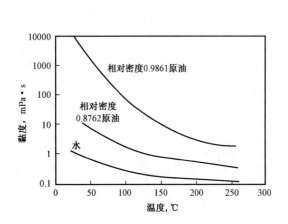

图1—7 原油黏度与温度关系曲线

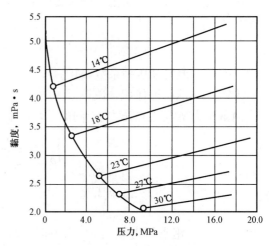

图1—8 原油黏度与压力关系曲线

当压力低于泡点压力时,随压力的上升,原油中溶解气量增加,液层内部摩擦力减小,黏度随之降低。

当压力高于泡点压力时,压力增加引起地层油的弹性压缩,原油密度增加,分子间距变小,液层内部摩擦力增大,因而黏度增加。

当压力等于泡点压力时,原油中溶解气量达到最大值,原油的组分达到最佳组合,因而此时原油黏度值最低,或称极小值。

三、天然气的高压物性

天然气是从地下油气藏中采出的可燃气体,是由石蜡族低分子饱和烃类气体和少量非烃类气体组成的混合物。

1. 天然气的组成、视相对分子质量及相对密度

1)天然气的组成

在天然气的组分中,甲烷(CH_4)占绝大部分,乙烷(C_2H_6)、丙烷(C_3H_8)、丁烷(C_4H_{10})等含量不高,此外还含有少量非烃类气体,如硫化氢(H_2S)、二氧化碳(CO_2)、一氧化碳(CO)、氮气(N_2)、氧气(O_2)、氢气(H_2)和水蒸气(H_2O)等,有时也含有微量的稀有气体,如氦(He)和氩(Ar)等。典型的天然气组成如表1-1所示。

在标准状况下,甲烷和乙烷是气体。丙烷、正丁烷(nC_4H_{10})和异丁烷(iC_4H_{10})也是气体,但压缩冷却后易液化,是民用液化气的主要成分。戊烷和戊烷以上(常用 C_5^+ 表示)的轻质油称为天然汽油(NG)。

2)天然气的视相对分子质量

天然气是多组分混合物,本身没有分子式,不能像纯组分气体那样由分子式计算出相对分子质量。为了工程计算方便,人为地将标准状况下(0℃,0.101MPa)1mol 体积天然气的质量,定义为天然气的"视相对分子质量"或"平均相对分子质量"。根据 Kay 混合规则:

$$M_g = \sum_{i=1}^{k} y_i M_i \tag{1-7}$$

式中　M_g——天然气的视相对分子质量,g/mol;

　　　y_i——天然气组分 i 的摩尔分数;

　　　M_i——天然气组分 i 的相对分子质量,g/mol。

3)天然气的相对密度

天然气的相对密度定义为,在标准状态下,天然气密度与干燥空气密度的比值,即:

$$\gamma_g = \frac{\rho_g}{\rho_a} \tag{1-8}$$

式中　γ_g——天然气的相对密度;

　　　ρ_g——天然气的密度,kg/m³;

　　　ρ_a——干燥空气的密度,kg/m³。

如果将天然气和干燥空气视为理想气体,天然气的相对密度为:

$$\gamma_g = \frac{M_g}{M_a} = \frac{M_g}{28.97} \approx \frac{M_g}{29} \tag{1-9}$$

式(1-9)表明,天然气的相对密度与其相对分子质量成正比。

天然气的相对密度一般在 0.5~0.8 之间,个别含重烃或其他组分多者可能大于1。

2. 天然气的状态方程

气体的状态方程是描述一定质量的气体压力、温度和体积之间关系的表达式。

理想气体是指分子本身体积及分子之间作用力均可忽略的气体,理想气体状态方程为:

$$pV = nRT \tag{1-10}$$

式中　p——气体的压力,MPa;

V——气体的体积,m³;

n——气体的摩尔数,kmol;

R——通用气体常数,$R=0.008314$MPa·m³/(kmol·K);

T——气体的温度,K。

理想气体的状态方程仅适用于低压下的实际气体。为满足工程计算要求,目前在石油工程中广泛应用压缩因子状态方程。压缩因子状态方程的实质是引入压缩因子,修正理想气体状态方程,即:

$$pV = nZRT \tag{1-11}$$

式中 Z 即压缩因子,其物理意义为,在给定温度和压力条件下,实际气体所占的体积与理想气体占有的体积之比,即:

$$Z = \frac{V_{\text{实际}}}{V_{\text{理想}}} \tag{1-12}$$

压缩因子反映了实际气体相对于理想气体压缩的难易程度。当 $Z=1$ 时,实际气体相当于理想气体;当 $Z<1$ 时,实际气体比理想气体易于压缩;当 $Z>1$ 时,实际气体比理想气体难于压缩。

3. 天然气的等温压缩系数

气体的等温压缩系数定义为在等温条件下,单位体积气体随压力变化的体积变化率:

$$C_{\text{g}} = -\frac{1}{V}\left(\frac{\partial V}{\partial p}\right)_T \tag{1-13}$$

式中　C_{g}——气体的等温压缩系数,MPa^{-1};

V——气体体积,m³;

$\left(\dfrac{\partial V}{\partial p}\right)_T$——温度为 T 时气体体积随压力的变化率,m³/MPa。

式(1-13)中的负号是由于气体体积随压力增加而减小,求导项为负值,为了保证压缩系数为正值而加上的。

对于一定质量理想状态的气体,由 $pV=nRT$,求导得:

$$C_{\text{g}} = -\frac{1}{V}\left(\frac{\partial V}{\partial p}\right)_T = -\frac{p}{ZnRT}\left[\frac{nRT}{p^2}\left(p\frac{\partial Z}{\partial p} - Z\right)\right] = \frac{1}{p} - \frac{1}{Z}\frac{\partial Z}{\partial p} \tag{1-14}$$

4. 天然气的体积系数

油气开采工艺和油气集输设计中常常遇到气体状态换算,如油气藏条件下与地面标准状态下气体体积的换算、地面标准状态下的气体流速换算成某一压力温度下输气管道内气体流速等。

体积系数 B_{g} 定义为地面标准状态下单位体积天然气在地层条件下的体积,其数学表达式为:

$$B_g = \frac{V_g}{V_{sc}} \qquad (1-15)$$

式中　V_g——地层条件下 n mol 气体的体积，m^3；

　　　V_{sc}——地面标准状态下 n mol 气体的体积，m^3；

　　　B_g——天然气的体积系数，m^3/m^3。

地面标准状态的天然气体积可用理想气体状态方程 $V_{sc} = \frac{nRT_{sc}}{p_{sc}}$ 表示，地层条件下的天然气体积可用压缩因子状态方程 $V_g = \frac{ZnRT}{p}$ 表示。取标准状态 $p_{sc} = 0.101325MPa$，$T_{sc} = 273 + 20℃$ 或 $T_{sc} = 273 + t_0$，则：

$$B_g = \frac{p_{sc}TZ}{pT_{sc}} = Z\frac{p_{sc}(273+t)}{p(273+20)} = 3.458 \times 10^{-4} Z\frac{273+t}{p} \qquad (1-16)$$

式中　t——地层温度，℃。

5. 天然气的黏度

天然气的黏度是评价天然气流动性的指标。天然气的黏度对天然气在地下的渗流过程和在管道中的流动过程都有重要影响。

气体的黏度是气体内摩擦阻力的量度。当气体内部存在相对运动时，都会因为分子的内摩擦力而产生阻力。阻力越大，流体运动越困难，表明气体的黏度越大。如图1-9所示，设有两平行气层相距 dy，上层速度为 v，下层速度为 $v+dv$，两层间的相对速度为 dv，层和层间的接触面积为 A，层内摩擦阻力为 F，由试验得到如下关系：

$$\tau = \frac{F}{A} = \mu\frac{dv}{dy} \quad 或 \quad \mu = \frac{\tau}{dv/dy} \qquad (1-17)$$

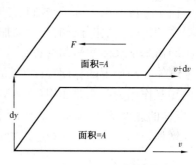

图1-9　平行气层流动示意图

式中　τ——剪切应力，N/m^2；

　　　v——流体速度，m/s；

　　　dv/dy——速度梯度，s^{-1}；

　　　μ——动力黏度，也称绝对黏度，$Pa \cdot s$。

由式(1-17)看出，气体的黏度可以定义为单位面积上内摩擦力与速度梯度的比值。采用SI制动力黏度的单位是毫帕·秒，符号为 $mPa \cdot s$，它与厘泊(cP)的关系是 $1mPa \cdot s = 1cP$。此外，天然气的黏度还用运动黏度 v 表示，其与动力黏度 μ 的关系为：

$$v = \frac{\mu}{\rho} \qquad (1-18)$$

式中　ρ——气体的密度，kg/m^3；

　　　v——运动黏度，m^2/s。

由于气体与液体不同，其黏度与压力、温度及气体组成有关。因而，在讨论气体黏度特性时分两种情况。

1)低压下天然气的黏度特性

图1-10给出了大气压下天然气的黏度图版。从图中可以看出：在压力不变时，气体的黏度随温度的增加而增加；气体的黏度随气体相对分子质量的增大而减小。

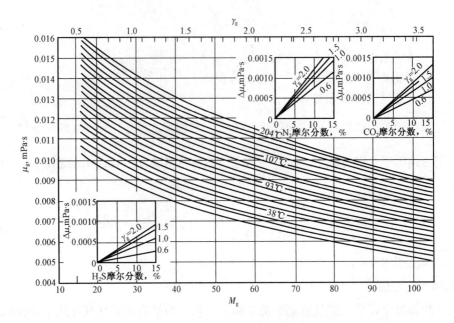

图 1-10 大气压下天然气的黏度曲线

由于低压范围内分子碰撞直径变化不大,故低压范围内,气体黏度几乎与压力无关。然而随温度的升高,气体分子的热运动加剧,平均速度增加,分子碰撞增多,气体的黏度增加。

2)高压下天然气的黏度特性

气体在高压下的黏度特性与低压情况不同。这是因为在高压下,气体密度变大,气体分子间的相互作用力起主要作用,气体层间产生单位速度梯度所需的层面剪切应力很大。在高压下,气体的黏度随压力的增加而增加,随温度的增加而减小,同时随着气体相对分子质量的增加而增加,具有类似于液体黏度的特性。

四、地层水的高压物性

地层水中溶解盐类是影响地层水高压物性的主要原因。

1. 天然气在地层水中的溶解度

天然气在地层水中的溶解度定义为:在地层压力、温度条件下,单位体积地面水所溶解的天然气体积,单位为 m^3/m^3。与原油相比,天然气在水中的溶解度很低。一般 10MPa 下 $1m^3$ 的地层水中溶解的天然气量不会超过 $2m^3$。

2. 地层水的体积系数

地层水的体积系数是指在地层温度、压力下,地层水体积与其在地面条件下的体积之比。

$$B_w = \frac{V_{wf}}{V_{ws}} \tag{1-19}$$

式中　B_w——地层水体积系数,m^3/m^3;

V_{wf}——地层条件下水体积,m^3;

V_{ws}——V_{wf}体积地层水在地面条件下的体积,m^3。

由于地层水含盐且溶解气体少,因而地层水体积系数近似为 1。常规油气田的地层水体积系数一般在 1.01~1.02 之间,工程上常近似地取为 1。

3. 地层水的等温压缩系数

地层水的等温压缩系数是指单位体积地层水随压力变化体积的变化率。

地层水等温压缩系数约为 $(3.7~5.0)\times10^{-4}MPa^{-1}$,在不同的压力和温度区间上,其数值不同。在计算边水或底水油藏弹性驱油能量时,必须考虑地层水的等温压缩系数。

4. 地层水的黏度

地层水的黏度主要受温度影响,随着温度的上升地层水黏度急剧降低;而地层水的黏度随着压力增加几乎不变。

第二节　油藏岩石的物理性质

一、岩石的孔隙性

1. 岩石的孔隙

岩石的孔隙是指岩石中未被碎屑颗粒、胶结物或其他固体物质充填的空间。习惯上一般用"孔隙"代替"空隙"。空隙按几何尺度可以分成孔隙、空洞和裂隙(缝)。

砂岩岩石的孔隙空间主要由喉道和孔隙组成,通常把孔隙和喉道统称为孔隙。碳酸盐岩的孔隙空间通常是由孔隙—裂缝或孔隙—空洞—裂隙构成(图1—11)。

2. 岩石的孔隙度

1)孔隙度

油藏岩石的孔隙度是指岩石孔隙体积与其外表体积的

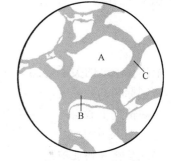

图1—11　孔隙与喉道分布示意图
A—颗粒;B—孔隙;C—喉道

比值。岩石的外表体积 V_f 可以分解成骨架体积 V_s 和孔隙体积 V_p,$V_f=V_s+V_p$,则油藏岩石孔隙度为:

$$\phi=\frac{V_p}{V_f}=\frac{V_p}{V_s+V_p}=\frac{V_f-V_s}{V_f} \tag{1-20}$$

图1—12是等径球形颗粒正排列和菱形排列的岩石模型。

(a) 立方体排列(孔隙度=47.6%)　　　　(b) 菱面体排列(孔隙度=25.9%)

图1—12　等径球形颗粒正排列与菱形排列单元体

对于正排列的情况,设球的半径为 r,单元立方体的边长为 $2r$,则立方体的体积 V_f 为 $V_f = (2r)^3 = 8r^3$,单元体中有 8 个 1/8 的球,骨架体积 V_s 为 $V_s = 8 \times \frac{1}{8} \times \frac{4\pi r^3}{3} = \frac{4\pi r^3}{3}$,则单元体孔隙度为:

$$\phi = \frac{V_p}{V_f} = \frac{V_f - V_s}{V_f} = \frac{8r^3 - \frac{4\pi r^3}{3}}{8r^3} = 1 - \frac{\pi}{6} = 0.476 = 47.6\%$$

2)绝对孔隙度

绝对孔隙度是指岩石的总孔隙体积(包括连通的和不连通的)或绝对孔隙体积 V_{ap} 与岩石外表体积 V_f 的比值,以 ϕ_a 表示:

$$\phi_a = \frac{V_{ap}}{V_f} \tag{1-21}$$

3)有效孔隙度

有效孔隙度是指岩石在一定压差作用下,被油气水饱和且连通的孔隙体积 V_{ep} 与岩石外表体积 V_f 的比值,以 ϕ_e 表示:

$$\phi_e = \frac{V_{ep}}{V_f} \tag{1-22}$$

上述孔隙度的关系是: $\phi_a > \phi_e$。这一关系是由岩石的孔隙结构决定的。矿场资料和文献上不特别标明的孔隙度均指有效孔隙度。

一般情况下砂岩的孔隙度为 $10\% \sim 40\%$;碳酸盐岩孔隙度为 $5\% \sim 25\%$;黏土岩或页岩的孔隙度为 $20\% \sim 45\%$。

4)双重介质的孔隙度

含有裂缝—孔隙或溶洞—孔隙的油藏岩石称为双重孔隙介质。

双重孔隙介质含有两种孔隙类型:一类是由岩石固体颗粒之间的孔隙空间构成的粒间孔隙系统,称为基质孔隙或原生孔隙;另一类是由裂缝和孔洞形成的孔隙系统,称为裂缝孔隙或次生孔隙。

基质孔隙体积与岩石外表体积的比值称为基质孔隙度;裂缝孔隙体积与岩石外表体积的比值称为裂缝孔隙度。双重介质的总孔隙度 ϕ_t 可由基质孔隙度和裂缝孔隙度相加得到:

$$\phi_t = \phi_p + \phi_f \tag{1-23}$$

式中 ϕ_p——基质孔隙度,小数;

        ϕ_f——裂缝孔隙度(裂缝孔隙度或孔洞孔隙度),小数。

实验研究表明,双重介质的裂缝孔隙度明显小于基质孔隙度。统计资料表明,当 $\phi_t < 10\%$ 时,$\phi_f < 0.1\phi_t$;当 $\phi_t > 10\%$ 时,$\phi_f < 0.04\phi_t$;仅当 $\phi_t < 5\%$ 时,ϕ_f 值才需要考虑。

二、岩石的渗透性

在一定压差作用下,岩石允许流体在孔隙中流动的性质称为渗透性。

达西公式是 1856 年法国人亨利·达西在解决巴黎市供水问题时,用未胶结砂充填模型(图 1—13)做水流渗滤试验得出的一个经验公式,即为著名的达西方程:

$$Q = K \frac{h_1 - h_2}{\mu L} A \qquad (1-24)$$

式中　Q——水的体积流量，cm^3/s；

　　　A——充填砂体的截面积，cm^2；

　　　L——砂体的长度，cm；

　　　h_1——进口的压头，cm；

　　　h_2——出口的压头，cm；

　　　K——岩石的渗透率，D；

　　　μ——流体的黏度，$mPa \cdot s$。

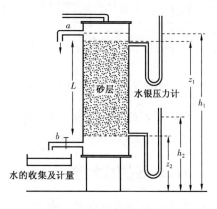

图1—13　达西实验装置

后来的研究者发现，达西定律也适用于其他流体。水平线性稳定渗流如图1—14所示，黏度为 $1mPa \cdot s$（厘泊）的流体，在 1atm❶ 压差下，通过截面积为 $1cm^2$，长为 $1cm$ 的岩石，当流量为 $1cm^3/s$ 时，该岩石的渗透率为 1.0D（$1D = 10^3 mD = 1\mu m^2$）。

$$K = \frac{Q\mu L}{A \Delta p} \qquad (1-25)$$

达西公式表明，通过岩心的流量与岩心的渗透率、岩心的截面积、岩心两端的折算压力差成正比，与流体的黏度、岩心的长度成反比。

油藏岩石渗透率多在 $10 \sim 1000mD$ 之间，胶结疏松岩石的渗透率甚至达到几千甚至几万毫达西。

当岩石孔隙为一种流体完全饱和时测得的渗透率称为绝对渗透率。

绝对渗透率只是岩石本身的一种属性，只要流体与岩石间不发生物理化学反应，绝对渗透率就与通过岩石的流体的性质无关。

三、岩石的比面

岩石的比面是指单位体积岩石的总表面积，单位为 m^2/m^3。比面也称作比表面积或比表面，比面用公式表示为：

$$S = \frac{A}{V} \qquad (1-26)$$

式中　S——岩石的比面，m^2/m^3；

　　　A——岩石颗粒的总表面积，m^2；

　　　V——岩石骨架的体积，m^3。

直径为 D 的球形颗粒按正排列方式构成正立方体岩石骨架（图1—15）。单元正立方体的表面积为 πD^2，单元正立方体岩石的外表体积为 D^3，以岩石外表体积为基数的比面表达式为：

$$S_V = \frac{A}{V_f} = \frac{\pi D^2}{D^3} = \frac{\pi}{D} \qquad (1-27)$$

---

❶　1atm（大气压）=101325Pa（帕）。

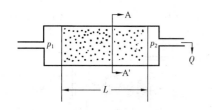  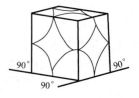

图 1—14 水平线性稳定渗流　　　　　　　图 1—15 等径球颗粒岩石骨架模型

理想岩石模型的比面主要受颗粒直径的影响,颗粒直径变小,比面变大。实际岩石的比面很大,通常为 20000m^2/m^3 以上。

四、岩石的非均质性

岩石的非均质性是指表征储层特征在空间上的不均匀性,即储层多孔介质单元的性质随空间位置不同而不同,包括储层具有的岩石的非均质性和其中流体的性质与产状非均质性。储层的许多性质(如孔隙度、渗透率、孔隙结构、岩性和流体分布等)都是非均质的,在油田开发研究中通常把岩石渗透率视为非均质性的集中表现。

岩石渗透率非均质程度与所表征的时空尺度—多孔介质单元大小关联,而多孔介质单元又与研究者的目的性和精度有关,所选取的多孔介质单元的尺度越小,非均质性越强。

五、岩石的各向异性

如图 1—15 所示,由于多孔介质连通孔道的不规则性,流体通过时的流动方向并不具有明显的方向性,任意方向的流动速度基本相同,同一多孔介质单元在任意方向所具有的渗透率相同,称为各向同性,如图 1—16 所示。如果多孔介质的连通孔道具有一定的方向性,同一多孔介质单元在不同方向上所具有的渗透率不同,称为各向异性,如图 1—17 所示。例如,对于三维空间中各向异性地层,以迪卡儿坐标为例,沿坐标轴 x、y、z 的方向渗透率分别为 K_x、K_y、K_z。

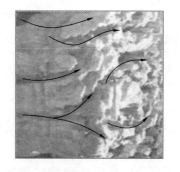

图 1—16　各向同性多孔介质单元　　　　　图 1—17　各向异性多孔介质单元

六、油藏岩石中的流体饱和度

1. 流体饱和度

流体饱和度定义为单位孔隙体积中流体所占的百分数或小数,用公式表示为:

$$S_L = \frac{V_L}{V_P} = \frac{V_L}{\phi V_f} \tag{1-28}$$

式中　V_L——流体体积，m^3；

　　　V_f——岩石的外表体积，m^3；

　　　ϕ——孔隙度。

根据流体饱和度的定义，油藏岩石中油、水和气饱和度之间的关系为：

$$S_o + S_w + S_g = 1 \tag{1-29}$$

2. 束缚水饱和度、残余油饱和度与剩余油饱和度

1）束缚水饱和度

分布和残存在岩石颗粒接触处角隅和微细孔隙中或吸附在岩石骨架颗粒表面的水称为束缚水或残余水。由于这一部分水几乎是不可能流动的，因而也称为不可动水。

2）残余油饱和度

残余油是指被工作剂驱洗过的地层中被滞留或闭锁在岩石孔隙中的油。残余油体积与孔隙体积的比值称为残余油饱和度。

3）剩余油饱和度

剩余油是指已开发油藏（或油层）中尚未采出的油气。剩余油体积与孔隙体积的比值称为剩余油饱和度。剩余油是由于开发过程中未被工作剂驱扫或波及造成的。

油藏岩石中油、气、水饱和度在从勘探到开发的过程中是不断变化的。在勘探阶段测得的流体饱和度通常称为原始饱和度。开发阶段测得的流体饱和度是指在目前地层压力和温度条件下的油、水、气饱和度。

七、油藏岩石的润滑性和毛管压力

多孔介质是由无数个微小的毛细管连接组成的，这些毛细管纵横交错，在渗流过程中，当存在两种或两种以上流体时，在两相界面上产生压力跳跃，这个压力跳跃称为毛管压力。毛细管中液面上升现象见图1—18。

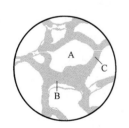
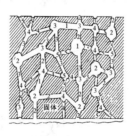
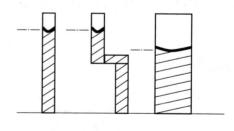

(a) 真实毛细管　　　　　　　　(b) 等价毛细管

图1—18　毛细管中液面上升现象

A—颗粒；B—孔隙；C—喉道

1,2,3,4—不同等级的孔隙和喉道

1. 油藏流体的界面张力

界面是互不相容的两相间的接触面。当两相中有一相为气相时，称接触面为表面。

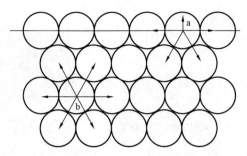

图 1-19 液体表面层分子能量示意图
a—气液两相界面分子的受力情况；
b—液相内部分子的受力情况

1）两相界面的界面能

物质界面层的分子与其内部分子的受力状态不同。由于分子力场不平衡使表面层分子比液相内分子储存有多余的能量，称为两相界面的界面能（或表面能）。图 1-19 为液体表面层分子能量示意图。

物质总有使其界面能趋于最小的趋势，这种趋势表现为界面面积减小，也可通过吸附与其相邻的物质分子使其界面能减小，吸附现象发生于物质的表面或两相界面上。

2）比界面能和界面张力

比界面能是指单位面积界面上具有的界面能数值。

$$\sigma = U_s / A \tag{1-30}$$

式中　U_s——两相界面的界面能，J；

　　　A——界面面积，m^2；

　　　σ——比界面能，J/m^2。

比界面能可看作是作用于单位界面长度上的力，称界面张力。凡提到界面张力都应具体说明两相的确切物质，不加说明一般认为其中一相为气相。

2. 油藏岩石的润湿性

岩石的润湿性是岩石—流体的综合特性，取决于岩石—流体及流体之间的界面张力和极性物质在岩石表面的吸附等。

润湿是指液体在分子力作用下在固体表面的流散现象。在固体表面上液滴可能沿固体表面散开，也可能以液滴形状存在于固体表面。

如图 1-20 所示，液体对固体的润湿程度通常用润湿角（或接触角）θ 表示，θ 一般规定从极性大的液体一面算起。$\theta<90°$ 表示液体润湿固体；$\theta>90°$ 表示液体不润湿固体；$\theta=0°$ 表示液体完全润湿固体；$\theta=180°$ 表示液体完全不润湿固体；$\theta=90°$ 表示中间润湿。

$$\cos\theta = \frac{\sigma_g - \sigma_L}{\sigma_{Lg}}$$

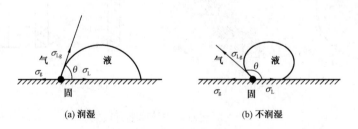

(a) 润湿　　　　　　　　　(b) 不润湿

图 1-20　液体对固体表面的选择性润湿
σ_g—气—固界面张力；σ_L—液—固界面张力；σ_{Lg}—气—液界面张力

越来越多的研究表明，既有亲水油藏，也有亲油油藏，而且油藏润湿性变化范围很大，从强亲水到强亲油，其中还有各种不同程度的中性润湿油藏。

3. 油藏岩石的毛管压力

毛管压力的大小与流体性质和曲率之间的关系（图 1－21 为曲面示意图），用拉普拉斯方程表示为：

$$p_c = \sigma \left(\frac{1}{R_1} + \frac{1}{R_2} \right) \tag{1－31}$$

式中　R_1、R_2——任意曲面的两个主曲率半径；

　　　σ——界面张力。

对于球面（图 1－22），$R_1 = R_2$，则：

$$p_c = \frac{2\sigma}{R} ; \cos\theta = \frac{r}{R}$$

$$p_c = \frac{2\sigma\cos\theta}{r} = (\rho_w - \rho_o) g h_{ow} \tag{1－32}$$

式中　r——毛管半径；

　　　h_{ow}——毛管中油水液面上升的高度；

　　　ρ_w——水的密度；

　　　ρ_o——油的密度。

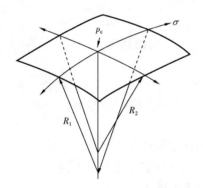

图 1－21　曲面示意图

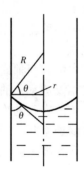

图 1－22　毛管半径与曲率半径的关系

油藏中油水过渡带或油气过渡带就是毛管压力引起的。图 1－23 为油水、油气过渡带分布示意图。

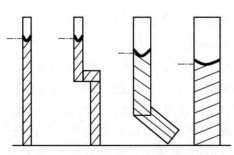

(a) 毛细管半径相同，液面上升高度相等；
　毛细管半径越小，液面上升高度越大

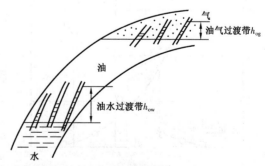

(b) 实际油藏中毛细管直径不同，毛细管中的液面参差不齐

图 1－23　油水、油气过渡带分布示意图

如图 1—24 所示，珠泡在孔隙喉道处遇阻，欲通过喉道，需克服珠泡变形带来的阻力 p_{c3}：

$$p_{c3} = 2\sigma\left(\frac{1}{R_1} - \frac{1}{R_2}\right) \tag{1—33}$$

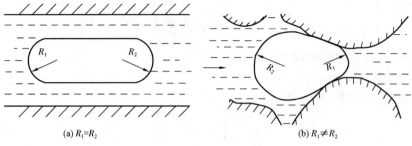

(a) $R_1 = R_2$ (b) $R_1 \neq R_2$

图 1—24　珠泡在孔隙喉道处遇阻变形示意图

这种液珠或气泡通过孔隙喉道时，产生的附加阻力称为贾敏效应。在油藏岩石孔隙中，这种珠泡效应产生的毛管阻力叠加起来，数值将是很大的。

八、饱和多相流体岩石的渗流特征

1. 绝对渗透率、有效渗透率和相对渗透率

1）绝对渗透率

当岩石孔隙为一种流体完全饱和时测得的渗透率称为绝对渗透率。

2）有效渗透率

当岩石孔隙中饱和两种或两种以上流体时，岩石让其中某一相流体通过的能力称为某相的有效渗透率或相渗透率。油、气、水各相的有效渗透率分别记为 K_o、K_g、K_w。岩石的有效渗透率之和总是小于该岩石的绝对渗透率。

岩石的有效渗透率既与岩石自身属性有关，又与流体饱和度及其在孔隙中的分布有关，因此多相流体在岩石孔隙中的饱和度不同，岩石对各流体相的有效渗透率也不同。

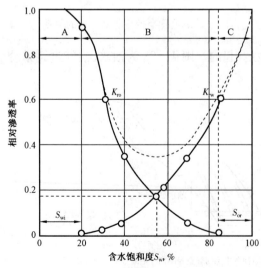

图 1—25　油水相对渗透率曲线
（虚线为油水相对渗透率之和）

3）相对渗透率

相对渗透率是指岩石孔隙中为饱和多相流体时，每一相流体的有效渗透率与岩石绝对渗透率（或束缚水条件下的油相渗透率）的比值。同一岩石的相对渗透率之和总是小于 1。

2. 油水相对渗透率曲线的特征

由实验确定的相对渗透率与含水饱和度的关系曲线称为相对渗透率曲线，如图 1—25 所示。

根据曲线特点，可将曲线分为三个特征区：

A 区——油单相流动区。水以不连续的环网状分布于颗粒表面、颗粒边角及颗粒接触处，没有流动能力，水相相对渗透率为 0。水自身虽然不能流动，但对油的流动产生影响，油相相对渗透率小于绝对渗透率。

B区——油水两相流动区。B区起点处岩石的含水饱和度是束缚水饱和度 S_{wi}。随含水饱和度增加,油水分别处于连续分布,各取自己的渠道参与流动。当岩石中含水饱和度达到某一数值时,油水流动能力相等,表现为油水相对渗透率曲线相交,该含水饱和度定义为等渗饱和度,简称等渗点。

C区——水单相渗流区。C区起点处对应于残余油饱和度 S_{or}。此时油的流动渠道已被水所占据,油失去连续性而呈孤滴状分布,油的相对渗透率为0。孤滴状原油产生的贾敏效应对水的流动有较大影响,导致水的相对渗透率不高。

根据相对渗透率曲线上的特征值可以计算水驱效率:

$$水驱效率 = \frac{1-束缚水饱和度-残余油饱和度}{1-束缚水饱和度} \times 100\%$$

$$= \frac{1-S_{wi}-S_{or}}{1-S_{wi}} \times 100\% \qquad (1-34)$$

第三节 渗流基本规律与基本理论

一、渗流基本规律

1. 渗流过程中的动力来源及力学分析

1)渗流动力来源

当油井投入生产后,石油就会从油层流到井底,并在井筒中上升到一定高度,甚至可以沿井筒上升到地面。这是由于处于原始状态下的油藏,其内部具有能量,这些能量在开采时成为驱动油层流体流动的动力来源。油气渗流的动力来源可以是内部产生,也可以通过外部施加。油藏的天然驱油能量主要包括:

(1)边底水压能,依靠边底水压能为主要驱动力,这种能量供给方式可以演变为边部注水或排状/切割注水方式;

(2)油藏岩石和流体的弹性能量,依靠液体和油层的弹性能量为主要驱动力;

(3)原油中溶解气的膨胀能量,依靠分离出天然气的弹性膨胀能量为主要驱动力;

(4)气顶气膨胀压能,依靠气顶中压缩气体的膨胀能量为主要驱动力;

(5)流体重力能,当油藏的油层倾角或油层厚度比较大时,油层中的原油可以依靠本身的重力流向井底。

油藏的驱油能量来源不同,其能量大小也不同,实际渗流过程中可能表现为多种能量共存,驱油能量也可能由一种形式转变为另一种形式,在同一时间内,同一油藏的不同部位可以表现为不同的驱油能量。无论驱油能量的来源和大小如何,渗流过程中的驱动能量均通过压力的大小表现出来。

2)力学分析

油、气、水在孔隙中渗流是由于各种力作用的结果,这些力可能是动力也可能是阻力。

(1)流体的重力和重力势能。重力有时是动力,有时是阻力,如图1-26所示。M点对于井 A 表现为动力,而 M′点对于井 B 表现为阻力。

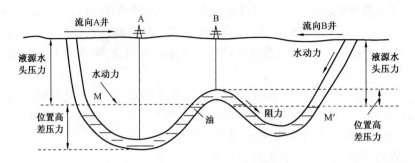

图 1—26 流体重力势能图

（2）流体的黏度及黏滞力。当流体在一定空间内运动时,流体分子间的吸引力和流体与壁面间的附着力将抵抗流体的运动(有时称为分子间的内摩擦力,当然摩擦力的方向始终与流动方向相反),因此流体在运动时克服摩擦力必然要做功。在渗流过程中,黏滞力始终表现为阻力,且驱替动力的消耗主要用于克服流体渗流时的黏滞阻力。

（3）毛管压力。毛管压力方程为:

$$p_c = \frac{2\sigma\cos\theta}{r} \tag{1-35}$$

在渗流过程中,毛管压力既可表现为渗流动力,也可表现为渗流阻力。在驱替压力不大或渗流速度不大时,若油藏岩石亲水,毛管压力方向与流动方向相同,则水驱油时毛管压力为动力,如图 1—27 所示;若油藏岩石亲油,毛管压力方向与流动方向相反,则水驱油时毛管压力为阻力,如图 1—28 所示。

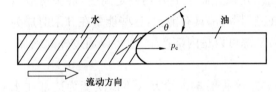

图 1—27 岩石亲水时毛管压力为动力

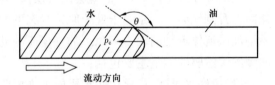

图 1—28 岩石亲油时毛管压力为阻力

（4）流体的质量和惯性力。惯性力在渗流过程中多表现为阻力。由于渗流速度通常很小,常忽略惯性力。

（5）岩石及流体的压缩性和弹性力。油藏岩石所承受的压力来自两个方面,一是岩石孔隙内液体传递的地下流体系统压力,称之为孔隙压力或地层压力,该压力作用于岩石孔隙内壁或内表面;二是上覆岩层的压力,称之为上覆压力,该压力基本为常数。

地层压力不断下降,迫使岩石颗粒和流体变形,因此岩石和其中饱和的流体具有压缩性(或弹性),使得油气层渗流过程中产生弹性力。岩石的压缩系数是指等温条件下,单位体积岩石中孔隙体积随有效压力的变化率值,即:

$$C_r = \frac{1}{V_f}\frac{\Delta V_p}{\Delta p} = \frac{\Delta\phi}{\Delta p} \tag{1-36}$$

式中　C_r——岩石压缩系数,MPa^{-1};

　　　V_f——岩石的外表体积,m^3;

ΔV_p——随地层压力降低,孔隙体积的缩小值,m^3;

Δp——有效压力,为上覆地层压力与地层压力的差值,MPa^{-1}。

液体的压缩系数为:

$$C_L = \frac{1}{V_L} \frac{\Delta V_L}{\Delta p} \tag{1-37}$$

式中 C_L——液体压缩系数,MPa^{-1};

V_L——液体体积,m^3。

岩石和流体的压缩系数用微分形式表示为:

$$C_f = \frac{\mathrm{d}\phi}{\mathrm{d}p} \tag{1-38}$$

$$C_L = -\frac{1}{V_L} \frac{\mathrm{d}V_L}{\mathrm{d}p} \tag{1-39}$$

根据质量守恒原理得,在弹性压缩或膨胀时流体质量是不变的,则:

$$C_L = \frac{1}{\rho} \frac{\mathrm{d}\rho}{\mathrm{d}p} \tag{1-40}$$

由于压缩系数较小,随压力变化,孔隙度和流体密度为:

$$\phi = \phi_0 + C_f(p - p_0) \tag{1-41}$$

式中 ϕ——任一压力 p 时的孔隙度,小数;

ϕ_0——初始压力 p_0 时的孔隙度,小数;

p_0——初始压力,MPa;

p——任一压力,MPa。

$$\rho = \rho_0[1 + C_L(p - p_0)] \tag{1-42}$$

式中 ρ——任一压力 p 时的密度,kg/m^3

ρ_0——初始压力 p_0 时的密度,kg/m^3。

2. 渗流基本规律

1)达西渗流基本规律

由达西渗流实验得到达西公式,因 Q 与 Δp 成直线关系,又称达西直线定律,为了理论分析方便起见,用微分形式表示:

$$Q = -\frac{K}{\mu} A \frac{\mathrm{d}p}{\mathrm{d}x} \tag{1-43}$$

式(1-43)中负号表示沿流动方向(坐标 x 逐渐增加)压力逐渐降低。单位时间通过单位渗流截面积的流量称为渗流速度,即

$$v = -\frac{K}{\mu} \frac{\mathrm{d}p}{\mathrm{d}x} \tag{1-44}$$

应该指出,由于渗流过程同时与多孔介质和流体有关系,因此多孔介质的特征和渗流流体的特征都将影响渗流规律。大量实验和油田实际资料表明,由于流体流动速度很小,因此一般砂岩油藏中的渗流服从线性渗流规律——达西定律,仅在裂缝性地层或井底附近地区才有破坏直线关系的可能。在气藏中,由于气体黏度小,流动速度大,也会出现破坏直线关系的可能。同时偏离坐标原点和直线特征的渗流关系称为非达西渗流,即渗流关系是线性特征但不过坐标原点,或过坐标原点但呈非线性特征,或渗流关系既不过坐标原点也不满足线性特征。产生非达西渗流的原因非常复杂,可能由于以下原因:(1)渗流速度过高,惯性阻力占主导地位;(2)分子效应,气体渗流时,由于气体的滑脱效应、吸附及毛细管凝析引起的渗流异常;(3)离子效应,多孔介质中不同程度含有黏土,盐水中的离子与多孔介质表面相互作用,使得渗透率发生变化而偏离达西渗流关系;(4)非牛顿流体,非牛顿流体的流变性差异,使得渗流关系偏离达西渗流。

2)多相线性渗流基本规律

根据推广物理定律将单相渗流基本规律推广到多相渗流,即多相渗流仍然服从达西定律,直接采用流体有效渗透率替代原达西公式中的绝对渗透率,则各相运动方程为:

$$v_L = -\frac{K_L}{\mu_L}\frac{\mathrm{d}p_L}{\mathrm{d}x} \quad (L = o, g, w) \qquad (1-45)$$

或

$$v_L = -\frac{KK_{rL}}{\mu_L}\frac{\mathrm{d}p_L}{\mathrm{d}x} \quad (L = o, g, w) \qquad (1-46)$$

式中　v_L——流体的渗流速度;

　　　K_L——流体(油、气或水)的有效渗透率;

　　　K_{rL}——流体(油、气或水)的相对渗透率;

　　　μ_L——流体(油、气或水)的黏度。

3. 基本渗流方式

1)单向渗流

对于具有条带状特征的油藏,如图1—29(a)所示。若油藏布井平行于供给边缘,液流从供给边缘流向井排时,由于孔隙极小,质点向前运动时的弯曲程度并不大,可以认为直线流动,如图1—29中(b)所示。流体运动彼此相互平行,垂直于流动方向任一截面上的速度相等,如图1—29(c)所示。

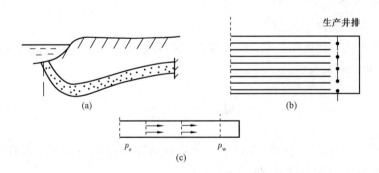

图1—29　带状油藏一维流动示意图

一维单相渗流运动方程为：

$$v = -\frac{K}{\mu}\frac{\mathrm{d}p}{\mathrm{d}x} \tag{1-47}$$

2）平面径向渗流

油藏中心一口油井，油井生产时井附近的流体流动呈辐射状向心点汇集，如图1—30所示。

每一个渗流平面内流体平行流动都向中心点汇集（生产井）或由中心点向外发散（注水井），渗流平面内流体流动状况都相同，这种流动称为平面径向流。若建立极坐标形式，流体流动方向（生产井）与极坐标方向一致；根据推广物理定律方法，平面径向渗流基本方程为：

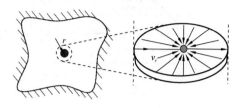

图1—30　油井近井径向流动示意图

$$v_r = \frac{K}{\mu}\frac{\mathrm{d}p}{\mathrm{d}r} \tag{1-48}$$

或

$$Q = A\frac{K}{\mu}\frac{\mathrm{d}p}{\mathrm{d}r} \tag{1-49}$$

注意，若以生产井为基准，平面径向渗流随极坐标方向（坐标r逐渐减小）压力逐渐降低，方程中没有负号。

油层厚度较大的油藏其中一口油井，油层部分射开，生产时油层空间任意一点流体流动呈辐射状向中心点汇集，流体流动简化为球状流动。由于流体流动方向的对称性，采用极坐标形式，球面渗流基本流动方程与式（1—48）和式（1—49）相同。

对于两维和三维渗流方式可以根据物理推广定律写出各方向的基本渗流方程。

二、单相液体渗流理论

1. 单相液体稳定渗流理论

1）一维渗流

一个水平、均质、等厚的带状地层模型，几何尺寸如图1—31所示，两端敞露，其余几个面均为不渗透边界。敞露的一端是供给边缘（压力为p_e），另一端相当于排液坑道（压力为p_w）。

根据达西定律的微分形式也可以推导一维渗流压力分布关系。若已知供给边界压力p_e，产量为Q，确定压力分布和出口端压力p_w。根据达西定律：

$$Q = -\frac{AK}{\mu}\frac{\mathrm{d}p}{\mathrm{d}x} = -\frac{BhK}{\mu}\frac{\mathrm{d}p}{\mathrm{d}x} \tag{1-50}$$

式中　B——油层宽度；

　　　h——油层厚度。

由分离变量法，可以积分得：

$$\int_{p_e}^{p}\mathrm{d}p = -\frac{Q\mu}{BhK}\int_{0}^{x}\mathrm{d}x \tag{1-51}$$

$$p = p_e - \frac{Q\mu}{BhK}x \tag{1-52}$$

式（1—52）所示的压力分布表明，单向渗流时，地层中任一点的压力与该点到供给边缘的距离呈线性关系，如图1—32所示。

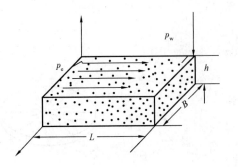

图 1—31　单相渗流模型

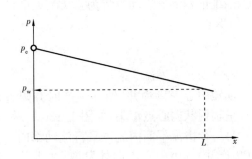

图 1—32　定入口压力时压力分布

则出口端 $x=L$ 处的压力为：

$$p_w = p_e - \frac{Q\mu}{BhK}L \tag{1-53}$$

同样若已知排液端压力 p_w，产量为 Q，也可以确定压力分布和注入端压力 p_e：

$$p = p_w + \frac{Q\mu}{BhK}(L-x) \tag{1-54}$$

式(1—54)所示的压力分布表明，单向渗流时，地层中任一点的压力与该点到排液端的距离呈线性关系，如图 1—33 所示。则入口端 $x=0$ 处的压力为：

$$p_e = p_w + \frac{Q\mu}{BhK}L \tag{1-55}$$

由式(1—53)和式(1—55)可得：

$$Q = \frac{KBh}{\mu}\frac{p_e - p_w}{L} \tag{1-56}$$

可以看出，对于一维单向稳定渗流，若供给边界压力为 p_e、产量为 Q、排液端压力为 p_w，已知其中任何两项即可推导出其余的一项。

2)平面径向流

一口生产井钻穿全部油层，供给边缘半径为 R_e，井半径为 r_w，地层厚度 h，供给边缘压力为 p_e，井底压力为 p_w，如图 1—34 所示。

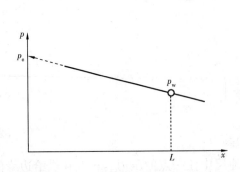

图 1—33　定出口压力时压力分布

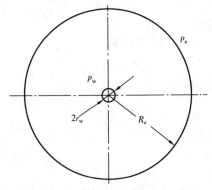

图 1—34　平面径向流地层模型

若已知井底压力 p_w，产量为 Q，根据达西定律的微分形式：

$$Q = \frac{AK}{\mu}\frac{\mathrm{d}p}{\mathrm{d}r} = \frac{2\pi hK}{\mu}r\frac{\mathrm{d}p}{\mathrm{d}r}$$

由分离变量法，可以积分得：

$$\int_{p_w}^{p}\mathrm{d}p = \frac{Q\mu}{2\pi hK}\int_{r_w}^{r}\frac{\mathrm{d}r}{r} \tag{1-57}$$

$$p = p_w + \frac{Q\mu}{2\pi hK}\ln\frac{r}{r_w} \tag{1-58}$$

若已知供给边界压力 p_e，产量为 Q，根据达西定律的微分形式，利用分离变量法积分也可以得到压力分布公式：

$$p = p_e - \frac{Q\mu}{2\pi hK}\ln\frac{R_e}{r} \tag{1-59}$$

上式表明，从供给边缘到井底的压力分布是一对数关系，如图 1-35 所示，地层中各点压力的大小将由此对数曲线绕井轴旋转构成的曲面来表示，由于此曲面形如漏斗，习惯上称为"压降漏斗"。

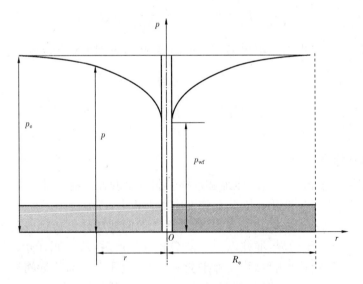

图 1-35 平面径向渗流压力分布曲线

从式（1-59）可以看出，越靠近井筒压力梯度越大，即单位长度上的压力变化越大，因此平面径向流压力分布特性表现为：供给边缘和井底之间的压差绝大部分消耗在井筒附近地区。越靠近井筒，渗流面积越小，流速越大，如图 1-36 所示。

平面径向流渗流场压力和速度分布特性为酸化和压裂提供了理论依据。油井压裂、酸化可以改善井筒周围几米到几十米地层的渗透性，而这一区域恰恰是能量消耗的最大范围，因此改善井筒附近地层的渗透性，将使能量损耗大大减少，从而提高井的产量。

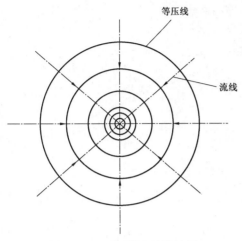

等压线

流线

图 1-36　平面径向流渗流场

平面径向流渗流场的特征还表明,最大压差和最高流速都出现在井底附近,这种特征也为各种近井工程技术,如完井、堵水等技术参数设计提供了压差和流速的界限依据。

若已知井底压力 p_w,供给边界压力 p_e,产量为 Q,平面径向稳定渗流产量为:

$$Q = \frac{2\pi Kh(p_e - p_w)}{\mu \ln \dfrac{R_e}{r_w}} \qquad (1-60)$$

由压力分布及面积加权平均法求平均地层压力。在圆形地层中取一微小环形单元,全地层的平均压力为:

$$\bar{p} = \frac{\int p\mathrm{d}A}{A} = \frac{\int_{r_w}^{R_e} p \cdot 2\pi r\mathrm{d}r}{\pi(R_e^2 - r_w^2)} \qquad (1-61)$$

$$\bar{p} = p_e - \frac{p_e - p_w}{\ln(R_e/r_w)}\ln R_e + \frac{2}{R_e^2}\frac{p_e - p_w}{\ln(R_e/r_w)}\frac{R_e^2}{2}\left(\ln R_e - \frac{1}{2}\right)$$

整理得:

$$\bar{p} = p_e - \frac{1}{2}\frac{p_e - p_w}{\ln(R_e/r_w)} \qquad (1-62)$$

通过分析,式(1-62)中第二项比第一项小得多,故可近似地认为 $\bar{p} \approx p_e$。由式(1-60)和式(1-62)得:

$$Q = \frac{2\pi Kh(\bar{p} - p_w)}{\mu\left(\ln \dfrac{R_e}{r_w} - \dfrac{1}{2}\right)} \qquad (1-63)$$

2. 单相液体不稳定渗流理论

对于实际地层,主要依靠岩石的压缩和液体膨胀产生的弹性能量维持原油生产,地层内各点的压力每个瞬间都在发生变化。因此在弹性驱动方式下,渗流是个不稳定的过程,而这种压力不稳定的变化过程总是首先从井底开始,然后逐渐地向地层外部传播。若油藏外围无能量补充,外边界为不渗透封闭边界,油井以定产量 Q 投入生产后,从井底开始的压力降落曲线逐渐扩大和加深,压力降落传到边界后,无外来能量供给,边界上压力传导将继续下降。随着时间的增加,从井壁到边界各点压降幅度逐渐趋于一致。这就是说,当井的产量不变,渗流阻力不变(释放能量的区域已固定)时,地层内弹性能量的释放也相对稳定下来,这种状态称为"拟稳定状态"。

设供油区内初始地层压力为 p_i^0,油井投产一定时间后供油区内平均地层压力为 $\bar{p}$。由于地层是封闭的,油井完全依靠地层压力下降使液体体积膨胀和孔隙体积缩小来维持生产,原油产量和压力随时间发生变化,根据综合压缩系数 C_t 的物理意义:

$$C_t = \frac{1}{V_f}\frac{V(t)}{p_i^0 - \bar{p}(t)} \qquad (1-64)$$

式中　$V(t)$——供油区内依靠弹性能排出的液体体积；

　　　V_f——泄油区岩石外表体积，$V_f = \pi(R_e^2 - r_w^2)h$。

油井产量应等于：

$$Q(t) = \frac{\mathrm{d}V(t)}{\mathrm{d}t} = -C_t \pi(R_e^2 - r_w{}^2)h\frac{\mathrm{d}\overline{p}(t)}{\mathrm{d}t} \tag{1-65}$$

通过任一半径 r 断面的流量等于：

$$Q(r,t) = -C_t \pi(R_e^2 - r^2)h\frac{\mathrm{d}p(r,t)}{\mathrm{d}t} \tag{1-66}$$

处于拟稳态时地层各点压力的下降速度 $\dfrac{\mathrm{d}p(r,t)}{\mathrm{d}t}$ 相等，且与平均压力的下降速度 $\dfrac{\mathrm{d}\overline{p}(t)}{\mathrm{d}t}$ 相等。根据式(1-65)和式(1-66)，且 $r_w^2 \ll R_e^2$，则：

$$Q(r,t) = \left(1 - \frac{r^2}{R_e^2}\right)Q(t) \tag{1-67}$$

则任一断面 r 处的渗流速度等于：

$$v_r = \frac{Q(r,t)}{2\pi rh} = \frac{1}{2\pi rh}\left(1 - \frac{r^2}{R_e^2}\right)Q(t) = \frac{Q(t)}{2\pi R_e h}\left(\frac{R_e}{r} - \frac{r}{R_e}\right) \tag{1-68}$$

根据达西定律，任一断面 r 处的渗流速度也可以表示为：

$$\frac{K}{\mu}\frac{\mathrm{d}p}{\mathrm{d}r} = \frac{Q(t)}{2\pi R_e h}\left(\frac{R_e}{r} - \frac{r}{R_e}\right) \tag{1-69}$$

若已知井底压力 $p_w(t)$，采用分离变量并积分，可得地层压力分布的表达式：

$$p(r,t) = p_w(t) + \frac{\mu Q(t)}{2\pi Kh}\left(\ln\frac{r}{r_w} - \frac{1}{2}\frac{r^2}{R_e^2}\right) \tag{1-70}$$

由式(1-70)可以看出，压力分布与半径呈对数关系，因此对拟稳态渗流，油井的压力分布仍然具有漏斗形特征。若已知外边界 R_e 处压力 $p_e(t)$，则：

$$p_e(t) = p_w(t) + \frac{\mu Q(t)}{2\pi Kh}\left(\ln\frac{R_e}{r_w} - \frac{1}{2}\right) \tag{1-71}$$

由式(1-71)可得拟稳态油井产量公式：

$$Q(t) = \frac{2\pi Kh}{\mu\left(\ln\dfrac{R_e}{r_w} - \dfrac{1}{2}\right)}\left[p_e(t) - p_w(t)\right] \tag{1-72}$$

泄油区内的平均地层压力 $\overline{p}$ 为：

$$\overline{p}(t) = \frac{\displaystyle\int p\mathrm{d}A}{A} = \frac{\displaystyle\int_{r_w}^{R_e} p \cdot 2\pi r\mathrm{d}r}{\pi(R_e^2 - r_w^2)} \tag{1-73}$$

由于 $r_w \ll R_e$，忽略 r_w^2 项得：

$$p_w(t) = \overline{p}(t) - \frac{\mu Q(t)}{\pi R_e^2 Kh}\left[\frac{R_e^2}{2}\left(\ln R_e - \frac{1}{2} - \ln r_w - \frac{1}{4}\right)\right] = \overline{p}(t) - \frac{\mu Q(t)}{2\pi Kh}\left(\ln\frac{R_e}{r_w} - \frac{3}{4}\right)$$

$$\tag{1-74}$$

由式(1-71)和式(1-74)得：

$$p_e(t) = \overline{p}(t) + \frac{\mu Q(t)}{8\pi Kh} \tag{1-75}$$

由式(1-74)可得拟稳态油井产量公式的另一种表达形式：

$$Q(t) = \frac{2\pi Kh}{\mu\left(\ln\dfrac{R_e}{r_w} - \dfrac{3}{4}\right)}[\overline{p}(t) - p_w(t)] \tag{1-76}$$

通常情况下，泄油区的边界压力不易获得，而平均压力可以通过关井测得，因此实际应用过程中平均压力比较常用。对于实际油井，考虑井的不完善性，若产量为地面产量，并考虑到油井生产的拟稳态期较长，产量和压力通常不再标示其时变性，式(1-72)和式(1-76)可以改写为：

$$Q_{osc} = \frac{2\pi Kh}{B_o\mu_o\left(\ln\dfrac{R_e}{r_w} - \dfrac{1}{2} + S\right)}(p_e - p_w) \tag{1-77}$$

或

$$Q_{osc} = \frac{2\pi Kh}{B_o\mu_o\left(\ln\dfrac{R_e}{r_w} - \dfrac{3}{4} + S\right)}(\overline{p} - p_w) \tag{1-78}$$

式中　Q_{osc}——油井产量(地面)，m^3/s；

　　　K——油层有效渗透率，m^2；

　　　h——油层有效厚度，m；

　　　B_o——原油体积系数；

　　　μ_o——地层油的黏度，$Pa\cdot s$；

　　　p_e——供给边界压力，Pa；

　　　$\overline{p}$——井区平均油藏压力，Pa；

　　　p_w——井底压力，Pa；

　　　R_e——油井供给边缘半径，m；

　　　r_w——井眼半径，m；

　　　S——表皮系数，与油井完成方式、井底污染或增产措施等有关，可由压力恢复曲线求得。

三、油水两相渗流基本理论

1. 油水两相渗流基本数学模型

1)分流量方程

在油水两相渗流区中，油水同时流动，而且都服从达西线性渗流定律时，若忽略毛管压力的作用，只考虑重力作用，则一维油水两相渗流的运动方程可写为：

$$Q_L = -\frac{AKK_{rL}}{\mu_L}\left(\frac{dp_L}{dx} + \rho_L g\sin\alpha\right) \qquad (L = w, o) \tag{1-79}$$

式中　Q_L——流体(油、水)流量，m^3/s；

A——渗流截面积，m^2；

K_{rL}——流体（油、水）相对渗透率；

μ_L——地层流体（油、水）的黏度，Pa·s；

ρ_L——流体（油、水）的密度，kg/m^3；

g——重力加速度，m/s^2；

α——x 轴与水平面夹角，如图 1—37 所示。

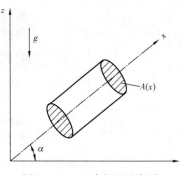

图 1—37　运动方程示意图

令　　　　　　　$$\lambda_L = \frac{KK_{rL}}{\mu_L}$$

式中　λ_L——流体（油、水）流度，$\mu m^2/(Pa·s)$。

则式（1—79）可以改写为：

$$\frac{Q_L}{A\lambda_L} = -\left(\frac{\mathrm{d}p_L}{\mathrm{d}x} + \rho_L g\sin\alpha\right) \qquad (L = w, o) \qquad (1-80)$$

$$\frac{Q_w}{A\lambda_w} - \frac{Q_o}{A\lambda_o} = -\frac{\mathrm{d}p_w}{\mathrm{d}x} - \rho_w g\sin\alpha + \frac{\mathrm{d}p_o}{\mathrm{d}x} + \rho_o g\sin\alpha$$

$$= \frac{\mathrm{d}(p_o - p_w)}{\mathrm{d}x} - g(\rho_w - \rho_o)\sin\alpha \qquad (1-81)$$

由于 $Q_o = Q_t - Q_w$，$p_c = p_o - p_w$，$\Delta\rho = \rho_w - \rho_o$，由式（1—81）可得：

$$\frac{Q_w}{A\lambda_w} - \frac{Q_t - Q_w}{A\lambda_o} = \frac{\mathrm{d}p_c}{\mathrm{d}x} - g\Delta\rho\sin\alpha \qquad (1-82)$$

式中　Q_t——油水混合物流量，m^3/s；

p_c——毛管压力，Pa。

则分流量方程为：

$$Q_w = \frac{\lambda_w}{\lambda_o + \lambda_w}\left[Q_t + A\lambda_o\left(\frac{\mathrm{d}p_c}{\mathrm{d}x} - g\Delta\rho\sin\alpha\right)\right] \qquad (1-83)$$

含水率为：　　$$f_w = \frac{Q_w}{Q_t} = \frac{\lambda_w}{\lambda_w + \lambda_o}\left[1 + \frac{A\lambda_o}{Q_t}\left(\frac{\mathrm{d}p_c}{\mathrm{d}x} - g\Delta\rho\sin\alpha\right)\right] \qquad (1-84)$$

油水两相渗流分流量表示地层中油水共渗混合区流动的油水比例，矿场应用中也称为水淹程度，对于生产井点或流出端分流量即为含水率。

若不考虑毛管压力和重力效应，式（1—84）可以简化为：

$$f_w = \frac{\lambda_w}{\lambda_w + \lambda_o} = \frac{\dfrac{K_{rw}}{\mu_w}}{\dfrac{K_{rw}}{\mu_w} + \dfrac{K_{ro}}{\mu_o}} \qquad (1-85)$$

同理，总液量中油所占分量为 f_o，称为产油率。产水率和产油率之间的关系为：

$$f_w = 1 - f_o \qquad (1-86)$$

对于任一确定的水驱油藏来说，油藏的油水黏度为一定值，所以两相区中各渗流截面上产水率或产油率的变化仅取决于该横截面上的油水相渗透率（或相对渗透率），而相渗透率是含

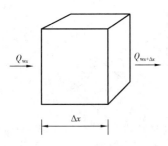

图 1-38　一维水驱单元体

水饱和度的函数,因此利用相对渗透率曲线,由式(1-85)可以计算出分流量或产水率和产油率随含水饱和度或采出程度的变化。

2)一维油水两相水驱渗流方程

如图 1-38 所示的一维水驱单元体,假设流动总流量为 Q,流体不可压缩,在 Δt 时间内流入单元体水量与流出水量之差,等于 Δt 时间内单元体中含水量的变化。

流入单元体水的质量为 $Qf_w\rho_w|_x\Delta t$,流出单元体水的质量为 $Qf_w\rho_w|_{x+\Delta x}\Delta t$,则单元体内水质量增量为 $A\Delta x\phi\rho_w(S_w|_{t+\Delta t}-S_w|_t)$,则:

$$Qf_w|_x\Delta t - Qf_w|_{x+\Delta x}\Delta t = \phi A\Delta x(S_w|_{t+\Delta t}-S_w|_t) \tag{1-87}$$

式(1-87)两端同除以 $\Delta x\Delta t$,取 $\Delta x\to 0$,$\Delta t\to 0$ 极限得:

$$-\frac{Q}{\phi A}\frac{\partial f_w}{\partial x}=\frac{\partial S_w}{\partial t} \tag{1-88}$$

2. 油水两相渗流理论

1)等饱和度面移动方程(Buckley-Leverett 方程)

对于水驱过程,油水两相区不断扩大,除两相区范围扩大外,原来两相区范围内的油又被洗出一部分,因此两相区中含水饱和度逐渐增加,含油饱和度则逐渐减小,油层内含水饱和度应该是位置和时间的函数 $S_w=S_w(x,t)$。对于等(同一)含水饱和度面 $S_w(x,t)$ 为同一常数,则 $dS_w=0$。

$$\frac{\partial S_w}{\partial t}=-\frac{\partial S_w}{\partial x}\frac{dx}{dt} \tag{1-89}$$

将式(1-88)代入一维水驱油方程(1-89)得:

$$\frac{dx}{dt}=\frac{Q}{\phi A}\frac{\dfrac{\partial f_w}{\partial x}}{\dfrac{\partial S_w}{\partial x}}=\frac{Q}{\phi A}\frac{df_w}{dS_w}=\frac{Q}{\phi A}f'_w \tag{1-90}$$

式(1-90)就是某一等饱和度平面推进的速度式,称为贝克莱—列维尔特(Buckley-Leverett)方程或等饱和度面移动方程。它表明等饱和度平面的移动速度等于截面上的总液流速度乘以含水率对含水饱和度的导数。在含水率与含水饱和度关系曲线上,不同含水饱和度时的含水率导数不同,因而各饱和度平面的推进速度也不同。

2)等饱和度面位置方程

对式(1-90)两边积分可得:

$$\int_{x_0}^{x}dx=\int_0^t\frac{f'_w}{\phi A}Qdt \tag{1-91}$$

对于等(同一)含水饱和度面,所对应的含水率的导数 $f'_w(S_w)$ 为常数。

$$x-x_0=\frac{f'_w}{\phi A}\int_0^t Qdt \tag{1-92}$$

式中 x——某一饱和度面 t 时刻到达的位置,因此位置 x 是时间的函数,m;

x_0——原始油水界面的位置,m;

$\int_0^t Q\mathrm{d}t$——从两相区形成($t=0$)到 t 时刻渗入两相区的总水量(或从 0 到 t 采出的油水总量)。

已知 x_0、孔隙度 ϕ、渗流截面积 A,同一时间 t 时的累积注入量 $\int_0^t Q\mathrm{d}t$,利用式(1—92)可计算某一饱和度面的位置。

3)井排见水前水驱前缘动态

(1)见水前水驱前缘特征。

对于某一时刻 t,根据物质平衡关系:

$$\int_0^t Q\mathrm{d}t = \int_{x_0}^{x_\mathrm{f}} \phi A (S_\mathrm{w} - S_\mathrm{wc})\mathrm{d}x \tag{1—93}$$

式中 S_w——两相区中任一点处 t 时刻的含水饱和度,小数;

S_wc——束缚水饱和度,小数。

由式(1—92)得 $\mathrm{d}x = \dfrac{f_\mathrm{w}''\mathrm{d}S_\mathrm{w}}{\phi A}\int_0^t Q\mathrm{d}t$,代入式(1—93)得:

$$1 = \int_{S_\mathrm{wm}}^{S_\mathrm{wf}} (S_\mathrm{w} - S_\mathrm{wc}) f_\mathrm{w}'' \mathrm{d}S_\mathrm{w} \tag{1—94}$$

式中 S_wf——水驱前缘含水饱和度,小数;

S_wm——最大含水饱和度,$S_\mathrm{wm}=1$。

利用分部积分关系 $\int u\mathrm{d}v = uv - \int v\mathrm{d}u$,令 $u = S_\mathrm{w} - S_\mathrm{wc}$,$v = f_\mathrm{w}'$,及 $f_\mathrm{w}'(S_\mathrm{wm}) = 0$ 且 $f_\mathrm{w}(S_\mathrm{wm}) = 1$,代入上式得:

$$f_\mathrm{w}'(S_\mathrm{wf}) = \frac{f_\mathrm{w}(S_\mathrm{wf})}{S_\mathrm{wf} - S_\mathrm{wc}} \tag{1—95}$$

见水前水驱前缘饱和度图解如图 1—39 所示。以束缚水饱和度为原点向含水率曲线做切线,得到切点,因此切点所对应的含水饱和度值即为前缘饱和度。

求得水驱前缘含水饱和度 S_wf 以后,再在 $f_\mathrm{w}' \sim S_\mathrm{w}$ 关系曲线上求出 $f_\mathrm{w}'(S_\mathrm{wf})$,然后根据式(1—92)即可求出水驱前缘所到达的位置 x_f,当水驱前缘到达井排时油井见水,此时 $x_\mathrm{f} = L_\mathrm{e}$,可求出井排见水时间 T:

$$L_\mathrm{e} - x_0 = \frac{f_\mathrm{w}'(S_\mathrm{wf})}{\phi A} \int_0^T Q\mathrm{d}t \tag{1—96}$$

式中 L_e——供给边缘至井排的距离;

x_0——供给边缘至原始油水界面的距离。

(2)见水前两相渗流区平均含水饱和度。

对于某一时刻 t,注入的水全部充填水驱前缘上游的水淹区内,根据物质平衡关系:

$$\int_0^t Q\mathrm{d}t = \phi A (x_\mathrm{f} - x_0)(\overline{S}_\mathrm{w} - S_\mathrm{wc}) \tag{1—97}$$

式中 $\overline{S}_w$——平均含水饱和度,小数。

将式(1—92)代入式(1—97),得:

$$f'_w(S_{wf}) = \frac{1}{\overline{S}_w - S_{wc}} \tag{1—98}$$

见水前两相渗流区平均含水饱和度图解如图1—40所示。根据水驱前缘的图解确定,将水驱前缘图解中的切线延伸与 $f_w = 1$ 的线相交,得到交点,交点所对应的含水饱和度值即为平均含水饱和度。

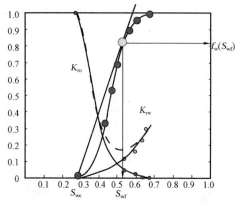

图1—39 水驱前缘图解示意图

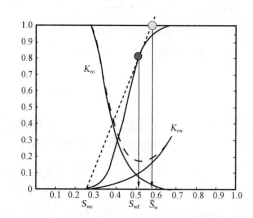

图1—40 水淹区平均含水饱和度图解示意图

由图解方法可以看出,见水前水驱前缘饱和度与水淹区平均含水饱和度是唯一的,因此见水前水驱前缘饱和度与水淹区平均含水饱和度均保持不变。大量实验资料证明,油水前缘含水饱和度值的大小取决于岩层的微观结构和地下油水黏度比值。油水黏度比越大,含水率曲线向左偏移,则由束缚水饱和度引出切线的切点左移,前缘含水饱和度越来越小,见水时含水率也越来越小。

4)井排见水后水驱前缘动态

水驱前缘到达井排后,见水后水淹区平均含水饱和度不断变化,假定水驱前缘继续向前推进,且满足相同的等含水饱和度变化规律,假设井排见水时的含水饱和度为 S_{we},如图1—41所示。则井排见水后,水淹区平均含水饱和度为:

$$\overline{S}_w = \frac{\int_{x_0}^{L} S_w dx}{L - x_0} \tag{1—99}$$

由式(1—92)得 $dx = \dfrac{f''_w dS_w}{\phi A}\int_0^t Q dt$ 和 $L - x_0 = \dfrac{f'_w(S_{we})}{\phi A}\int_0^t Q dt$,代入式(1—99)得:

$$\overline{S}_w = \frac{\int_{S_{wm}}^{S_{we}} S_w f''_w dS_w}{f'_w(S_{we})} = \frac{\int_{S_{wm}}^{S_{we}} S_w d f'_w}{f'_w(S_{we})} \tag{1—100}$$

令 $u = S_w, v = f'_w$,利用分部积分关系 $\int u dv = uv - \int v du$,得:

$$f'_w(S_{we}) = \frac{1 - f_w(S_{we})}{\overline{S}_w - S_{we}} \tag{1—101}$$

见水后水淹区平均含水饱和度图解方法:由相对渗透率资料计算含水率曲线,已知见水后采出端的含水率 $f_w(S_{we})$,在含水率曲线上找到该点及相对应的含水饱和度 S_{we},由该点作切线,切线与 $f_w=1$ 的线相交,交点所对应的含水饱和度值即为平均含水饱和度,如图 1—42 所示。

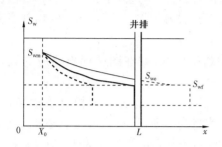

图 1—41　井排见水后饱和度分布示意图

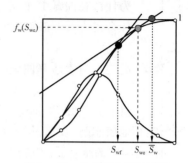

图 1—42　见水后水淹区平均
含水饱和度图解示意图

令 $Q_i = \dfrac{\int_0^t Q \mathrm{d}t}{\phi A (L - x_0)}$ 为累积注入孔隙体积倍数,由式(1—96)得:

$$f'_w(S_{we}) = \frac{1}{Q_i} \qquad (1-102)$$

且岩心出口端产油率为:

$$f_o(S_{we}) = 1 - f_w(S_{we}) \qquad (1-103)$$

将式(1—102)和式(1—103)代入式(1—101)中可得:

$$\overline{S}_w = S_{we} + Q_i f_o(S_{we}) \qquad (1-104)$$

上式表示出口端见水后平均含水饱和度与出口端产油率的关系。在水驱油实验资料处理中往往利用该式反求岩心出口端含水饱和度 S_{we}。

练 习 题

1.1　什么是露点压力、泡点压力?试绘出地层多组分烃类体系相图,并结合代表的油气藏类型加以说明。

1.2　何谓地层油的溶解气油比、体积系数?简要画出原油溶解气油比、体积系数、黏度随压力变化曲线,并解释原因。

1.3　什么是孔隙度?有效孔隙度与绝对孔隙度的区别是什么?

1.4　什么是流体饱和度?油层中流体饱和度之间的关系是什么?

1.5　有三支不同半径的毛细管($r_1=1\text{mm}$,$r_2=0.1\text{mm}$,$r_3=0.01\text{mm}$),插入同一盛有油水的水盆中,已知水的密度为 1g/cm^3,油的密度为 0.87g/cm^3,并测得油水界面张力为 33dyn[❶]/cm,接

---

❶ 1dyn(达因)$=10^{-5}$N(牛顿)。

触角为30°。(1)分别求出三支毛细管中水面上升的高度;(2)试画出图中三支毛细管中油水界面的相对位置,并标明毛细管力的方向;(3)从计算结果分析,考虑实际具有底水的油藏,能得出哪些结论?

1.6 为什么在油藏中油、水、气界面不是一个平面,而是一个过渡带?

1.7 什么是岩石的渗透性?什么是岩石的渗透率?岩石的渗透率为"1D"的物理意义是什么?

1.8 简述相对渗透率曲线的特征(画出相对渗透率曲线,并在图中标出相应的区域和点)。

1.9 设一直径为2.5cm,长度为3cm的圆柱形岩心,用稳定法测定相对渗透率,岩心100%饱和地层水时,在0.3MPa的压差下通过的地层水量为0.8cm³/s;当岩心中含水饱和度为30%时,在同样的压差下,水的流量为0.02cm³/s,油的流量为0.2cm³/s。油的黏度为3mPa·s,地层水的黏度为1mPa·s。求(1)岩石的绝对渗透率;(2)S_w=30%时油水的有效渗透率和相对渗透率。

1.10 油气藏中的驱油能量有哪些?

1.11 已知供给边界R_e处的压力为p_e,油井产量为Q,根据达西定律的微分形式推导单向渗流压力分布公式。

1.12 已知供给边界R_e处的压力为p_e,油井产量为Q,根据达西定律微分形式推导平面径向渗流压力分布关系。

1.13 已知f_w—S_w曲线,如何求前缘含水饱和度S_{wf}和两相区平均含水饱和度?

1.14 在某砂岩上油水相对渗透率数据如表1—2所示,它们是含水饱和度的函数。图1—43所示为其一维水驱油几何示意图。

表1—2　油水相对渗透率数据

S_w	0	10	20	30	40	50	60	70	75	80	90	100
K_{ro}	1.0	1.0	1.0	0.94	0.80	0.44	0.16	0.045	0	0	0	0
K_{rw}	0	0	0	0	0.04	0.11	0.20	0.30	0.36	0.44	0.68	1.0

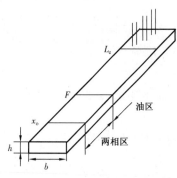

图1—43　一维水驱油几何示意图

求:(1)在直角坐标纸上绘制相渗关系图,并确定残余油饱和度及束缚水饱和度的数值;(2)若μ_o=3.4mPa·s,μ_w=0.68mPa·s,当两相区中含水饱和度为50%时,含水率是多少?(3)上述情况下若油的体积系数B_o=1.5,水的体积系数B_w=1.05,则求地面产水率及产油率;(4)用图解法做出f_w—S_w关系曲线;(5)由图确定两相区前缘含水饱和度及两相区平均饱和度;(6)用图解法做$f_w'=\dfrac{\partial f_w}{\partial S_w}$与$S_w$的关系曲线。

第二章　海上油气田开发设计与动态分析

第一节　海上油气田开发前期研究

海上油气田开发可划分为勘探评价、前期研究、工程建设、生产、弃置五个阶段。前期研究是指从配合储量申报的开发方案开始，到油气田总体开发方案由国家主管部门批准为止这个阶段的全部工作。主要包括以下内容：

(1)油气藏地质评价和油气藏工程研究；

(2)钻井、完井和采油工艺研究；

(3)工程设施的研究；

(4)环境影响评价；

(5)工程安全分析；

(6)投资估算及经济评价；

(7)环境条件和参数的分析与调查以及工程地质和管线路由的调查等。

前期研究的主要任务是研究和提出各种可行方案，通过综合对比分析和经济评价，推荐最佳的总体方案，把油气田开发的风险减少到最低程度，为最终决策提供可靠和科学的技术经济依据。

前期研究一般分为预可行性研究、可行性研究和编制总体开发方案三个阶段。

预可行性研究以储量评估为油气藏开发的基础，以确定储量的商业价值和油气田商业开采价值为中心；可行性研究则是通过数值模拟技术为油气田提供多方案优选；总体开发方案以全方案的优化作为降低开发投资的基础。

一、预可行性研究

在第一口探井发现后即可进行预可行性研究。

预可行性研究阶段主要是进行油气藏地质评价和油气藏工程研究，钻完井、地面工程等预可行性研究则是为配合油气藏研究，提出并评价开发工程方案的技术可行性，进行工程投资和简单经济测算，研究结果用于决定是否开展可行性研究，提出研究方向和专题研究内容。

1. 油气藏预可行性研究

油气藏预可行性研究(也称油气田开发早期评价)是指钻探井有油气发现，油气藏研究工作紧跟物探、钻探作业和储量评价工作进行滚动研究，逐步加深对构造、储层、储量、储量计算参数及规模、生产能力的认识。其成果主要为钻完井、海上工程的预可行性研究提供设计基础，综合研究成果用于储量报告，作为决策层确定下一步评价计划的依据。

1)主要研究内容

(1)地质构造。包括构造形态(背斜、鼻状等)、断层系统(走向、倾向、断距、断层发育史等)和圈闭类型(岩性、构造、断层)。

(2)储层分布。包括空间(垂向和平面)展布、层位、油层组；含油小层的对比；储层特征(渗透率、孔隙度、孔隙结构、黏土矿物成分、岩电对应关系等)。

(3)流体。包括根据取样和实验条件鉴定流体分析结果的准确性,流体组分及物理、化学性质(地面、地下),流体在平面、纵向上的分布;压力、温度系统与油藏类型,包括压力、温度,压力梯度、温度梯度,油藏边底水大小及活跃程度等。

(4)产能。了解油气井测试简况,对钻井中途测试(DST测试)的资料进行分析,鉴定压力恢复资料录取的准确性和测试结果的可信度;利用DST进行产能和流动特性分析,计算测试层的采油指数和比采油指数,选择解释软件进行试井解释,求取流动参数;计算单层的理想产能;根据比采油指数和油田平均有效厚度,考虑多层开采和测试误差的系数,计算油气田单井平均产量;对于气田要根据测试数据计算无阻流量。

(5)影响油气田开发的地质特征分析。包括油气藏类型(稠油油藏、轻油油藏、挥发性油藏、干气气藏、凝析气藏、湿气气藏、异常压力温度油气藏、块状油气藏、层状油气藏、特殊岩性油气藏等);油气藏的驱油能量分析(边水、底水能量,气顶能量,溶解气能量);储层岩性(疏松、致密);储量分布(平面、纵向);储量风险与潜力;原油性质的区域变化和天然气组分变化;储层的连续性和非均质性等。

2)开发设想

由于预可行性研究阶段不确定因素较多,可以存在多种设想,以便寻找最好的方案组合。开发设想的内容主要包括:

(1)开发规模——根据油气田特性确定油气田的年产能力和采油速度。

(2)开发方式——天然能量或人工补充能量。

(3)开采方式——自喷、深井泵、气举采油等。

(4)层系划分与组合——确定主要开发对象,追求开发效果和经济效果的统一。

(5)井网部署——确定井网、井距、注水方式。

(6)采收率估算——根据油藏类型和流体性质,选择适用的经验公式、类比法、物质平衡法、水驱油实验结果估算采收率。

(7)开发指标预测——计算全油田15～20年开发指标(年产油、年产气量、年产水量和压力变化),编制预测结果表和产量变化图。计算方法多采用概算法、类比法、经验公式或简单井组模型的数值模拟。

2. 钻完井预可行性研究

钻完井预可行性研究主要是探讨技术、经济的可行性。

1)收集资料

收集的资料主要来自油气藏预可行性研究方案、探井完井报告和试油报告:

(1)从油藏预可行性研究方案了解项目预计井数、井距、预测单井配产等。

(2)了解油藏资料,包括原始地层压力、油藏深度、孔隙度、渗透率、油藏温度、岩石性质、环境资料如水深、气温等。

(3)了解流体资料,包括流体的密度、气油比、饱和压力、简单组分等。

2)研究内容

(1)提出不同方案设想。

首先,根据条件判断确定钻井、完井及修井所需机具。

其次,费用匡算,对进尺、井深进行估算。钻井费用可根据统计资料,按当地海域及地质条件下每米费用匡算。完井费用可按油气井产量估算油管尺寸,按 CO_2 含量选择管柱材料等级,依照油藏资料判断采油方式、流体性质、配产、压力估算及采用电量等,与类似油气田进行简单对比,或按经验进行匡算。

最后,提出钻完井工期。可参照探井、其他类似油气田和经验估计。

(2)各方案技术对比。

各方案的经济性对比,分析各方案优缺点及存在的风险。

(3)技术专题研究。

当前国内外技术现状简述,提出需要进行的钻井、完井、采油工艺专题研究。初步提出解决本专题的方法和手段,对整个方案的影响及评价(包括技术方面和经济方面)。

3. 地面工程预可行性研究

地面工程预可行性研究的主要内容包括以下九个方面:

(1)总体布置——主要提出布置原则,各方案油气田总体布置图,单元工程的平面及立体布置图。

(2)工艺设计——主要是流程描述,确定主要工艺设备规格,进行各工艺方案对比,绘制流程图。

(3)机、电、仪、讯——主要是提出主电站、热站选型、供电方案、控制系统和通信系统设计思路。

(4)结构设计——提出固定平台结构设计依据;根据总体布置和设备质量、环境荷载及平台功能等进行平台设计,同时要考虑钻井、完井作业对平台的要求;考虑平台的结构形式,估算结构用钢量;编制平台结构设计报告。

(5)海底管道——提出海底管道工艺,包括确定管道的输送方案;初定管道的输送条件;简单计算及管径优选;对于高含蜡或高黏原油,应分析或估算管道的最低输量、停输温降时间和再启动压力;按海底管道工艺估算的参数及海洋环境条件等资料进行海底管道结构设计考虑。

(6)单点系泊——根据所处海域的环境条件、油田规模、油轮大小及用途等条件,初选单点系泊系统形式。

(7)FPSO(Floating Production Storage and Offloading Units,浮式生产储油卸油系统)——主要是进行选型和外输方式等研究,包括 FPSO 船型及吨位、型线及主要尺寸,总体布置原则及说明,平面图及侧视图。

(8)陆上终端——包括陆上终端的平面坐标位置、工程地质条件及周围公用设施条件;与周围公用设施的接口关系及处理意见;陆上终端的系统说明,应阐述终端的功能、主要工艺系统、公用系统、油(气)产品储运系统、消防安全及生活设施等;陆上终端的平面布置图、主工艺流程图等。

(9)提出工程总进度——可根据工程项目内容制定出不同方案的总进度,说明并列出工程进度里程碑及影响工程进度的主要因素。

二、可行性研究

可行性研究是项目前期研究的重要内容之一,用于进行投资决策分析。其主要目的是考察项目在技术上的适用性和先进性,在经济上的赢利性和合理性,以及建设的可能性和可行性,进行多方案的技术和经济比较,并推荐最佳方案。

可行性研究一般是在预可行性研究的基础上,在国家储量委员会批准储量申报以后进行。此阶段评价井已按计划钻完,资料录取和资料处理工作已结束,室内分析、化验已有结果。

可行性研究的目的是通过对地质模式、油气藏特征及储量分级的研究辨别地质风险,提出几个油气藏开发方案设想,钻井、完井及地面工程对应每个油气藏方案提出相应的多个方案,并对众多方案进行经济评价和对比。提出的方案由于当时的技术和经验还不能确认其可行性和可靠性,因此,可能需要开展重点专题研究,解决前期研究中的主要技术难点,排除不成熟的方案,提出推荐方案,形成开发方案总思路。

可行性研究的主要内容包括:

(1)总论;

(2)油气藏地质和油气藏工程;

(3)钻井、完井和采油工艺;

(4)油气田开发工程;

(5)投资估算和经济评价;

(6)关键技术难点的专题研究。

在编写可行性研究报告时,需要根据项目的背景和具体要求,列出开展可行性研究所依据的文件,如:

(1)可行性研究项目背景;

(2)油藏地质及油藏描述成果;

(3)有关国家、地区和行业的工程技术、经济方面的法令、法规、标准定额资料,以及国家颁布的建设项目经济评价与经济评价参数;

(4)海上油气田的海洋环境条件和工程地质条件;

(5)拟建陆上厂址的自然、社会、经济条件等资料。

1. 油气藏可行性研究

在预可行性研究的基础上,开展专题研究,评价地质风险,确定是否需要补钻评价井或补取资料、补充岩心和流体试验项目;对影响开发效果的敏感参数进行分析,建立地质、油藏模型,利用数值模拟完成油田开发多个方案的指标预测,确定推荐开发方案。油气藏可行性研究工作的主要内容包括以下五个方面。

1)基础资料准备

以储量评价和预可行性研究阶段的地质和油藏工程研究成果为基础,搜集和整理预可行性研究之后又补充录取的资料,如新钻的评价井资料、测试资料、岩心分析资料和流体样品分析结果等。进行考察调研和技术难点的专题立项研究,为总体开发方案的研究做好技术准备。

2)地质研究

构造、储层、沉积相、流体、产能、储量等内容宏观上应以预可行性研究阶段、储量评价的地质研究结论为准,有新资料或新研究成果时可以补充,但若在认识上有重大改变须进行专家确定。

细化油气水分布和储层评价分析。包括进行细致的小层对比,并相应划分出隔层、夹层;储层物性的各向异性和储层连续性分析;水体的区域性分析;裂缝性油气藏须加深对裂缝特征、基质与裂缝的驱油机理研究。

3)建立地质模型

在地质研究的基础上建立地质模型。对于相对简单的油气藏,可将储量评价时的地质模型进行移植转化,根据要求,经网格粗化后生成新模型;对于复杂断块或特殊岩性油气藏需进一步分析,重新建立能反映地下渗流特性的地质模型。地质模型中包含油藏工程内容,应有小层构造框架模型和三维储层属性模型,包括有效厚度、孔隙度、含油饱和度和渗透率模型。

4)油气田开发的油藏工程研究

海上油气田油藏工程研究遵循的开发原则主要是研究如何在较少井数情况下获得高产。另外,要考虑地下资源的合理利用、油气藏的高速开采、一套井网开发多套层系、油气并举、多个油气田的联合开发、主体油气田周围构造的滚动勘探和开发等。

5)优化油气藏方案

对整个油气藏进行数值模拟研究,设定多种方案(不同开发方式、不同井网、不同采油速度、不同注水方式等),预测生产前景,一般计算 15~20 年的开发指标。

进行开发指标对比,结合钻井、完井和海上工程预可行研究结果,推荐几个方案参数,或者在与钻井、完井、海上工程和经济专业协调后提出唯一方案。

2. 钻井、完井可行性研究

钻井、完井可行性研究是开展专题研究,在预可行性研究的基础上对方案做进一步的研究筛选,对筛选出的钻井、完井方案进行计算、论证、排序,推荐可行的目标方案。

这个阶段要随着油气藏研究的深入,更详细地了解与钻井、完井、采油工艺有关的油气藏资料,包括井数、井距、预测单井配产、原始地层压力、油藏深度、孔隙度、渗透率、油藏温度、岩石性质、环境资料(包括水深、气温)、流体的密度、气油比、饱和压力、简单组分等。

对筛选出的钻完井方案做进一步的计算,主要内容包括:

(1)根据条件判断确定钻井、完井及修井所需机具可行性,并确定方案所需钩载、轨道负荷和场地总负荷,钻井、固井、完井循环,固控系统的初步布置,钻井、完井材料堆场布置等。

(2)钻井方面要确定井口间距,并画出图示间隔尺寸;定向井设计要简单计算定向井参数,包括造斜点、斜深、最大井斜、造斜率、水平段、平均井深等;要进行钻井液设计,简单说明其体系选择;要简单说明采用的测井项目和系列。

(3)完井设计要确定射孔方法,进行出砂预测及防砂方法筛选,增产措施的选择,完井液体系选择,生产管柱设计,提出采油树的规范和压力等级。

(4)采油工艺的内容包括机采方式选择对比研究(适应性、经济性对比)、油管尺寸选择(根据产液量估定)、井口压力温度预测(根据平均产能或代表性井计算)、用电量计算(根据平均产量计算)和注水方案设计(根据油藏配产估算)等。

(5)按井的类型对费用进行估算。费用估算按钻前准备费、服务费、材料费、管理费(含保险费、上提管理费等)和其他费用分列。钻井费用可根据统计资料,按当地海域及地质条件下同类井每米费用匡算。完井费用可按油气井产量估算油管尺寸,按 CO_2 含量选择管柱材料等级,依照油藏资料判断采油方式,采用类比法估算流体性质、配产、压力,按分类井估算机采用电量。可参照探井、其他类似油气田同类井和经验按分类井估算钻完井工期。要按钻井、完井、修井机具的规格对费用进行估算。

3. 地面工程可行性研究

地面工程可行性研究的工作重点是根据油气藏和钻完井提出的方案,对油气田开发工程多个方案及关键技术难点(专题)进行研究,寻求经济有效的开发途径,并提出工程推荐方案及下一步研究工作的建议,为投资匡算、经济评价、概念设计、油气田总体开发方案(ODP)的编制、项目评估等提供依据。

地面工程项目要排出不同方案的总进度,说明并列出工程进度里程碑及影响工程进度的主要因素。说明本工程项目可行性研究的主要结论和推荐方案,提出今后工作的建议,要突出降低投资、提高赢利率的措施和风险预测。

地面工程项目开始时要注重收集和整理工程研究的依据,包括预可行性研究报告、油气田概况、工程概况、环境数据、所采用的标准与规范等。

地面工程可行性研究需先进行单项选择,然后将单项组合成多个方案。

三、油气田总体开发方案

油气田总体开发方案(ODP)是前期研究阶段的最终成果,是作为投资决策的决定性文件。此阶段开发可行性储量评估已得到确认,向政府主管部门申报的探明地质储量的审批程序也已完成。总体开发方案确定了油气田开发的规模、动用储量的程度、油气藏开发及工程设施方案、投资估算、经济效益及实施计划。

油气田总体开发方案主要包括八部分内容:

(1)总论;

(2)油藏地质和油藏工程;

(3)钻井、完井和采油工艺;

(4)油田开发工程;

(5)生产作业;

(6)安全分析;

(7)海洋环境保护;

(8)投资估算及经济评价。

第二节 海上油气田开发设计

海上油气田开发的基本方针:与周边油田联合开发,结合国内外海上油田先进开发技术,高速、高效开发油气田。海上油气田开发的原则:(1)立足于少井高产;(2)一套井网开采多套油层,减少生产井数;(3)人工举升增大生产压差,提高采油速度;(4)充分合理利用天然能量,节省投资;(5)油田的联合群体开发;(6)尽可能留有油田调整余地和作业条件。

一、油藏驱动方式及其开采特征

油田在开发以前,整个油藏处于相对平衡状态,储油层中油、气、水的分布与油层的岩石性质、流体性质有关。在一个油藏内,油、气、水是按密度大小分布的,气体最轻,将占据圈闭构造顶部的孔隙,称为气顶;原油则聚集在气顶以下或构造翼部,水的密度最大,位于原油的下部,占据构造的端部,称为边水;当油层平缓时,地层水位于原油的正下方,把原油承托起来,称为底水;气顶与含油区之间、含油区与边底水之间都存在过渡带,分别称为油气过渡带和油水过渡带,如图2—1所示。

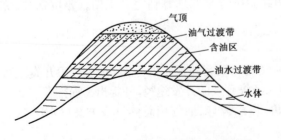

图2—1 背斜油气藏中油气水分布示意图

1. 油藏驱油能量

当油井投入生产后,石油就会从油层中流到井底,并在井筒中上升到一定高度,甚至可以沿井筒上升到地面。原因是处于原始状态下的油藏,其内部具有潜在的能量,这些能量在开采时成为驱动油层中的流体流动的动力来源。在天然条件下,油藏的驱油能量主要有以下几种:(1)边水压头所具有的驱油能量;(2)原油中的溶解气析出并发生膨胀所产生的驱油能量;(3)气顶中压缩气体膨胀所产生的驱油能量;(4)当压力下降时,油层中的流体和岩石发生膨胀而产生的驱油能量;(5)原油在油层内由于位差而具有的重力驱油能量,使得石油从高处流向低处。

当油田天然能量不足时,依靠人工向油层注水、注气的方式来增加油层驱油能量;驱动石油流动的能量可以是几种能量的综合作用。

2. 驱动类型

油田开发过程中主要依靠哪一种能量来驱油,称为油藏的驱动类型(或驱动方式)。由于油层地质条件和油气性质上的差异,不同油田之间,甚至同一油田的不同油藏之间,驱动方式是不相同的。驱动方式不同,开发过程中油田的产量、压力、气油比等有着不同的变化特征,因此油田开发初期就需要根据地质勘探成果和高压物性资料,以及开发之后所表现出来的开采特点来确定油藏属于何种驱动方式;另一方面,一个油田投入开发之后,其原来的驱动方式会因开发条件的改变而改变,掌握不同类型的驱动方式及其动态变化规律,对于制订合理的油田开发方案具有重要意义。

1)水压驱动

主要依靠与外界连通的边底水,水头压力或人工注水压能作为驱油的动力。

边底水或注入水将原油驱入油井,边底水或注入水逐渐替代原油,占据含油部分的孔隙空间。形成水压驱动方式的条件是油层渗透性好,而且连通好,地层原始压力高,饱和压力低,边底水或注入水的供给量与采油量大致保持平衡。这就要求边底水供给充分,或保持适量的注水量。

水压驱动油藏的开发特征:油井的产量、压力、气油比基本上保持稳定,如图2—2所示。若采出量超过供水量时,地层产生亏空,地层压力将下降或出现局部低压区,气油比就会迅速上升,水压驱动方式将转变成其他驱动方式。

2)弹性驱动

主要依靠岩石及液体的弹性能作为驱油的动力。

当油藏形成时,岩层中所含的液体在运移过程中受到压缩,液体压缩性的大小,反映出液体内部存在反抗压缩的弹性力,具有做功的能力;同样埋藏在地下深处的岩层本身由于受到上覆巨厚岩层的压力,也具有反抗压缩的弹性力。当油藏投入开发时,油层压力开始下降,这时处于压缩状态的液体体积发生膨胀,同时岩石体积也发生膨胀,使储油层的孔隙体积缩小,这样就把油层中的原油排挤到生产井中,当油藏没有天然供水区,而油藏外围的含水区又很大时,往往表现为弹性水压驱动方式。其开采特征是当保持产液量不变时,地层压力逐渐下降,气油比不变,如图2—3所示。

当油藏边缘封闭,含水区很小,地层压力高于饱和压力时,主要依靠油层岩石和原油本身的弹性能量将原油挤向井底,表现为纯弹性驱方式。若维持产量稳定,则井底压力和地层压力将迅速下降,如不及时进行人工注水补充油层能量,当地层压力低于饱和压力时,油藏将转入溶解气驱开发,油田产量也将会逐渐下降。因此这种驱动类型油藏是一种能量纯消耗方式的油藏。

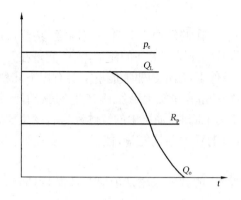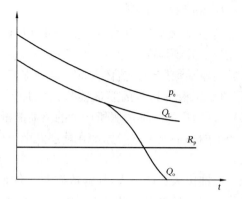

图 2-2　水压驱动油藏开采特征曲线　　　　图 2-3　弹性水压驱动油藏开采特征曲线

p_e—地层压力；Q_L—产液量；Q_o—产油量；R_p—生产气油比　　　p_e—地层压力；Q_L—产液量；Q_o—产油量；R_p—生产气油比

　　3）溶解气驱

　　如果油藏封闭，又没有外来能量补充。油田开采过程中，开始消耗弹性能量，当地层压力低于饱和压力后，原来溶解在原油中的天然气将从原油中分离出来，形成气泡，整个油层将是油气两相渗流。随着压力的下降，天然气体积发生膨胀，这时原油流入井筒主要依靠分离出的天然气的弹性膨胀能量，称为溶解气驱方式。在溶解气驱方式下采油，只有使地层压力不断下降，才能使地层内的原油维持其连续的流动。

　　溶解气驱方式的开采特征：随着地层压力的下降，油层中气体饱和度不断增加，气相渗透率不断增加，产气量也急剧增高，气油比上升，产油量不断下降，当气体耗尽时，气油比又急剧下降，如图 2-4 所示。油层中将剩余大量不含溶解气的原油，这些原油的流动性很差，甚至不能采出，称为死油。这种驱动方式是一种纯消耗式开采方式，采收率较低，一般只有 5%～20%。

　　4）气顶驱动

　　当油藏中存在有较大的气顶时，开发时主要依靠气顶中压缩气体的膨胀能把原油驱向井底，这种驱动称为气压驱动。

　　当油藏中存在气顶时，说明在该地层压力下原油所能溶解的天然气已达到饱和程度，此时地层压力等于饱和压力。当油井生产时，井底压力必然低于饱和压力，而近井地带的压力也必然低于饱和压力，所以溶解气驱的作用是不可避免的，而且只有在因采油而形成的压力降传到油气边界后，气顶才开始膨胀，压缩气的能量才能显示出来，这时油藏才真正处于气压驱动条件下。在随后的生产中，为了保持油井生产，井底压力还必须低于饱和压力，溶解气驱作用依然存在。

　　气顶中压缩气的能量储存是在油藏形成过程中完成的，没有后期的能量补充。开采过程中，气顶的能量不断消耗，整个油层的压力不断下降。

　　气顶驱动方式的开采特征：生产比较稳定，地层压力、产量、气油比基本保持不变。当油气界面推移至油井时，油井开始气侵，气油比急剧上升，如图 2-5 所示。

　　5）重力驱动

　　当油藏接近开发末期，推动油层中的原油流向井底的能量都已耗尽时，油层中的原油只能依靠本身的重力流向井底，这种驱动称为重力驱动。

　　显然当一个油藏的油层倾角比较大或油层厚度较大时，重力驱动才能发挥作用。在重力驱动下，油井产量很低，油田已失去了大规模工业开采的价值。根据油层的自然条件，重力驱动可表示为两种：

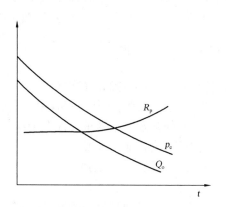

图2—4　溶解气驱油藏开采特征曲线

p_e—地层压力；Q_o—产油量；R_p—生产气油比

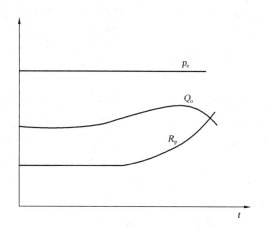

图2—5　气顶驱油藏开采特征曲线

p_e—地层压力；Q_o—产油量；R_p—生产气油比

（1）压头重力驱。原油将沿油层倾斜方向向下移动，并在油层较低的部位聚集起来。

（2）具有自由液面的重力驱。油井周围附近的液面低于油层顶部，同时气体分离量很小，油井产量也很低，这种情况通常出现在能量枯竭的油层中，重力驱动油藏的开采特征如图2—6所示。

由于各种驱动方式的驱油能量来源不同，因而最终采收率也不同。一般情况下，水压驱动方式的驱油效率最高，采收率最大，而溶解气驱采收率最低。油藏的驱动方式并不是一成不变的，在同一时间内，同一油藏的不同部位可以表现为不同的驱动方式。而同一油藏

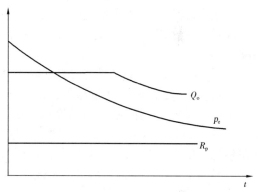

图2—6　重力驱动油藏开采特征曲线

p_e—地层压力；Q_o—产油量；R_p—生产气油比

在不同时间也可以表现为不同的驱动方式。如果开采方式不合理，例如油藏内部大量采油，地层局部压力迅速下降，而边水能量供给不上，驱动方式由水压驱动转化为溶解气驱。若采取适当措施，充分利用天然能量或人工注水补充能量，也可以将低效率的驱动方式转化为高效率的驱动方式。

由于水压驱动驱油效率高，开发效果好，所以国内外许多油田都采用人工注水保持压力的开发方式。

二、开发层系与井网系统

一个油田往往由几个油藏组成，而组成油田的各个油藏在油层性质、圈闭条件、驱动类型、油水分布、压力系统、埋藏深度等方面都不同，有时差别很大。不同油藏的驱油机理、开采特征有很大区别，它们对油田开发的部署、开采条件的控制、采油工艺技术、开采方式，甚至对地面油气集输流程都有不同的要求。若把高渗透层和低渗透层放在一起合采，则由于低渗透层的原油流动能力小，生产能力受到限制；若把高压层和低压层合采，则低压层可能不出油，甚至产

生倒灌现象。对于水驱开发油田,高渗透层通常很快水窜,在合采情况下,高、低渗层间差异越来越大,油水层相互干扰,严重影响油田的采收率。因此,在制订开发方案时,需要将油层进行划分和组合,缓解层间差异。

1. 开发层系划分

根据国内外油田开发的经验,在开发非均质多油层油田时,由于各油层的储层特征差异较大,不能把它们放在同一口井中合采,而是把特征相近的油层合理地组合在一起,用一套生产井网单独进行开采,即多套开发层系对应多套开发井网。划分开发层系的重要性在于:

(1)有利于充分发挥各类油层的作用,从而缓和层间矛盾,改善油田开发效果。

(2)可以针对不同层系的特殊要求设计井网,进行地面生产设施的规划和建设。

(3)可以提高采油速度,缩短开发时间,并提高经济效益。

(4)能更好地发挥采油工艺手段的作用,进行分层注水、分层采油和分层控制措施。

划分开发层系的原则包括:

(1)多油层油田如具有以下地质特征时,原则上不能合并到同一开发层系中:① 储油层岩石和物性差异较大;② 油气水的物理化学性质不同;③ 油层压力系统和驱动类型不同;④ 油层层数太多,含油井段的深度差别过大。

(2)每套层系应具有一定厚度和储量,保证每口井都具有一定产能,并达到较好的经济指标。

(3)各开发层系间必须具有良好的隔层,确保注水开发过程中层系间不发生串通和干扰。

(4)同一开发层系内,各油层的构造形态、油水边界、压力系统和原油物性应比较接近。

由于地表环境的限制,并考虑投资回收等因素,海上油田大多采用一套开发层系,对多油层进行组合开采。实际上对于非均质多油层油田,即使划分开发层系后,同一套开发层系中仍然包括几个到十几个油层。虽然划分开发层系是按性质相近原则进行,但在同一开发层系中,层间差异仍是不可避免的。为进一步改善油田开发效果,可采取分层注水和分层采油工艺,以缓解层间矛盾。

2. 注采井网系统

油田上注水井和生产井的部署,包括井数、井距、油水井的分布形式等,通常称为注采井网系统。

注水时机的选择分为早期注水、晚期注水。早期注水是指地层压力下降到泡点压力之前或附近时开始注水。晚期注水是指溶解气驱生产阶段结束后开始注水。人工注水是保持和控制油田平均压力的主要手段,压力的控制界限与油田能量的合理利用关系密切。美国学者在20世纪60年代研究发现,注水时机不是早期,而是相对早期,注水后的平均地层压力可以保持在泡点压力附近,有利于使原油黏度保持在原始值附近。由于地层中原油的少量脱气会减少水相的相对渗透率,使得水油比降低,从而减少高渗透层的产水量;地层中强烈脱气使原油黏度上升 2~3 倍,导致最终采收率下降。因此选择合适的注水时机对于充分利用天然能量,提高注水开发效果具有重要意义。

注水方式是指注水井在油藏上所处的部位和注水井与生产井之间的相互排列关系。

1)常规注采井网系统

(1)边缘注水。

边缘注水就是把注水井按一定的形式部署在油水过渡带附近进行注水。边缘注水分为边外注水、边上注水和边内注水。

① 边外注水。注水井按一定方式分布在外含油边界以外,向边水中注水,如图 2—7 所

示。这种注水方式要求含水区与含油区之间的渗透性较好，不存在低渗透带或断层。

② 边上注水。当外含油边界以外的地层渗透率很差，将注水井布置在含油外边界上或油水过渡带上，如图2—8所示。

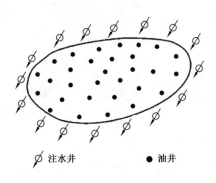

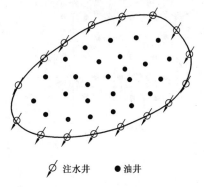

图2—7　边外注水示意图　　　　　　　　图2—8　边上注水示意图

③ 边内注水。当油水过渡带存在不渗透边界或整个含水区渗透性很差时，将注水井布置在含油边界以内，以保证油井充分见效和减少注水量外逸，这样的注水方式称为边内注水，如图2—9所示。

（2）边内切割注水。

边内切割注水是利用注水井排人为地将油藏切割成若干区块，每一区块称为一个切割区，一个切割区可以作为一个独立的开发单元。两排注水井排之间一般部署三到五排生产井，如图2—10所示。

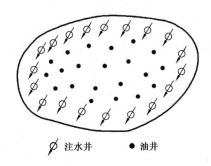

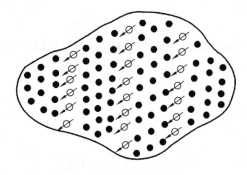

图2—9　边内注水示意图　　　　　　　　图2—10　切割注水示意图

（3）面积注水。

面积注水是将注水井和生产井按一定几何形状和密度布置在整个含油面积上。

① 线性注水系统。注水井和生产井都等距地沿着直线分布，一排注水井对应一排生产井，注水井与生产井既可以正对也可以交错，如图2—11所示。

② 强化面积注水系统。根据油水井相互位置和所构成的井网形状不同，强化面积

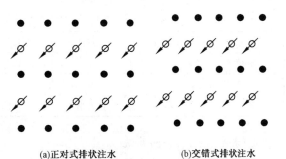

(a)正对式排状注水　　　　(b)交错式排状注水

图2—11　线性注水井网示意图

注水系统可分为四点法、五点法、正七点法、斜七点法、反九点法、九点法，如图2—12所示。

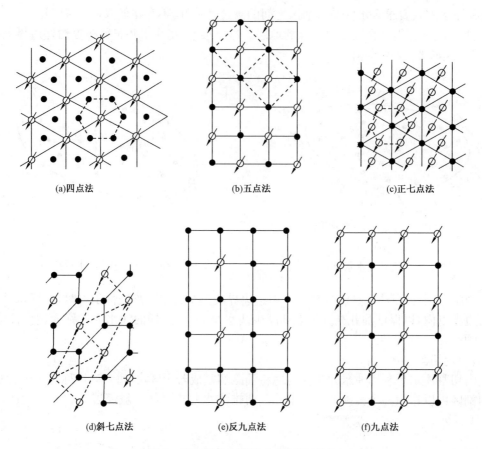

(a)四点法　　　　　　　(b)五点法　　　　　　　(c)正七点法

(d)斜七点法　　　　　　(e)反九点法　　　　　　(f)九点法

图 2—12　强化面积注水井网示意图

对于面积注水井网,系统的采油井数与注水井数之比 m 和基本单元中涉及的采油井数 n 由下式确定:

$$m = \frac{采油井数}{注水井数} = \frac{2}{N-3} \tag{2-1}$$

$$n = 2(m+1) \tag{2-2}$$

式中　N——基本单元的所有井数。

各注水系统的 m、n 值如表 2—1 所示。

表 2—1　不同注水系统的 m 和 n 值及井网形式

注水系统	四点法	五点法	正七点法	斜七点法	反九点法	九点法
m 值	2	1	0.5	2	3	1/3
n 值	6	4	3	6	8	3/8
井网形式	三角形	正方形	三角形	正方形	正方形	正方形

2)水平井注采井网系统

由于水平井较长的水平井段增加了井筒与油层的直接接触面积,为原油流入井筒或通过井筒把工作流体注入地层提供了有利条件。当油层条件一定时,水平井段越长,油增产幅度越大。对于特殊经济边际油藏,包括高开发程度剩余资源、低品位储层和复杂地表环境下的海洋油气田,水平井高效开发的需求越来越大。水平井技术于 1928 年提出,到 20 世纪 80 年代相继在美国、加拿大、法国等国家得到广泛工业化应用。水平井已广泛用于开发各种类型的油藏,其中包括天然裂缝性油藏、底水或气顶油藏、薄油层或大倾角油藏、低渗透油藏、稠油或超稠油油藏等。

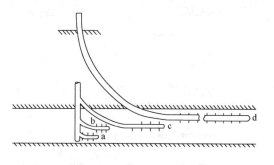

（1）水平井类型。

钻井进入目的层后,井轨迹斜度超过 85°,水平段长度超过目的层厚度 10 倍以上的特殊油气井称为常规水平井（普通）,如图 2－13 所示。

以同时存在倾斜和分支为主要井眼轨迹特征的特殊油气井称为复杂结构井,如图 2－14 所示。

图 2－13　不同曲率半径水平井

a—超短曲率半径水平井;b—短曲率半径水平井;
c—中等曲率半径水平井;d—长曲率半径水平井

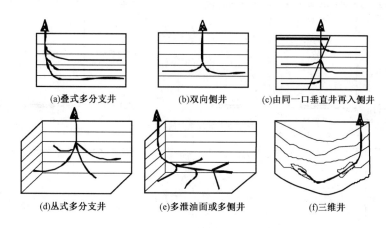

(a)叠式多分支井　　(b)双向侧井　　(c)由同一口垂直井再入侧井

(d)丛式多分支井　　(e)多泄油面或多侧井　　(f)三维井

图 2－14　复杂结构水平井

（2）水平井井网系统。

水平井初期主要应用于较高开发程度油藏的剩余储量挖潜,由于这些油藏早期已经采用直井开发,水平井数量较少,特别是复杂结构井型的出现,无论与直井组合还是水平井间很难形成规则的井网形式。随着低渗透油藏、超薄层油藏、稠油和超稠油油藏及复杂地表环境下的海洋油气田的投入开发,这些油藏开采初期即采用水平井,并形成较完整的直井＋水平井或水平井井网形式,其井网形式大多沿用直井井网的定义称谓,如图 2－15 所示。

三、开发指标概算

在油田实际开采或模拟开采过程中,油藏的油气储量、油气水分布、油层压力等都会发生变化,油藏动态的变化表现为油井生产能力的变化。通常采用开发指标来评价油藏动态变化的程度。

在油田开发过程中,能够表征油田开发状况的数据,统称为开发指标,包括产能、综合含水、采油速度、采出程度、注采比、生产压差、含水上升率等。

早在 20 世纪 40 年代,苏联和美国学者就建立了不同驱动方式和注水方式下开发指标的计算模型,这些模型至今还具有重要的参考价值。由于开发指标计算是以地质研究为基础,但

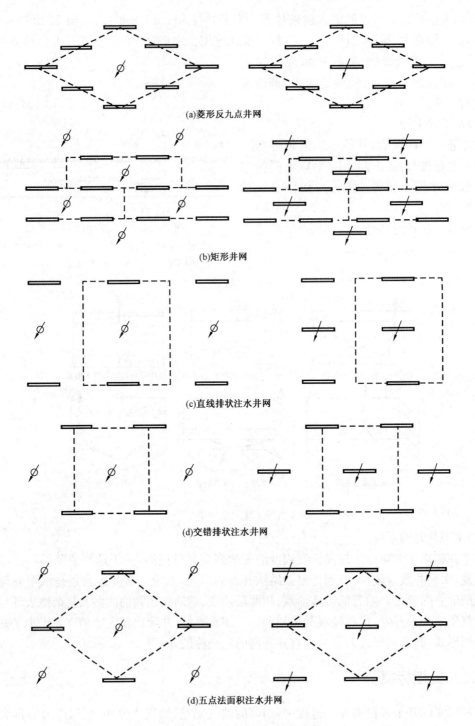

(a)菱形反九点井网

(b)矩形井网

(c)直线排状注水井网

(d)交错排状注水井网

(d)五点法面积注水井网

图 2—15　水平井井网示意图

⌀ 直井注水　　⊢ 水平井注水　　— 水平井采油

在开发初期,所有资料主要来源于详探井,这些资料很难准确而全面地反映油层内部的真实状况,因此,需要对油藏进行简化。例如,对切割注水和线性注水井网,可以把油井和注水井排简化成排油坑道和注水水线,通过地下流体渗流规律,概算出主要开发指标。

1. 直线注采井网动态概算

1）生产井排见水前驱替动态

当流量 Q 恒定时，井排见水时间为：

$$T = \frac{(L_e - x_0)\phi A}{f'_w(S_{wf})Q} \qquad (2-3)$$

见水时累积注水量 V_{wf} 为：

$$V_{wf} = \int_0^t Q\mathrm{d}t = \frac{(L_e - x_0)\phi A}{f'_w(S_{wf})} = \frac{V_p}{f'_w(S_{wf})} \qquad (2-4)$$

式中　V_{wf}——见水时的累积注水量，m³；

　　　　V_p——孔隙体积。

不考虑液体压缩性，见水时的累积注水量等于见水时的累积采油量 V_{of}：

$$V_{of} = \frac{V_p}{f'_w(S_{wf})} \qquad (2-5)$$

根据采收率定义可以计算出无水采收率 R_{evf}：

$$R_{evf} = \frac{V_{of}}{\phi(L_e - x_0)AS_{oi}} = \frac{V_{of}}{V_p(1 - S_{wc})} = \frac{1}{f'_w(S_{wf})(1 - S_{wc})} \qquad (2-6)$$

2）生产井排见水后驱替动态

见水后出口端含水率为 f_{we} 时的累积注入量 V_{we} 为：

$$V_{we} = \frac{(L - x_0)\phi A}{f'_w(S_{we})} = \frac{V_p}{f'_w(S_{we})} \qquad (2-7)$$

见水后出口端含水率为 f_{we} 时的采油量 V_{oe} 为：

$$V_{oe} = V_p(S_{oi} - \bar{S}_o) = V_p(\bar{S}_w - S_{wc}) \qquad (2-8)$$

见水后出口端含水率为 f_{we} 时的采收率 R_{eve} 为：

$$R_{eve} = \frac{V_{oe}}{V_p S_{oi}} = \frac{\bar{S}_w - S_{wc}}{1 - S_{wc}} \qquad (2-9)$$

见水至出口端含水率为 f_{we} 时的累产油量 V_{ow} 为：

$$V_{ow} = V_{oe} - V_{of} \qquad (2-10)$$

由于 Buckley—Leverett 方程是基于一维渗流方式推导出来的，因此主要用于预测生产井排见水前和见水后的驱替动态。将关系式中涉及几何特征的部分用容积量表示，因此只需知道驱替孔隙体积而不必考虑渗流方式，即 Buckley—Leverett 方程也可以近似用于面积注采井网等非一维渗流状况的动态预测。

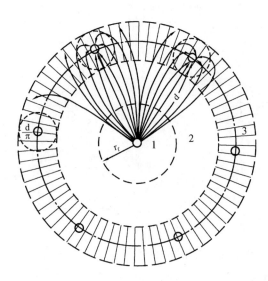

图 2—16 七点注水系统渗滤阻力区
1—油水两相渗流阻力区；2—外部渗流阻力区；
3—内部渗流阻力区

2. 面积井网单井产量指标概算

在面积注水开发方式下，油田动态指标计算借助于水电相似原理和等值渗流阻力法，将流体在地层中的流动看做是两个径向流组成，即从注水井到圆形生产坑道的径向流和从圆形生产坑道到生产井底的径向流，求得各种布井方式下的生产动态指标。

基本思路：假定油层为均质，首先把各种面积井网中不同几何形状的基本单元化为圆形，以注水井为中心，注入水向外扩展并以非活塞式向油井推进，假定油层为均质。水驱油过程划分为三个连续流动区：一是从注水井到目前油水前缘为油水两相渗流阻力区，二是从油水前缘到生产坑道为外部渗流阻力区，三是从生产坑道到生产井井底为内部阻力区，如图 2—16 所示。

1）初始产量

面积注水初始条件下的油井产量为：

$$Q_i = \frac{2\pi h K K_{ro}(S_{wc})(p_{wfi} - p_{wfp})}{\mu_o \left[\ln \dfrac{d_w}{r_w} + \dfrac{1}{m}\ln \dfrac{d_w}{2(m+1)r_w}\right]} \tag{2-11}$$

式中　d_w——注采井井距；

　　　m——采油井数与注水井数之比；

　　　p_{wfi}——注水井的井底流压；

　　　p_{wfp}——生产井的井底流压。

2）油井见水前产量

在见水前，从注水井到生产井井底出现三个渗流阻力区，相应地有三个压力降，则油井见水前的产量为：

$$Q = \frac{2\pi h K K_{ro}(S_{wc})(p_{wfi} - p_{wfp})}{\mu_o \left[\dfrac{\mu_w}{\mu_o} \dfrac{K_{ro}(S_{wc})}{K_{rw}(S_{wm})}\ln \dfrac{r_f}{r_w} + \ln \dfrac{d_w}{r_f} + \dfrac{1}{m}\ln \dfrac{d_w}{2(m+1)r_w}\right]} \tag{2-12}$$

式中　r_f——径向水驱前缘，由一维径向水驱油前缘移动方程求得。

3. 水平井产能概算

无限大地层水平井为三维渗流，如图 2—17(a)所示。若油层存在上下边界或纵向渗透率与横向渗透率的比值较小，水平井近井同样为三维渗流，等压线更扁平一些，如图 2—17(b)所示。

假设油层均质各向同性，水平井位于油层中央，长度为 L，油井半径为 r_w，水平井区供给半径为 r_e，供给边界压力为 p_e，水平井井底压力为 p_w，油层中液体不可压缩。下面介绍几个典型的水平井产能模型。这些模型是水平井开发理论研究初期建立的，不考虑水平井筒沿程阻力，

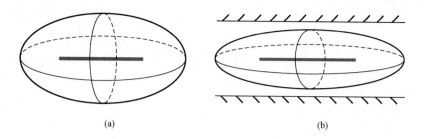

(a)   (b)

图 2—17 水平井三维泄油区

称为水平井沿程无限导流,并把三维流动简化为两个相互联系的二维流动,即近井径向流动和平面椭圆流动。

1)Giger 产能方程

水平井在油层厚度范围内简化为径向流,径向流外围的平面椭圆形流动通过坐标变换化为一维带状流动,得到水平井产量方程为:

$$Q = \frac{2\pi h K K_{ro}(S_{wc})}{\mu} \frac{p_e - p_w}{\dfrac{h}{L}\ln\dfrac{h}{2\pi r_w} + \ln\dfrac{1+\sqrt{1-\left(\dfrac{L}{2r_e}\right)^2}}{\dfrac{L}{2r_e}}} \qquad (2-13)$$

2)Borisov 产能方程

如果供给半径 r_e 足够大,在 Gier 产能方程推导中的平面椭圆流动阻力可以进一步简化,得到水平井产量方程为:

$$Q = \frac{2\pi h K K_{ro}(S_{wc})}{\mu} \frac{p_e - p_w}{\dfrac{h}{L}\ln\dfrac{h}{2\pi r_w} + \ln\dfrac{4r_e}{L}} \qquad (2-14)$$

如果 $L \gg h$,上式可以简化为:

$$Q = \frac{2\pi h K K_{ro}(S_{wc})}{\mu} \frac{p_e - p_w}{\ln\dfrac{4r_e}{L}} \qquad (2-15)$$

3)Joshi 产能方程

水平井在油层厚度范围内简化为径向流,径向流外围的椭圆流动通过另一种坐标变换为平面径向流动,得到水平井产量方程为:

$$Q = \frac{2\pi h K K_{ro}(S_{wc})}{\mu} \frac{p_e - p_w}{\dfrac{h}{L}\ln\dfrac{h}{2\pi r_w} + \ln\dfrac{a+\sqrt{a^2-\dfrac{L^2}{4}}}{\dfrac{L}{2}}} \qquad (2-16)$$

水平井椭圆长半轴为:$a = \dfrac{L}{2}\sqrt{\dfrac{1}{2}+\sqrt{\dfrac{1}{4}+\left(\dfrac{2r_e}{L}\right)^4}}$。如果 $L \gg h$ 且 $\dfrac{L}{2a} \ll 1$,则 $a \approx r_e$。对于各向异性地层,Joshi 式(2-16)修正为:

— 53 —

$$Q = \frac{2\pi h \overline{K} K_{ro}(S_{wc})}{\mu} \cdot \frac{p_e - p_w}{\frac{\beta h}{L} \ln \frac{\beta h}{2\pi r_w} + \ln \frac{a + \sqrt{a^2 - \frac{L^2}{4}}}{\frac{L}{2}}} \qquad (2-17)$$

其中，$\overline{K} = \sqrt{K_h K_v}$，$\beta = \sqrt{\frac{K_h}{K_v}}$，$L > \beta h$，$\frac{L}{2} < 0.9 r_e$。

应当指出，上述方法只能计算部分开发指标，由于油藏状况、油水动态分布以及流动方式的复杂性，20世纪50年代末，人们成功地把计算数学应用于油藏动态的研究和开发指标预测，计算机技术的进步大大促进了油藏数值方法的应用，通过数学方程模拟地层流体在多孔介质中的流动规律，研究各种复杂条件下的油藏动态特征和开发指标预测，为选择最优化油田开发方案提供决策依据。

四、海上油气田总体开发方案

油田开发方案是油气田开发的基础，对于海上油田，一个好的开发方案首先应当是地下资源尽量多采出，其次就是要为节省投资创造条件。海上油藏方案历来着重研究如何在较少井数情况下获得高产。井数少可使钻井投资少、平台结构规模小、采油设施装备少，减少工程建设投资；降低油气田投产后的操作费用；追求初期产量高可以提高投资回收率，缩短投资回收期，有效缩短开发年限。油气田总体开发方案主要包括七部分内容。

1. 总论

使用精练的语言和表达结论的图表，对该油气田的位置、地质特征、储量、已选定的开发方案、采用的钻井完井和采油工艺、开发工程设施的总体情况、生产组织的要点、安全保障及环境保护措施、预计工作进度、投资与效益等方面进行简述，明确评价该油气田的开发效益。

2. 油气藏地质和油藏工程

研究内容与可行性研究基本一致，继续方案优化及敏感性分析，进一步研究风险和潜力，制定合理的开发实施要求，结合各专业开发要点，调整完善地质油藏研究内容。

3. 钻井、完井和采油工艺

1）编制的依据及基础资料

（1）应收集编制所涉及的相关法律、法规、标准、相关文件和资料的名称、发文或编制单位、文档编号及完成日期，上级确定的技术经济、生产建设方面的相关要求。必要时可将上述资料全文或部分摘录作为附件。

（2）收集基础资料包括油气田地质研究报告、油气田开发的其他前期研究报告和开发方案、钻完井工程和采油工艺的可行性研究资料及环境影响资料。

2）钻井工程设计

（1）钻前准备。根据油气田所在地区的地理环境和自然条件、国家及地区环境保护要求，结合油气田钻井工程特点，编写油气田钻前准备方案。

（2）井身结构方案及套管设计。

（3）钻具。包括不同井段相应的钻头、钻铤、钻杆，以及其他钻具尺寸及类型。

（4）定向钻井设计。内容包括定向井井眼轨迹计算，典型定向井的垂直和水平投影图，丛式井轨迹俯视示意图。

（5）钻机。包括钻机类型，钻井井口及井控设备，标明钻井井口和井控等设备的型号及压力等级。

（6）钻井液设计。包括各井段钻井液的选择，选择的钻井液类型及性能要求，钻井液的排放、回收或处理的措施及要求。

（7）固井设计。包括对各层套管的固井方式，主要井段封固要求，采用的水泥浆类型及性能。

（8）钻井的其他要求。包括取心、测试、录井、测井项目及要求。

（9）进度要求。分区块、分井型提出钻机动、复员时间❶、钻井各工序所需工日、计算合计工日、平均单井工日。

（10）钻井费用。以单井、井型、区块或整体油藏为单元，按要求分项估算钻前准备工程费用，钻井工程费用，钻井工具、设备租赁费用，钻井材料费用，间接费用，钻井总费用。

3）完井设计

（1）选用的完井方式说明及完井设计。设计要求包括选用割缝衬管完井时，应说明其悬挂深度及悬挂方式，当选用防砂完井方式时，应说明防砂工艺方法及主要技术要求，对特殊井选用特殊完井工艺时，应说明特殊完井工艺方法的名称、内容特点及选取依据，应有管柱示意图，标明工具、型号、规格和深度。

（2）射孔液类型和性能。分层射孔各项参数及其选择依据和效果预测，说明射孔方式及射孔工艺。

（3）各类井型的生产管柱及井下工具。

（4）完井设备及地面设备。即井下工具、防喷器组、防砂设备、井下抽油设备、诱喷设备、钢丝作业设备、射孔设备，油管四通和采油树等。

（5）完井工期。包括动复员时间、各工序所需工日、合计工日和平均单井工日。

（6）费用。以单井、区块或整体油藏为单元，计算单井和合计的完井费用。

4）采油工艺

（1）开采方式选择。按油藏配产、井底流压、井下温度、原油性质、油管管径，计算井口温度和压力，确定选择自喷采油（计算自喷期）或气举采油或深井泵采油，深井泵采油要进行泵的选型。

（2）采油管柱设计。按分采、合采、转注、分注、将来调层等需要，动态监测要求，防冲蚀（气井）、防腐要求，安全受力分析结果等设计井下管串（封隔器、滑套、伸缩节、井下阀等），选择尺寸、材质、壁厚及连接螺纹类型等。

（3）平台配套要求。考虑井口类型（压力等级、气井防冲蚀、特殊穿越要求等）、用电负荷、电压等级，注入井要考虑多次增注要求以及其他特殊要求。

（4）修井。内容包括常规维护性作业、增产增注措施性作业等。

（5）其他采油工艺。包括油井清蜡、防蜡、防腐、防垢、注水井配注与调剖设计、其他工艺等。

（6）费用。说明材料、安装、调试等各项采油工艺费用估算。

---

❶　钻机开始装车到运输至新作业区域的时间为动员时间，开始装车运输至待命区域的时间为复员时间。

5）储层保护

根据油层岩性、物性、黏土矿物分析结果，提出钻井过程中的油层保护措施和技术方案；应根据对油层可能的伤害，对固井采取防漏和防窜等保护油层措施，提出完井作业时对油层的保护措施。

4. 油田开发工程

1）编制依据以及基础资料

编制委托单位的委托书或项目任务书，已完成的前期研究报告，油气藏开发方案、钻完井及采油方案，油气田规划、环境影响研究（或评价）及审批文件等相关文件与资料，编制方案需遵循的法律、法规、标准以及相关规定的名称、编号及版本。油气田开发数据包括油气田概况、开发基础数据等。

2）地理位置及环境条件

地理位置说明油气田位置、行政归属、经纬度和平面坐标；自然环境列出影响开发工程投资、工程建设、安全环境保护的自然条件，如水深、气象、海洋风、浪、流，是否地处交通繁忙区、渔区，以及地貌（包括海底地貌）、工程地质、地壳稳定状态（发生自然地震预计）等。

3）建设规模和总体布局

开发方案要点：油气储量，油气田的基本情况，油气藏开发方案，分年度的油气水生产预测，流体性质，井口压力、温度变化，井网部署等涉及开发工程建设的主要技术参数。

建设规模：油气的生产、处理、储存和外输能力，污水和注水的处理能力，以及设计寿命。

整体布局：自成系统或与相邻油气田开发系统，总体方案组成、中心平台、井口平台、海底管道、总体布局图（或示意图）、平面布置和立面布置方案，以及设备表。

4）生产平台

生产平台包括导管架（腿、桩数目和尺寸）、桩的贯入深度、导管架主结构立面图和平面图、导管架重量、上部甲板、甲板层间高度和各层甲板尺寸、平台各层甲板构架平面图和立面图。

5）油气集输系统

集输规模：预测的原油、天然气、轻烃等产品分年度的产量、累计产量和生产年限。

集输工艺：油、气、水计量，分离、稳定、清管、处理媒质（如防腐剂、脱水剂等）的加注与再生。

6）油气储运系统

原油储存：储存条件、存油量、储存提油周期，提油设施与提油计量。

海底管道：管道尺寸、压力等级、材质、防腐及通管设施。

单点系泊装置：系泊方式、通道。

浮式（生产）储油装置：吨位、作业条件、性能参数、解脱方案等。

气田：伴产油储存外运、天然气加压输送、陆上终端、售气计量等。

7）污水处理系统

污水处理系统的内容包括污水分类、含油污水处理规模及排放标准、油气田含油污水处理工艺、污水处理工艺流程图、生活污水处理及排放标准。

8）注入系统

注水：水源、取水、过滤、脱氧杀菌、加压、配水、计量、流程清洗、污水回注等。

注气：气源、压缩机、配气管网等。

9)其他辅助系统

发电、配电系统：发电机、备用电动机、应急电动机。

仪表风系统：空气压缩机、压缩气罐。

供排水系统：储水设施、淡水制造、生活污水处理排放等。

调运系统：平台吊机。

通信系统：有线和无线通信、数据采集处理。

消防系统：消防泵和应急消防泵、自动喷淋。

控制系统：生产控制系统、应急控制系统。

安全系统：应急报警、应急关断、防控措施、火炬、守护船。

生活区：生活（卧室、厨房、食堂、洗衣房、卫生间）、医疗、娱乐（活动室、电视、录像播放、图书）。

逃生系统：逃生通道、救生衣、救生艇。

按照开发方案的要求，提出需要的其他增产措施（如注汽、注气等）的规模、工艺、设备、平面布局、工程量和实施方案等要求。

10)修井系统

修井系统包括修井机型号、主要性能数据、自重、安放位置。

11)交通

交通包括人员往来、货物运送、直升机坪、工作船停靠。

12)费用估算

费用估算的内容包括费用估算的项目、方法以及主要指标，对费用估算结果按单项工程和综合费用汇总列表进行说明。

5. 项目组织管理和生产作业

根据生产需要和工艺特点设生产组织和管理机构，编制组织机构体系图；本油气田实际的企业管理体制；管理的组织形式原则上由管理、技术、操作各层次组成；根据岗位分工的实际情况和国家劳动制度规定，安排企业的工作制度。

项目组织管理和生产作业的内容包括定员人数，重要岗位的名称及职责范围，生产技术的要点、划分项目实施阶段、安排整个项目进度计划。

6. 职业卫生、安全与环境保护

1)职业卫生

职业卫生的内容包括与职业卫生有关的油气田开发基本情况；对职业卫生的一般要求和特殊要求；依据相关的法律、法规、标准和规范；分析生产过程中可能产生的职业病危害因素的种类、部位及危害因素的浓度或强度，以及应采取的主要卫生防护措施，提出应在设计阶段考虑的注意事项，预测采取措施后达到国家卫生标准的结果。

2)安全保障

安全保障的内容包括油气田开发和周边环境中需关注的与安全有关的基本情况和可能的安全隐患，说明对安全的一般要求和特殊要求。概括性地说明主要危险、有害因素和有害物料，以及主要防护措施和安全保障结论。

3)环境保护

环境保护的内容包括作业区的基本状况，作业区内的自然环境、生态环境；国家或当地对环境保护的要求，列出相关的法律、法规和标准。研究内容包括污染源评价、污染治理设施、环境影响预测、防治对策、管理对策和环境保护可行性结论及能效水平分析等。

7. 投资估算与经济评价

1）投资估算

投资估算的依据包括国家及有关部门颁布的法律、法规和标准；企业或相关行业的工程定额及相关规定；设备、材料的询价资料或以往工程的采办价格资料；设备清单及工程量表；工程项目实施的进度计划；费用估算的原则、假定的条件及编制的方法。

2）经济评价

采用国家有关部门的规定或油气田开发合同规定的模式进行；坚持以经济效益为核心，费用与效益计算口径相一致的原则；遵照国家有关部门颁布的经济评价方法，结合油气田开发的特点，选用合理的经济评价参数进行评价。

经济评价指标包括基本评价指标（内部收益率、净现值、投资回收期和桶油成本）和辅助指标（如投资利润率、投资利税率）。经济评价指标分析包括敏感性分析和临界值分析。

第三节　油藏开发动态分析方法

油田在开发以前，油藏中的流体处于相对静止状态，油田投入开发以后，油层内的流体在驱动力、黏滞力、重力和毛管压力等的作用下发生流动和重新分布，地质储量、驱动能量以及流体的运动状态也在发生变化；进行油田动态分析的目的在于认识油田开采过程中开发指标的变化规律，检验开发方案的合理性，并根据开发实践所得的认识，完善开发方案的实施步骤和政策界限，对原方案进行调整，以获得较好的开发效果。

油藏动态分析的方法包括：渗流力学方法、物质平衡方法、经验统计方法、数值模拟方法等。动态分析的主要内容包括：通过油田生产实际情况不断加深对油藏的认识，核实和补充各项基础资料，进一步落实地质储量；分析分区及分层的油气水饱和度及压力分布规律；分析影响油藏最终采收率的各种因素；预测油藏动态，提出进一步提高油藏开发效果的合理措施。

一、油井试井方法

为确定油井的生产能力和研究油层参数及地下动态而进行的专门测试工作称为试井。试井分为稳定试井和不稳定试井。由于试井工作是通过油井流动试验完成的，并依据地下渗流力学理论处理测试资料，因此试井是油藏动态分析的水动力学方法。

稳定试井是通过在几个不同稳定工作制度下取得的油井生产数据来研究油层和油井的生产特征。油井测试需要测得三到五个稳定工作制度下的产量和压力，同时还要测得每个稳定工作制度下的含砂、含水、气油比等资料，所以又称系统试井，这种方法以稳定渗流理论为基础处理测试资料，获得油井产能及油井流入动态。

不稳定试井是通过改变油井工作制度，一次获得井底压力的变化资料，以不稳定渗流理论为基础来反求油层参数，研究油层和油井特征。利用不稳定试井方法可以确定油层参数、研究油井不完善程度及判断增产措施效果、推算地层压力、确定油层边界和估算泄油区内的原油储量。

1. 稳定试井方法

在实际情况下，有的井不一定钻穿全部油层厚度，且一般都采套管射孔完井，同时在钻井过程中,由于钻井液浸泡或者在生产过程中对井底附近的油层进行增产或其他处理措施,都将使井底周围的油层性质发生变化。与原始油层相比,井底结构或井底周围油层性质发生变化致使井底附近渗流阻力发生变化称为不完善。考虑到不完善性的共同特点是渗流面积改变,因而可近似用井径变化导致渗流面积的改变等效,这样就把实际的不完善井转化为半径较小的假想完善井,该等效半径 r_{wr} 称为折算半径。由于不完善井的阻力主要集中在井壁附近,也可以认为井径不变、井壁上增加一个阻力 S。不完善井的产量公式为:

$$Q = \frac{2\pi Kh(\overline{p} - p_{w})}{\mu\left(\ln\dfrac{r_{e}}{r_{w}} - \dfrac{1}{2} + S\right)} = J\Delta p \tag{2-18}$$

$$J = \frac{2\pi Kh}{\mu\left(\ln\dfrac{r_{e}}{r_{w}} - \dfrac{1}{2} + S\right)} \tag{2-19}$$

式中　Δp——生产压差,为油层静压与井底流压之差;

　　　μ——流体的黏度,mPa·s;

　　　S——表皮因子;

　　　J——采油指数,单位时间单位生产压差下的油井产量。

可以看出平面径向稳定渗流时油井产量与生产压差呈直线关系;油井产量与生产压差的关系曲线称为指示曲线,可以通过油井测试得到,如图2—18所示。

油井产量随生产压差变化的关系可以为直线(Ⅰ),也可能为曲线(Ⅱ或Ⅲ),若油层内流体满足稳定渗流时,测得的指示曲线应为直线。

稳定试井的工艺方法根据开采方式不同而不同,自喷井是通过改变油嘴的大小来实现测试工作,地面更换油嘴后,待油井生产稳定时测试井底流压和地面产量;而抽油机井是通过改变油井抽汲参数(冲程或冲次)或泵径等方法进行测试,油井改变工作制度后,同样待油井生产稳定时测试井底流压和地面产量。

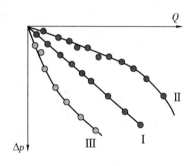

图 2—18　油井指示曲线

根据测试的指示曲线,通过回归求得直线的斜率即为采油指数 J;采油指数表示油井的产能,采油指数越大,油井产能越高,稳定试井是获得油井实际产能的主要方法。求得直线斜率后可以根据测试曲线的斜率值反求地层流动系数 $\dfrac{Kh}{\mu}$,或已知原油黏度时反求地层系数 Kh,或已知油层厚度和原油黏度时反求油层有效渗透率 K。

实际应用时应注意单位换算,油井的实际产量通常是指地面条件,需要进行单位换算。

2. 不稳定试井方法

油井定产量生产时,压力降传到边界之前,井底压力随时间的变化关系为:

$$p_{w}(t) = p_{i} - \frac{Q\mu}{4\pi Kh}\ln\frac{2.25Kt}{r_{wr}^{2}\mu c_{t}} = A - m\lg t \tag{2-20}$$

其中　　　　　　　$A = p_{i} - \dfrac{Q\mu}{4\pi Kh}\dfrac{1}{\lg e}\lg\dfrac{2.25K}{r_{wr}^{2}\mu c_{t}}$

$$m = \frac{Q\mu}{4\pi kh}\frac{1}{\lg e}$$

式中　p_i——原始地层压力，MPa；

　　　r_{wr}——折算半径，m；

　　　c_t——综合压缩系数，MPa^{-1}；

　　　A——直线的截距；

　　　m——直线的斜率。

可以看出，油井在不稳定生产期井底压力与时间的对数呈直线关系。图 2－19 所示为一口油井定产量生产一段时间的井底压力测试数据，经过半对数处理得到直线关系，并通过线性回归得到直线斜率和截距，如图 2－20 所示。由于直线特征中包含油层和油井的特征，因此可以通过直线特征进一步求取油层和油井的特征参数。

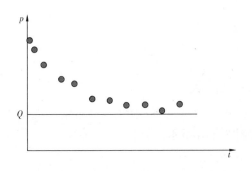

图 2－19　油井定产量井底压力测试数据

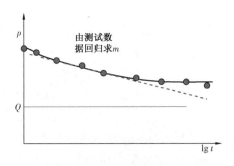

图 2－20　井底压力测试数据半对数处理

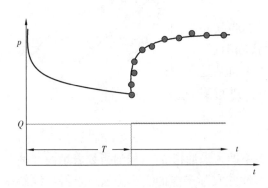

图 2－21　油井关井后的压力变化

若油井以定产量生产一定时间后，关井测量井底压力随时间的变化曲线——压力恢复曲线（图 2－21）。压力恢复阶段油井压力变化的 Horner 关系为：

$$p_w(t) = p_i + \frac{Q\mu}{4\pi Kh}\frac{1}{\lg e}\lg\frac{t}{T+t}$$

$$= p_i + m\lg\frac{t}{T+t} \qquad (2-21)$$

若关井前油井生产时间较长（$T \gg t$），压力恢复阶段油井压力变化的 MDH 关系为：

$$p_w(t) = p_w(0) + \frac{Q\mu}{4\pi Kh}\ln\frac{2.25K}{r_{wr}^2\mu c_t} + \frac{Q\mu}{4\pi Kh}\ln t = A + m\lg t \qquad (2-22)$$

如图 2－22 和图 2－23 所示，对油井压力恢复数据进行对数处理得到直线关系，由直线的斜率推算油层流动系数或渗透率，由图 2－22 可以将直线外推到 $\lg\frac{t}{T+t}=1$ 得到 p_i，由图 2－23 直线推算出截距 A，然后求得折算半径 r_{wr} 和表皮因子 S。

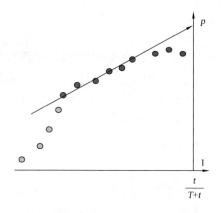

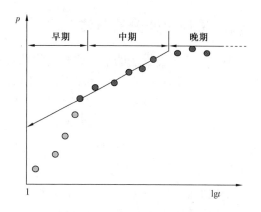

图 2—22 压力恢复时的 Horner 曲线示意图   图 2—23 压力恢复时的 MDH 曲线示意图

大量矿场实际资料表明,实测压力恢复曲线在半对数坐标中并非是一条理想的直线,如图 2—22 所示。实测曲线通常分为三段,前后两段均偏离直线段,这种偏离主要是由油井的实际压力恢复过程与理论模型的假设条件之间的差异所造成的,具体体现在井筒流体的可压缩性及其相态分布、油井的完善程度和油层边界等因素。

1)续流影响

当油井关井后,由于井筒内存在大量气体(油套环形空间中的气体和油管内油气混合物中的气体),地层中的液体继续流入井内,并压缩井筒中的气体和液体,这种现象称为"续流"现象或"井筒储存效应"。续流现象的存在使得井底附近区域的液体并不全部聚积于地层内部,其中一部分液体流入井筒,使得地层中聚积的液体流量相对减小,压力恢复的过程"滞后",曲线发生变形,压力恢复曲线偏离直线。续流对压力恢复过程的影响主要表现在压力恢复的初期,并随井底压力的升高而逐渐减小。

2)油井完善性的影响

油井在钻穿油气层、完井和生产过程中,通常由于钻井液浸泡、井下作业和增产措施等,致使井底地层受到污染,井筒附近地层的渗透率发生变化,称为油井的非完善性。非完善性油井的井底流压与完善油井相比产生一定的附加压降值。

油井的非完善性所产生的井壁附加阻力将对初期的压力恢复造成影响,同时油井的完善程度还影响到关井后"续流"的变化情况。由于附加阻力使得井底附近的压力梯度与完善井相比增大或减小,因此压力恢复速度与完善井之间存在差异,压力恢复曲线偏离直线。关井一定时间后,随着"续流"的迅速减小和外围区域的影响逐渐增加,油井完善程度的影响也随之减弱。

3)边界影响

生产井的周围一般存在两种边界:一种是地层本身所具有的不渗透边界,如断层、尖灭等;另一种是生产过程中形成的边界,如油田以多井生产时,各井周围形成一定的封闭泄油区,或在水驱开发时,油井周围所形成的定压油水边界。

井底压力的恢复过程,实际上是油层内压力传播和能量平衡的过程。关井初期和中期,压降波动没有达到边界,压力恢复呈现无限大地层的压力恢复特征,压力恢复曲线为直线。关井后期,压降波逐渐传播到边界,此后的压力恢复特征偏离理论曲线,边界不同,压力恢复曲线的后一段反映不同,油井具有直线断层边界时,压力恢复曲线上翘;而圆形封闭边界时,压力恢复曲线趋于平缓。试井解释中通常利用这些特征变化来研究油井附近的边界情况。

二、物质平衡分析方法

油藏物质平衡方法的基本原则是将油藏看成体积不变的容器,油藏开发到某一时刻,采出的流体量加上地下剩余的储存量,等于流体的原始储量。这种方法由于对地质资料的依赖性较小。自20世纪30年代起,人们就把物质平衡方法应用于油藏动态分析和静态参数计算,根据开发过程中的实际生产动态资料和必要的油气水分析资料,预测各种驱动类型油气田的地质储量、油气开采速度、地层压力变化、天然水侵量和一次采油的采收率等。

1. 物质平衡方程一般式

物质平衡方程的基本假设条件:油气水三相之间在任一压力下均能瞬间达到平衡;油藏温度在开发过程中保持不变,油藏动态仅与压力有关。由于物质平衡方程本身不考虑油气水渗流的空间变化,因此通常称为三相或两相零维模型。

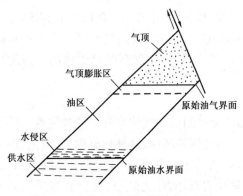

图2-24 综合驱动油藏剖面示意图

根据物质平衡的基本原理,油藏在开发过程的任意时刻,油藏内油、气、水、岩石孔隙体积变化的代数和应等于零。对于一个具有气顶和边底水作用的饱和油藏,其中流体的分布如图2-24所示。

在开发过程中,原油采出和人工注水使得地层压力发生变化,造成边底水的侵入、气顶膨胀、原油中溶解气的分离和膨胀、岩石孔隙体积的缩小和油藏中水的膨胀,因此当地层压力为 p 时,物质平衡方程表示为:

$$\boxed{\begin{array}{c}\text{原油体积的}\\\text{变化 }DVO\end{array}}+\boxed{\begin{array}{c}\text{水体积的}\\\text{变化 }DVW\end{array}}+\boxed{\begin{array}{c}\text{气体体积的}\\\text{变化 }DVG\end{array}}+\boxed{\begin{array}{c}\text{岩石孔隙体积的}\\\text{变化 }DVR\end{array}}=0 \qquad (2-23)$$

1)地层压力为 p 时原油体积的变化

地层压力为 p 时原油体积的变化等于原始含油体积减去目前含油体积。

$$DVO = NB_{oi} - (N - N_p)B_o \qquad (2-24)$$

式中　N——原始地质储量,m^3;

　　　N_p——累积采油量,m^3;

　　　B_o——压力为 p 时地层原油的体积系数,m^3/m^3;

　　　B_{oi}——原始油藏条件下的原油体积系数,m^3/m^3。

2)地层压力为 p 时气体体积的变化

根据气体物质平衡关系,地面条件下原始气顶气体积(G)与原始溶解气体积(V_{sgi})之和等于目前气顶气体积(V_{cg})加上目前溶解气体积(V_{sg})和累积采出气体积(V_{pg})。

$$G + V_{sgi} = V_{cg} + V_{sg} + V_{pg} \qquad (2-25)$$

$$V_{sgi} = NR_{si} \qquad (2-26)$$

$$V_{sg} = (N - N_p)R_s \qquad (2-27)$$

$$V_{pg} = N_p R_p \tag{2-28}$$

式中 R_{si}——原始溶解气油比，m^3/m^3；

R_p——生产气油比，m^3/m^3；

R_s——压力为 p 时的溶解气油比，m^3/m^3；

B_g——压力为 p 时的气体体积系数，m^3/m^3；

B_{gi}——原始油藏条件下的气体体积系数，m^3/m^3。

在原始条件下，地下气顶气体积与含油区体积之比定义为：

$$m = \frac{G B_{gi}}{N B_{oi}} \tag{2-29}$$

代入式(2-25)得到目前气顶区地下体积表达式：

$$G_t = V_{cg} B_g = \left[\frac{mN B_{oi}}{B_{gi}} + N R_{si} - N_p R_p - (N - N_p) R_s \right] B_g \tag{2-30}$$

因此，气体体积的变化为：

$$DVG = mN B_{oi} - \left[\frac{mN B_{oi}}{B_{gi}} + N R_{si} - N_p R_p - (N - N_p) R_s \right] B_g \tag{2-31}$$

3）地层压力为 p 时孔隙体积的变化

当地层压力降低时，孔隙体积的变化表现为孔隙体积的缩小：

$$DVR = (V_p - V_p C_p \Delta p) - V_p = -V_p C_p \Delta p \tag{2-32}$$

$$V_p = \frac{N B_{oi} + mN B_{oi}}{S_{oi}} \tag{2-33}$$

式中 C_p——岩石孔隙压缩系数，MPa^{-1}；

V_p——油藏原始孔隙体积，m^3；

Δp——油藏的地层压降，MPa；

S_{oi}——原始含油饱和度，小数。

4）地层压力为 p 时含水体积的变化

地层压力为 p 时含水体积的变化等于原始含水体积减去目前含水体积。目前含水体积包括油藏在原始含水基础上，由于边底水侵入体积、人工注水和原始含水体积膨胀的增加量减去累积产水的地下体积。

$$DVW = V_p S_{wi} - (V_p S_{wi} + W_e + W_i B_w - W_p B_w + V_p S_{wi} C_w \Delta p)$$

$$= -W_e - W_i B_w + W_p B_w - V_p S_{wi} C_w \Delta p \tag{2-34}$$

式中 S_{wi}——原始含水饱和度，小数；

W_e——累积水侵量（地下），m^3；

W_i——累积注水量（地面），m^3；

W_p——累积产水量（地面），m^3；

C_w——水的压缩系数，MPa^{-1}；

B_w——水的体积系数，m^3/m^3。

将以上关系式代入物质平衡方程表达式(2—23)后得到：

$$N = \frac{N_p[B_o + (R_p - R_s)B_g] - W_e - W_iB_w + W_pB_w}{B_o - B_{oi} + (R_{si} - R_s)B_g + mB_{oi}\dfrac{B_g - B_{gi}}{B_{gi}} + (1+m)\left[\dfrac{S_{wi}}{S_{oi}}C_w + \dfrac{1}{S_{oi}}C_p\right]B_{oi}\Delta p}$$

$$(2-35)$$

根据两相体积系数的定义：

$$B_{ti} = B_o \qquad\qquad (2-36)$$

$$B_t = B_o + (R_{si} - R_s)B_g \qquad\qquad (2-37)$$

式中　B_{ti}——原始地层压力下地层油的两相体积系数，m^3/m^3；

　　　B_t——地层油的两相体积系数，m^3/m^3。

将分子同时加减 $N_pR_{si}B_g$ 并代入两相体积系数可得：

$$N = \frac{N_p[B_t + (R_p - R_{si})B_g] - W_e - W_iB_w + W_pB_w}{B_t - B_{ti} + mB_{ti}\dfrac{B_g - B_{gi}}{B_g} + (1+m)\left(\dfrac{S_{wi}}{S_{oi}}C_w + \dfrac{1}{S_{oi}}C_p\right)B_{ti}\Delta p} \qquad (2-38)$$

2. 不同驱动类型物质平衡方程

1) 封闭弹性驱油藏

油藏条件为 $p_i > p_b$，$W_e = 0$，$W_i = 0$，$W_p = 0$，$m = 0$，$R_p = R_s = R_{si}$，$B_o - B_{oi} = B_{oi}C_o\Delta p$，简化式(2—38)得到：

$$N = \frac{N_pB_o}{B_{oi}C_o\Delta p + B_{oi}\left(\dfrac{S_{wi}}{S_{oi}}C_w + \dfrac{1}{S_{oi}}C_p\right)\Delta p} = \frac{N_pB_o}{B_{oi}\left(C_o + \dfrac{S_{wi}}{S_{oi}}C_w + \dfrac{1}{S_{oi}}C_p\right)\Delta p} \quad (2-39)$$

令

$$C_t = C_o + \frac{S_{wi}}{S_{oi}}C_w + \frac{1}{S_{oi}}C_p \qquad\qquad (2-40)$$

$$N = \frac{N_pB_o}{B_{oi}C_t\Delta p} \qquad\qquad (2-41)$$

2) 弹性水压驱动油藏

油藏条件为 $p_i > p_b$，$W_i = 0$，$m = 0$，$R_p = R_s = R_{si}$，$B_o - B_{oi} = B_{oi}C_o\Delta p$，简化式(2—38)得到：

$$N = \frac{N_pB_o - (W_e - W_pB_w)}{B_{oi}C_t\Delta p} \qquad\qquad (2-42)$$

或

$$N_pB_o = NB_{oi}C_t\Delta p + (W_e - W_pB_w) \qquad\qquad (2-43)$$

3) 溶解气驱油藏

油藏条件为 $p_i \leqslant p_b$，$W_e = 0$，$W_i = 0$，$W_p = 0$，$m = 0$，简化式(2—38)得到：

$$N = \frac{N_p[B_t + (R_p - R_{si})B_g]}{B_t - B_{ti} + B_{ti}\left(\dfrac{S_{wi}}{S_{oi}}C_w + \dfrac{1}{S_{oi}}C_p\right)\Delta p} \qquad (2-44)$$

4) 气顶驱和溶解气混合驱动油藏

油藏条件为 $p_i \leqslant p_b$，$W_e = 0$，$W_i = 0$，$W_p = 0$，$C_w = 0$，$C_p = 0$，简化式(2—38)得到：

$$N = \frac{N_p[B_t + (R_p - R_{si})B_g]}{B_t - B_{ti} + mB_{ti}\dfrac{B_g - B_{gi}}{B_g}} \qquad (2-45)$$

三、产量递减规律

实际经验表明,任何驱动类型和开发方式的油气田其开发过程都可划分为产量上升阶段、产量稳定阶段和产量递减阶段。这三个连续开发阶段的综合,构成了油气田开发的基本模式,三个阶段的主要特点如图 2—25 所示。

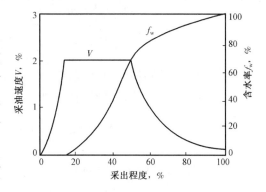

图 2—25　油田产量变化模式图

产量上升阶段:为油藏投产阶段,井数迅速增加,注采系统逐步完善;采油量很快达到最高水平。

产量稳产阶段:为高产稳产阶段,井数变化不大;含水率缓慢上升,产液量上升,产油量稳定在最高水平,稳产时间与油田地质条件、采油速度和油藏流体物性等因素有关。

产量递减阶段:油田含水率迅速上升,产油量迅速下降,采油方式逐渐向机械采油方式转化。地质条件和原油物性间的差异使得递减期开发时间相差较大。

油气田何时进入递减阶段,主要取决于油气藏的储集类型、驱动类型、稳产阶段的采出程度以及开发调整和强化开采工艺技术的效果等。根据统计资料,对于水驱开发的油田来说,大约采出油田可采储量的 60% 时,可能进入产量递减阶段。当油田进入递减阶段后,需要分析产量的变化规律,并利用这些规律对未来产量进行预测。

1. 产量递减类型

油田经过稳产期后,产量将以某种规律递减,产量的递减速度通常用递减率表示。

所谓递减率是指单位时间的产量变化率,或单位时间内产量递减的百分数。其微分方程为:

$$D = -\frac{1}{q}\frac{dq}{dt} = kq^n \qquad (2-46)$$

$$D_i = kq_i^n \qquad (2-47)$$

式中　D——瞬时递减率,1/d 或 1/mon;

D_i——初始递减率,1/d 或 1/mon;

t——开发时间,d 或 mon;

k——比例系数;

q——对应时间 t 的产量,m^3/d 或 m^3/mon;

q_i——递减初期产量,m^3/d 或 m^3/mon;

n——递减指数,$0 \leqslant n \leqslant 1$。

当 $0 < n < 1$ 时为双曲递减,当 $n=0$ 时为指数递减,当 $n=1$ 时为调和递减。

1)双曲递减

(1)产量随时间的变化关系。当 $0 < n < 1$ 时,将式(2—46)进行积分:

$$-\int_{q_i}^{q_t} q^{-(n+1)} \, \mathrm{d}q = k \int_0^t \mathrm{d}t \tag{2-48}$$

得到
$$\frac{1}{n}\left[\left(\frac{q_i}{q_t}\right)^n - 1\right] = kq_i^n t = D_i t \tag{2-49}$$

或
$$q_t = q_i(1 + nD_i t)^{-\frac{1}{n}} \tag{2-50}$$

(2)累积产量随时间的变化关系。

将式(2-50)对时间进行积分得到：

$$N_p = \frac{q_i}{(n-1)D_i}\left[(1 + nD_i t)^{\frac{n-1}{n}} - 1\right] \tag{2-51}$$

(3)累积产量与产量之间的关系。

$$N_p = \frac{q_i^n}{(1-n)D_i}(q_i^{1-n} - q_t^{1-n}) \tag{2-52}$$

(4)递减率变化关系。

$$D = D_i \big/ (1 + nD_i t) \tag{2-53}$$

2)调和递减

(1)产量随时间的变化关系。

对式(2-50)，当 $n=1$ 时进行简化，得到产量与时间的变化关系：

$$q_t = \frac{q_i}{(1 + D_i t)} \tag{2-54}$$

(2)累积产量随时间的变化关系。

将式(2-54)对时间进行积分得到：

$$N_p = \frac{q_i}{D_i}\ln(1 + D_i t) \tag{2-55}$$

(3)累积产量与产量之间的关系。

$$N_p = \frac{q_i}{D_i}\ln\frac{q_i}{q_t} \tag{2-56}$$

(4)递减率变化关系。

$$D = \frac{D_i}{(1 + D_i t)} \tag{2-57}$$

3)指数递减

(1)产量随时间的变化关系。

对式(2-50)取 $n \to 0$ 的极限，得到产量与时间的变化关系：

$$q_t = q_i \mathrm{e}^{-D_i t} \tag{2-58}$$

(2)累积产量随时间的变化关系。将式(2-58)对时间进行积分得到：

$$N_p = \frac{q_i}{D_i}(1 - e^{-D_i t}) \tag{2-59}$$

（3）累积产量与产量之间的关系。

$$N_p = \frac{1}{D_i}(q_i - q_t) \tag{2-60}$$

（4）递减率变化关系。

$$D = \mathrm{Const}(常数) \tag{2-61}$$

2. 递减类型判断

综合上述可知，双曲递减是最有代表性的递减类型，指数递减和调和递减是其两个特定的递减类型。整体对比来看，指数递减类型的产量递减最快；其次是双曲递减类型；调和递减类型最慢。在递减阶段初期，三种递减类型比较接近，因而常用比较简单的指数递减类型研究实际问题。在递减阶段的中期，一般符合双曲递减类型。递减阶段的后期，一般符合调和递减类型。

根据油田实际资料建立递减曲线方程，并进行外推预测，必须确定方程中的递减指数和初始递减率。若产量递减属于指数递减规律，递减指数 $n=0$，产量与时间在半对数坐标中呈直线关系。然而油田开发实践表明，多数油田或油井，产量多数呈双曲递减规律，双曲递减各变量之间并不存在简单的线性关系，需要根据已知的资料确定递减指数和递减率。

四、油田含水变化规律

对于水驱油田来说，无论依靠人工注水或是依靠天然水驱采油，当无水采油期结束后，都将长期处于含水期开采，含水率也会逐步上升，成为影响油田稳产的重要因素。

水驱油藏的开采过程一般可以划分为五个阶段：

（1）无水采油阶段：含水率为 $0\sim2\%$，采无水原油，极低的含水一般为地层水；

（2）低含水阶段：含水率为 $2\%\sim20\%$，一般不会因为产水而显著影响油井的产油能力，但除地质因素外，井网的完善程度、油井陆续投产和注水时机等开采条件变化，都将对这一阶段的生产规律产生影响，因此含水变化的规律性较差。

（3）中含水阶段：含水率为 $20\%\sim75\%$，大量实际生产资料统计表明，这一阶段随着采出程度增加，水驱油藏的含水变化规律性较好。

（4）高含水阶段：含水率为 $75\%\sim90\%$，含水率上升缓慢，含水率只上升 15%，但阶段采出程度可达 6% 左右，与中含水期相比，生产水油比高得多。

（5）特高含水阶段：含水率为 $90\%\sim98\%$，水驱油藏开发晚期，进入水洗油阶段。

图 2—26 为国内外部分油田含水率随采出程度的变化。

总的来说，原油黏度越大，无水采收率越低，达到相同采出程度所需注水量越大，所以对于稠油油田绝大部分的地质储量要在较高的含水期采出来。因此充分认识不同油藏及其不同开发阶段含水上升的规律，研究影响含水上升的地质及工程因素，对于制定不同含水阶段的控水措施，提高水驱油田开发效果具有重要意义。

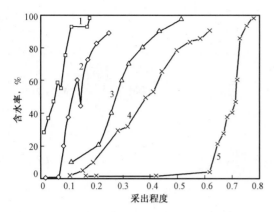

图 2—26　部分油田含水变化规律

1—北马卡特Ⅰ层，地层原油黏度 $\mu_0 = 143\mathrm{mPa \cdot s}$；2—孤岛渤 19 断块沙三层，地层原油黏度 $\mu_0 = 100\mathrm{mPa \cdot s}$；3—大庆 511 井组葡Ⅰ$_{1-7}$层，地层原油黏度 $\mu_0 = 9.5\mathrm{mPa \cdot s}$；4—波克洛夫 σ_2 层，地层原油黏度 $\mu_0 = 3\mathrm{mPa \cdot s}$；5—十月油田 ⅩⅥ层，地层原油黏度 $\mu_0 = 0.7\mathrm{mPa \cdot s}$

1. 水驱油田含水上升规律

根据油水两相渗流的达西定律，在不考虑毛管压力和重力的情况下，含水率的公式为：

$$f_\mathrm{w} = \frac{1}{1 + \dfrac{\mu_\mathrm{w}}{\mu_\mathrm{o}}\dfrac{K_\mathrm{ro}}{K_\mathrm{rw}}} \qquad (2-62)$$

式中　K_ro、K_rw——油、水相对渗透率；
　　　　μ_o、μ_w——油、水的黏度，$\mathrm{mPa \cdot s}$。

可以看出，若油水黏度比一定，含水率取决于油水相对渗透率之比，而油水相对渗透率之比又取决于含水饱和度。实验室相对渗透率数据统计表明，油水相对渗透率比值的对数与含水饱和度之间呈直线关系，直线方程为：

$$\frac{K_\mathrm{ro}}{K_\mathrm{rw}} = m\mathrm{e}^{-nS_\mathrm{w}} \qquad (2-63)$$

式中　m、n——与储层和流体物性有关的常数。

代入式(2—62)后可得：

$$S_\mathrm{w} = \frac{1}{n}\ln\left(m\frac{\mu_\mathrm{w}}{\mu_\mathrm{o}}\right) - \frac{1}{n}\ln\left(\frac{1-f_\mathrm{w}}{f_\mathrm{w}}\right) \qquad (2-64)$$

在水驱过程中，油井见水后，随采出程度增加，油藏含水饱和度不断上升，使得采出液中的含水不断上升。根据物质平衡关系可以得到，含水饱和度与原油的采出程度成正比关系：

$$E_\mathrm{R} = 1 - \frac{1-S_\mathrm{w}}{1-S_\mathrm{wc}} \qquad (2-65)$$

式中　E_R——采出程度。

由式(2—64)和式(2—65)，化简可得：

$$E_\mathrm{R} = \frac{1}{d}\ln\left(m\frac{\mu_\mathrm{w}}{\mu_\mathrm{o}}\right) - \frac{1}{d}\ln\left(\frac{1-f_\mathrm{w}}{f_\mathrm{w}}\right) - \frac{nS_\mathrm{wc}}{d} \qquad (2-66)$$

上式整理得：

$$E_\mathrm{R} = \frac{1}{d}\ln\left(\frac{m}{\mathrm{e}^{nS_\mathrm{wc}}}\frac{\mu_\mathrm{w}}{\mu_\mathrm{o}}\right) - \frac{1}{d}\ln\left(\frac{1-f_\mathrm{w}}{f_\mathrm{w}}\right) \qquad (2-67)$$

令

$$A = \frac{1}{d}\ln\left(m'\frac{\mu_\mathrm{w}}{\mu_\mathrm{o}}\right);\; B = \frac{1}{d}$$

其中

$$d = \frac{1}{n(1-S_\mathrm{wc})};\; m' = \frac{m}{\mathrm{e}^{nS_\mathrm{wc}}}$$

式(2—67)可改写为：

$$E_\mathrm{R} = A - B\ln\left(\frac{1-f_\mathrm{w}}{f_\mathrm{w}}\right) \qquad (2-68)$$

或
$$E_R = A - B\ln\frac{1}{F}$$

式中 F——水油比。

由于累积产油量是采出程度的函数,累积产水量是含水率的函数,式(2—68)可写成:
$$N_p = a(\lg W_p - \lg b) \qquad (2-69)$$

式中 a、b——经验常数;

N_p——累积产油量,m^3;

W_p——累积产水量,m^3。

式(2—69)中常数 a 的几何意义是油水关系直线的斜率,即累积产水上升十倍所获得的采油量,a 值越大,说明产水量上升相同倍数时,采油量较大,含水上升较慢;a 与地质因素、油田开发部署和油田管理措施等因素有关。对于一个油藏来说,a 值越大,开发效果越好。b 值可以通过延长直线得到,它反映了岩石和流体的性质。

2. 水驱特征曲线应用

对式(2—69)两边求导数,得到单位时间产油量与单位时间产水量之间的关系式:
$$\frac{dN_p}{dt} = \frac{a}{2.303}\frac{1}{W_p}\frac{dW_p}{dt} \qquad (2-70)$$

或
$$q_o = \frac{a}{2.303}\frac{1}{W_p}q_w \qquad (2-71)$$

瞬时水油比为:
$$F = \frac{q_w}{q_o} = \frac{2.303W_p}{a} \qquad (2-72)$$

含水率为:
$$f_w = \frac{2.303W_p}{a + 2.303W_p} \qquad (2-73)$$

累积产水量为:
$$W_p = \frac{Fa}{2.303} = \frac{f_w a}{2.303(1-f_w)} \qquad (2-74)$$

将式(2—74)代入(2—69)可以得到累积产油或采出程度与含水率之间的关系,因此可以通过建立累积产油量与累积产水量之间的关系,然后预测不同含水条件下的产油量或采收率。
$$N_p = a\left[\lg\frac{f_w a}{2.303(1-f_w)} - \lg b\right] \qquad (2-75)$$

练 习 题

2.1 简述海上油气田地面工程预可行性研究的主要内容。

2.2 试对比分析水压驱动和弹性驱动油藏开发特征。

2.3 开发层系划分的基本原则是什么?

2.4 油藏在采用面积注水井网开发时,如何分析在注采平衡条件下所需要的采油井数和注水井数？

2.5 试画出反七点法、五点法、反九点法、交错排状面积注水的井网示意图以及井网单元示意图，并指出注采井数比。

2.6 简述试井分析方法的分类及其应用。油层同一部位取心得到的渗透率和通过试井解释得到的渗透率有什么区别？

2.7 根据实测压力恢复曲线在半对数坐标中的分布特征，如何分析油井和油层的特征？

2.8 推导溶解气驱油藏的物质平衡方程式，并写出运用此方程进行动态预测的步骤、公式及该类油藏的开采特征。

2.9 已知某封闭弹性驱油藏参数：$p_i = 33.564$ MPa，$p_b = 29.455$ MPa，$B_{ob} = 1.492$，$B_{oi} = 1.4802$，$C_o = 19.56 \times 10^{-4}$ MPa^{-1}，$\phi = 0.2$，$S_{wi} = 0.25$，$C_f = 4.945 \times 10^{-4}$ MPa^{-1}，$C_w = 4.265 \times 10^{-4}$ MPa^{-1}。油藏实际产量及原油体积系数见表 2—2。

表 2—2 油藏产量等动态变化

Q, t/d	N_p, 10^4 m^3	p, MPa	B_o
0	0	33.564	1.4802
364.8	1.1281	33.313	1.4808
638.4	2.2883	33.054	1.4815
820.8	3.3065	32.816	1.4822
1003.2	4.3808	32.598	1.4828
1185.6	5.3576	32.381	1.4835

求：(1)判断油藏封闭性；(2)求弹性产率及地质储量。

2.10 某油田开发试验区，在累积产出原油 $N_{p1} = 118.4 \times 10^4$ t 后，开始进入递减阶段，递减阶段的开发数据见表 2—3。

表 2—3 逐年产量变化数据

时间，a	0	1	2	3	4	5	6
产油量，10^4 t/a	1.5937	1.3866	1.1820	1.0329	0.8879	0.7472	0.6677
累积产油，10^4 t	0	1.3866	2.5686	3.6015	4.4894	5.2366	5.9043

求：(1)确定产量递减形式；(2)预测第 8、9 年末的产量。

2.11 已知某油田 $Q_o = 100$ t/d，$D_o = 0.1$ a^{-1}。求当递减指数 $n = 0, 0.5, 1$ 时第 7 年末的瞬时产量，并比较三种递减类型的递减速度大小。

第三章　海上油气田生产系统

海上工程设施是海上油气田开发的重要组成部分,不仅投资高(约占开发投资的 60%~70%)、风险大,而且对安全环保要求极高,因此海上油气田生产设施建设是一项复杂的海洋系统工程。

海上油气生产系统是指用于海底石油开发及采油工作的所有设施和设备的总称,主要包括海上采油平台和水下采油设备。由于海洋水深及海况的差异、油藏面积的不同,以及开采年限不一,因此海上生产系统类型众多。一般来讲,海上生产系统分为三大类,即固定平台生产系统、浮式生产系统和水下生产系统。

第一节　固定平台生产系统

固定平台生产系统目前被广泛采用,主要用桩基、座底式基础或其他方法固定在海底,具有一定稳定性和承载能力。

典型的固定平台生产系统主要包括平台(采油树安装于甲板上)、单点系泊系统、回接到平台的采油立管系统、水下底盘、水下管汇、油轮(储油轮和穿梭油轮)、海底管线和底盘井等。从位于水下底盘上的油气井生产出来的流体,经采油立管上升到平台,计量和处理后再经采油立管和输油管线流往单点系泊,由单点系泊流入系于其上的油轮,通过穿梭油轮运走。

固定平台生产系统按其结构形式可分为桩基式平台、重力式平台和人工岛以及顺应式平台;按其用途可分为井口平台、生产处理平台、储油平台、生活动力平台以及集钻井、井口、生产处理、生活设施于一体的综合平台。

一、桩基式平台

桩基式平台通常为钢质固定平台,一般是从导管架的腿内打桩,使平台牢固地固定在海底,是目前海上油(气)生产中应用最多的一种结构型式。

1. 组成

钢质固定平台中应用最多的是导管架式平台,主要由导管架、桩、导管架帽和甲板模块四大部分组成,如图 3-1 所示。

1)导管架

钢质桁架结构,由大直径、厚壁的低合金钢管焊接而成。钢桁架的主柱(也称大腿)作为打桩时的导向管,故称导管架。其主管可以是三根的塔式导管架,也有四柱式、六柱式、八柱式等,视平台上部模块尺寸大小和水深而定。

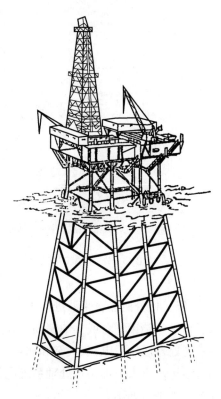

图 3-1　钢质固定平台结构示意图

导管架的主要作用有：

(1)作为打桩定位和导向的工具，使桩群在施工过程中就有一定的相互联系。

(2)导管架本身的刚度可以提高平台结构的整体性，且能使平台上部的负荷比较均匀地传递到桩上。

(3)可以安装靠船设备，以供船舶系靠平台使用。

(4)在平台施工安装上部结构时，可利用导管架架设临时工作平台，有利于加快施工进度和保障安全。

2)桩

导管架依靠桩固定于海底，它承担着平台的全部重量，并通过桩周的摩擦力和桩尖阻力将负荷传递给基土层。

3)导管架帽

导管架帽是指导管架以上、模块以下带有甲板的这部分结构。它是导管架与模块之间的过渡结构。

4)甲板模块

由各种模块组成平台甲板，如钻井区域的模块可称为钻井模块；采油生产处理区称为生产模块等。平台可以由多层甲板组成，也可以由单层甲板组成，视平台规模大小而定。

2. 分类

一般情况下，钢制固定平台按其用途可分为井口平台、生产处理平台、储罐平台等。

图 3—2 典型的井口平台

1)井口平台

常规井口平台上安装有一定数量的采油树，井液经采油树采出后，通过单井计量、系统计量，用海底管线输送到生产处理平台或其他生产处理设施上进行处理。典型的井口平台如图 3—2 所示。

2)生产处理平台

生产处理平台又称中心平台，它集原油生产处理系统、工艺辅助系统、公用系统、动力系统及生活楼于一体。生产处理平台具有将各井口平台的来液进行加工处理的能力，也具有向各井口平台提供动力以及监控井口平台生产操作的功能。

生产处理平台汇集了各井口平台的来液后，经三相分离器将来液进行油、气、水分离。原油在原油处理系统中经脱水达到成品油要求后输送到储罐平台或其他储油设施中储存；三相分离器分离出的天然气经气液分离、压缩等一系列处理后供发电机、气举和加热炉等使用，多余的天然气进火炬系统烧掉；分离器分离出的含油污水进入含油污水处理系统进行处理，合格的含油污水排入大海或回注地层。典型的生产处理平台如图 3—3 所示。

生产处理平台按用途可分为：常规生产平台；生产、生活、动力平台；钻井、生产、生活、动力平台以及生活、动力平台等。

3）储罐平台

储罐平台是将原油储罐设置在平台上，中心平台处理合格的原油在储罐平台储存。储罐平台由于投资较高，储油能力有限，已不常用。为了外输原油，有时设置海上码头。典型的储罐平台和海上码头如图3—4所示。

图3—3　典型的生产处理平台

图3—4　典型的储罐平台和海上码头

3. 优缺点

优点：(1)技术成熟、可靠；(2)在浅海和中深海区使用较为经济；(3)海上作业平稳安全。

缺点：(1)随着水深的增加费用显著增加；(2)海上安装工作量大；(3)制造和安装周期长；(4)当油田预测产量发生变化时，对油田开发方案进行调整的适应性受到限制。

4. 桩基式平台采油设备的布置

从油井中开采出来的产物往往是油、气混合物，在流动过程中还会形成水合物和乳化液。因此需要根据不同要求，将其中的油和气分离开，并将水和少量的盐、硫、泥沙等杂质除去。

采油设备的布置通常是按不同的工艺流程确定。

最简单的油井产物流程为：

油井→管汇→计量分离器 ┬气→燃烧器
　　　　　　　　　　　　└油→储油罐→泵→外输

当油井产物中含水量高时，则增加脱水设备，其流程为：

油井→管汇→计量分离器 ┬气→燃烧器
　　　　　　　　　　　　└油→沉降罐→脱水泵→换热器

排放←污水处理系统←水─脱水器─油→储油罐→泵→外输

当平台上有多口油井生产时,各井压力、产物性质可能存在差别,流程将改变为:

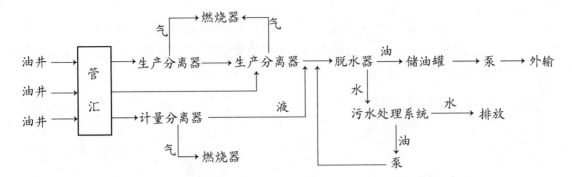

二、重力式平台

重力式平台由钢或钢筋混凝土建成,完全依靠本身的重量直接稳定在海底。根据建造材料的不同,又分为混凝土重力式平台、钢质重力式平台、钢—混凝土混合重力式平台。

1. 混凝土重力式平台

混凝土重力式平台可用作钻井、采油、集输和储油、系泊与装油平台,还可作为海洋石油开发的多用平台。目前,混凝土重力式平台可以适应各种水深,其结构如图3—5所示。

1)组成

混凝土重力式平台由沉垫(或底座)、甲板和立柱三部分组成。

(1)沉垫:沉垫是整个平台的基础。在海上拖航时,基础提供足够的浮力把整个平台托起,起到浮筏的作用;在油田生产过程中,基础又能储存原油,起着储油罐的作用。

(2)甲板:甲板为油气田开发提供生产场地、设备场地和生活场地。

(3)立柱:立柱连接沉垫与上部甲板,用于支撑甲板。此外,也可以在立柱中设置工艺管线,兼作钻井的隔水导管。立柱有三腿、四腿、独腿等各种形式。

2)优缺点

优点:(1)节省钢材;(2)经济效果好,混凝土材料廉价,且混凝土重力式平台的沉垫可以储油;(3)海上现场安装的工作量小;(4)海上安装工艺简单,不需要在海底打桩;(5)甲板负荷大,在立柱中钻井安全可靠;(6)防海水腐蚀、防火、防爆性能好;(7)维修工作量小,费用低,使用寿命长。

缺点:(1)对地基的要求高;(2)结构分析比较复杂;(3)制造工艺复杂;(4)岸边需要有较深的、隐蔽条件较好的施工场地和水域;(5)拖航时阻力大;(6)冰区工作性能差。

2. 钢质重力式平台

1)组成

如图3—6所示,钢质重力式平台由沉箱、支承框架和甲板三部分组成,沉箱兼作储罐。建造时,先把各个沉箱、支承框架、甲板分别预制,然后在岸边组装成整体,再拖运到井位下沉安放。

2)优缺点

优点:(1)在储量要求不大的情况下,钢质重力式平台的经济效益比混凝土重力式平台高;(2)预制过程中不需要较深的施工水域;(3)拖航时阻力小;(4)对地基承载力要求不高。

缺点:在节省钢材、耐腐蚀、储油量、隔热等方面,不如混凝土重力式平台。

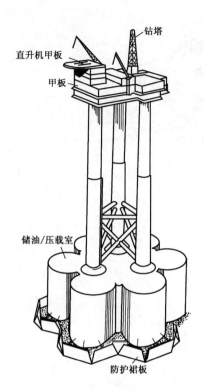

图3-5 混凝土重力式平台

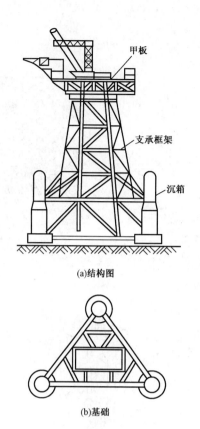

(a)结构图

(b)基础

图3-6 钢质重力式平台

三、人工岛

人工岛是在海上建造的人工陆域,在人工岛上可以设置钻机、油气处理设备、公用设施、储罐以及卸油码头。

人工岛按岸壁形式可分为护坡式人工岛和沉箱式人工岛。护坡式人工岛如图3-7所示,由砾石筑成,砂袋或砌石护坡。先由底部开口的驳船向岛的四周抛填砾石,接着码放砂袋,稍高出水面形成水下围堤,然后填充岛体。

沉箱式人工岛是由一个整体沉箱或多个钢或钢筋混凝土沉箱围成,中间回填砂土。沉箱可在陆上预制,然后自浮拖至现场安装就位,通过调节水下砂基床的高度以使沉箱适用于不同的水深,人工岛不再使用时,可排除压载,起浮后拖到其他地点再用,如图3-8所示。

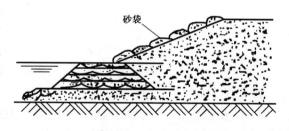

图3-7 护坡式人工岛

四、顺应式平台

顺应式平台是指在海洋环境载荷作用下,围绕支点可发生允许范围内某一角度摆动的深水采油平台,如图3-9所示。

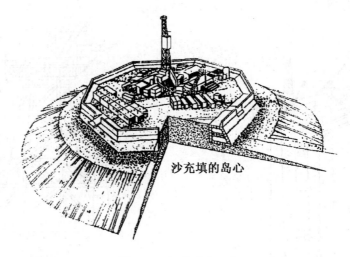

图 3—8　沉箱式人工岛

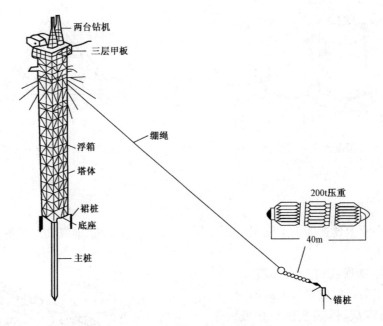

图 3—9　牵索塔式顺应式平台

顺应式平台的主要特点为:

(1)自振周期大,刚性小,故随着波浪的作用而运动。而由组合体(由桩和套管组成)和导管架形成的阻尼器却使其运动幅度大大减小,具有很好的抗疲劳特性。

(2)可用铰接接头或大型浮筒和阻尼器,不需要因限制甲板运动而安装特别装置。

(3)建造简单,一般工程与建造时间少于2年。

(4)重复结构和定型构件较多。

(5)横截面积小,重量轻,起重安装容易。

(6)可按常规方法运输、下水和直立作业。

(7)由于重量轻、结构简单且安装方便,与常规钢导管架相比费用低。

第二节　浮式生产系统

典型的浮式生产系统是指利用改装（或专建的）半潜式钻井平台、张力腿平台、自升式平台或油轮放置采油设备、生产和处理设备以及储油设施的生产系统。

浮式生产系统的主要类型包括以油轮为主体的浮式生产系统、以半潜式钻井船为主体的浮式生产系统、以自升式钻井船为主体的浮式生产系统和以张力腿平台为主体的浮式生产系统。

浮式生产系统最大的特点是可实现油田的全海式开发。由于其可重复使用，因此被广泛用于早期生产、延长测试和边际油田的开发过程中。我国大部分海上油田都采用浮式生产系统。

一、油轮浮式生产系统

以油轮为主体的浮式生产系统分为浮式生产储油装置（FPSO）和浮式储油装置（FSO）两种。

1. 浮式生产储油装置

浮式生产储油装置（Floating Production Storage and Offloading Units，FPSO）是把生产分离设备、注水（气）设备、公用设备以及生活设施等安装在一艘具有储油和卸油功能的油轮上。油气通过海底管线输到单点后，经单点上的油气通道通过软管输到油轮（FPSO）上，分离处理后储存在油轮的油舱内，计量标定后经穿梭油轮运走。浮式生产储油装置如图3-10所示。

图3-10　浮式生产储油装置

浮式生产储油装置除有综合平台上的生产设备外，还有单点系泊系统（SPM）、尾部输油系统、压舱泵、卸油泵及溢油回收防污染设备，如图3-11所示。

1）构成

FPSO由海底系统、船体系统、系泊定位系统、油气处理系统、动力系统、消防监控系统、储油与外输系统、生活系统等十几个部分组成。

（1）海底系统：由基座、水下卧式采油树、海底管汇、液压井控、立管等组成，如图3-12所示。

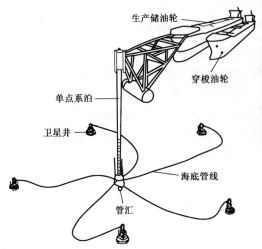

图 3—11　以油轮为主体的浮式生产系统　　　　图 3—12　海底系统

（2）船体系统：FPSO 是漂浮在海面上的一个浮体，具有船舶的安全特性，如浮性、稳性、刚性及强度要求等。

（3）系泊定位系统：系泊定位系统是通过导管架或吸力锚提供足够的系泊力。

FPSO 是通过系泊定位系统在油田位置完成生产、储存及外输作业。系泊定位系统主要有两个功能，一是对 FPSO 进行定位，承受 FPSO 的浮、沉、荡、倾、摇等一切外力；二是油、气、水、动力等传输功能，通过管线电缆与海上生产设施相连。

FPSO 系泊方式主要有三种：单点系泊、多点系泊、动力定位系泊。

单点系泊是指锚泊系统与船体只有一个接触点（如图 3—13 和图 3—14 所示）；多点系泊是指锚泊系统与船体有多个接触点（如图 3—15 所示）；动力定位系泊是借助于螺旋桨和侧推器等实现浮体的海上定位系泊。动力定位系泊特别适用于频繁往返于工作场地与基地之间的FPSO、深水起重船和深水钻井船等。

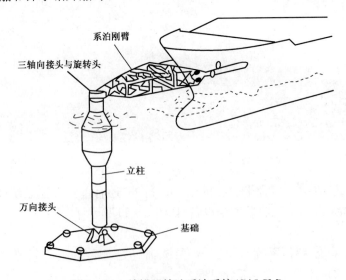

图 3—13　单锚腿储油系泊系统（SALSM）

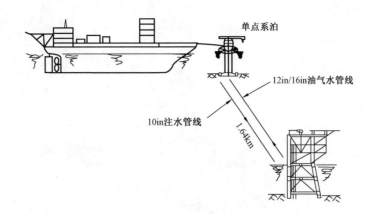

图 3—14　单点系泊系统

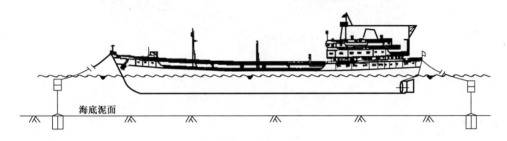

图 3—15　两点系泊系统

（4）油气处理系统：FPSO 的油气处理系统包括油、气、水分离系统，计量系统，污水处理系统和火炬燃烧系统等，系统总体布局更加紧凑，安全规定更加严格；工艺流程在确保顺畅的同时，重要模块的布局要顺应船体运动要求并预留足维修空间；具有比陆上集成化更高、配置更完备的自动化控制系统。

2）优缺点

优点：（1）初始投资低；（2）海上安装周期短；（3）储油能力大；（4）甲板面积大；（5）可重复使用。

缺点：（1）受海况的影响较大；（2）稳定性差；（3）设备的布置要考虑周密。

2. 浮式储油装置

浮式储油装置（Floating Storage and Offloading Units，FSO）也是具有储油和卸油功能的油轮，但它没有生产分离设备以及公用设备，通过海管汇集来的合格原油直接储存到 FSO 的油舱中。由于没有油气生产设备，可直接将旧油轮稍加改装成为 FSO。与 FPSO 相比，FSO 建造工期短。

二、半潜式钻井船浮式生产系统

半潜式钻井船浮式生产系统的主要特点是把采油设备（采油树等）、注水（气）设备和油气水处理等设备，安装在一艘经改装（或专建）的半潜式钻井船上，如图 3—16 所示。

油气从海底井经采油立管（刚性管或柔性管）流至半潜式钻井船（常用锚链系泊）的处理设施，分离处理合格后的原油经海底输油管线和单点系泊系统，再经穿梭油轮运走。

图 3—16　半潜式生产系统

1. 构成

浮式生产系统所用的半潜式平台,目前大多是用半潜式钻井船经改装而成。这种平台主要由平台甲板、立柱和下船体三大部分构成,如图 3—17 所示。

(1)平台甲板:提供海上工作面,安放生产和油气水处理等设备,平台本体高出水面一定高度,以避免波浪的冲击。

(2)立柱:连接平台甲板和下船体,用于支撑平台。立柱与立柱之间相隔适当的距离,以提供良好的稳定性能。

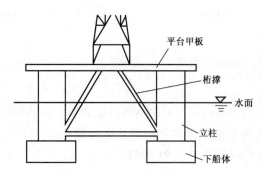

图 3—17　半潜式平台结构示意图

(3)下船体:有沉箱式和下体式两种,它提供主要浮力,沉没于水下以减少波浪的扰动力。

2. 类型

半潜式平台根据下船体的式样,大体可分为沉箱式和下体式两类。

(1)沉箱式。沉箱式即将几根立柱布置在同一个圆周上,每一根立柱下方有一个沉箱(或称浮箱、沉垫)。沉箱的剖面有圆形、矩形和靴形。沉箱的数目(即立柱的数目)有三根、四根、五根、六根和十根不等。图 3—18 和图 3—19分别为三根立柱和五根立柱的半潜式平台。

(2)下体式。最常见的是两极鱼雷形的下体分列左右,每根下体上的立柱数有两根、三根和四根。下体的剖面有圆形、矩形或四角有圆弧的矩形。为减少拖航(或自航)时的阻力,下体的首尾两端也有做成流线型的(图 3—20)。图 3—21 为下体呈矩形的半潜式平台。

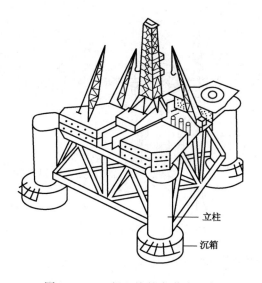

图 3—18 三根立柱的半潜式平台

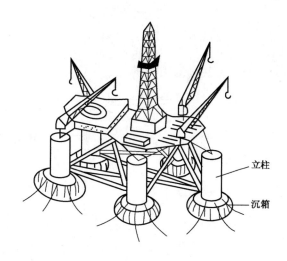

图 3—19 五根立柱的半潜式平台

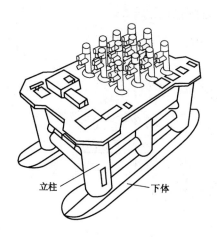

图 3—20 流线型半潜式平台

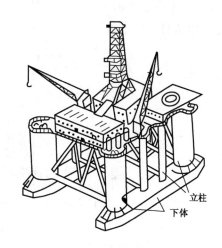

图 3—21 矩形半潜式平台

3. 优缺点

优点：(1)稳定性好,可适用于恶劣的海况条件;(2)具有一定的储油能力;(3)可利用船上的钻机进行钻井、完井和修井作业。

缺点：(1)要另建系泊系统以便穿梭油轮卸油作业;(2)改装时间长,成本高;(3)如果储油能力不足,油田可能停产。

三、自升式钻井船浮式生产系统

自升式钻井船浮式生产系统是利用自升式钻井船改装的(图 3—22),其上可放置生产与处理设备。工作时,桩腿或桩腿和沉垫下降着地,支承于海底。移位时,平台下降浮于水面,桩腿或桩腿和沉垫从海底升起,被拖至新的井位。自海底油井出来的油气流经自升式平台分离处理后,再经海底管线和系泊系统输至油轮运走。主要用在浅水海域,常用于油田延长测试及边际油田的开发。

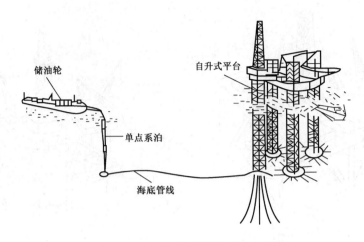

图3-22 自升式钻井船浮式生产系统

1. 构成

自升式平台主要由平台结构、桩腿、升降机构、钻井装置(包括动力设备和起重设备)以及生活楼(包括直升机平台)等组成。自升式钻井平台示意图如图3-23所示。

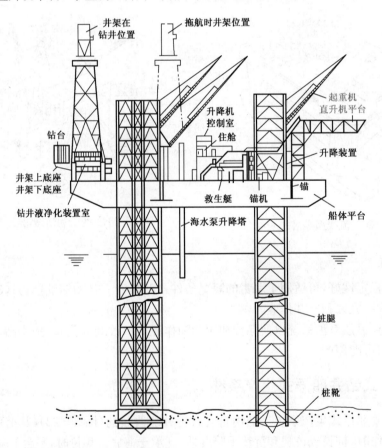

图3-23 自升式钻井平台示意图

桩腿是自升式钻井平台的关键。当作业水深加大时,桩腿的长度、尺寸和质量迅速增加,作业和拖航状态的稳定性则变差。

自升式平台的升降机构关系到设施能否正常工作及作业安全性,目前常用的有液压插销式升降装置和电动齿轮齿条式升降装置两种。国产的渤海五号、渤海七号和渤海九号等钻井船采用液压插销式升降装置,而进口的渤海四号、渤海八号、渤海十号和渤海十二号等钻井船采用电动齿轮齿条式升降装置。

2. 类型

自升式平台可以按照平台主体的形状、桩腿的数目及形式、升降装置的类型等进行分类。

根据平台主体形状的不同可分为井口槽式平台和悬臂梁平台两种。

根据桩腿结构形式的不同可分为柱腿式平台(图3－24)和桁架式平台(图3－25)两大类。

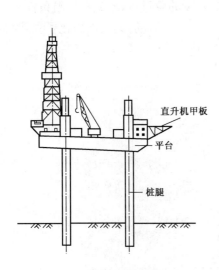

图3－24　圆柱腿自升式钻井平台

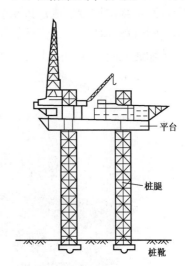

图3－25　桁架式自升式钻井平台

根据支撑形式可分为独立腿式和沉垫式两类。

1)独立腿式

由平台和桩腿组成,整个平台的重量由各桩腿分别支承。桩腿底部常设有桩靴,桩靴有圆的、方的或多边形的,面积较小。通常用于硬土区、珊瑚区或不平整的海底。

2)沉垫式

由平台、桩腿和沉垫组成。设在各桩腿底部的沉垫,将各桩腿联系在一起,整个平台的重量由各桩腿支承。沉垫式平台适用于泥土剪切值低的地区。

3. 优缺点

1)优点

(1)方便安装和迁移作业,降低了安装和迁移费用,设施可重复再利用;

(2)类似于固定平台作业,没有波浪条件下的摇摆状态,方便作业人员的操作与生活;

(3)可采用旧钻井船改装方案实现生产储油平台;

(4)技术成熟,操作实践经验多;

(5)容易实现国产化,对边际油田开发有利;

(6)简化了井口平台及与井口平台的连接,降低了油田工程的造价。

2)缺点

(1)作业水深不宜太深,理想作业水深为 20~50m;

(2)不能在严重冰区作业;

(3)由于升降机构能力与可靠性缘故,储油量不能过大;

(4)不同于浮式系统,对基础地质土壤的性质有一定要求;

(5)甲板面积有限,设备布置困难;

(6)初期投资较大,经济性较差。

四、张力腿平台浮式生产系统

张力腿平台(Tension Leg Platform,TLP)浮式生产系统如图3-26所示。张力腿平台不储油,不装油,上部结构设计成足以承受油田开发各个阶段的载重量,不论在拖航条件下,还是在垂直系泊时都能保持稳定。浮体几乎没有升沉、纵摇和横摇运动,大大地简化了立管与浮动设备之间的输送系统。张力腿平台适用于开发深水油田。

图3-26 张力腿平台浮式生产系统

张力腿平台是半潜式平台的延拓,船体通过由钢管组成的张力腿与固定于海底的锚桩相连。船体的浮力使得张力腿始终处于张紧状态,从而使平台保持垂直方向的稳定,如图3-27所示。

1. 构成

张力腿平台按结构分成五部分:平台上部结构、立柱(含横撑、斜撑)、下体(含沉箱)、张力腿、锚固基础。

1)平台上部结构

平台上部结构是指底甲板以上的部分,提供设备放置、钻井和采油的工作场所。形状主要有三角形、四边形、五边形。实践证明,三角形上体安全性较差,五边形施工建造过于复杂,因而目前投入使用的张力腿平台上体大多为四边形。

2)立柱

立柱支承整个平台的重量,为平台提供部分浮力和保证平台足够的稳定性。立柱有一根、三根、四根、五根、六根和八根。平台立柱多采用较大直径的柱体,一般在十几米左右,立柱的数目取决于平台上体的形状。为了保证强度,有的立柱间还设有横撑和斜撑。

3）下体（含沉箱）

平台下体主要由沉箱组成，按沉箱的形式可以将其分为整体式、组合式、沉垫式三大类。下体的作用是为平台提供大部分浮力，其剩余浮力为张力腿系统提供预张力，与立柱一起保证平台的稳定性和浮态。

4）张力腿

张力腿由多组张紧的钢管或钢质缆索组成，其组数与平台上部结构的形状有关，每组张力腿又由若干根钢管或钢索构成，下端直接固定在锚固基础上，其内产生的张力与平台的剩余浮力相平衡。

张力腿的作用是把上部平台拉紧固定在海底的锚固基础上，使平台在环境力作用下的运动处于允许的范围内。其系泊方式主要有垂直系泊和倾斜系泊两种。由于垂直系泊方式施工方便，而且合理选择平台船型和设置合理的张力腿预张力、刚度，就可以将平台的运动控制在允许的范围内，因此目前投入使用的张力腿平台均采用了垂直系泊方式。张力腿系统不仅控制着平台与井口的相对位置，还对其安全性起着决定性作用。

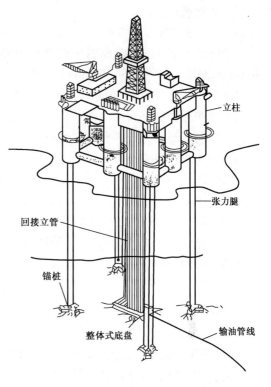

图 3—27 张力腿平台

立柱
张力腿
回接立管
锚桩
整体式底盘
输油管线

5）锚固基础

锚固基础是张力腿平台的重要组成部分，起到了固定平台、精确定位的作用，主要分为重力式和吸力式两种。由于吸力式锚固基础对海底土层状况的适应性较好，因而近年来在张力腿平台建设中得到了重视和应用。例如，北海的 Snorre 油田 TLP 平台就采用了混凝土吸力锚固定系泊钢缆。

2. 类型

目前张力腿平台的主要结构形式为：传统型（Conventional TLP）、海星型（Seastar TLP）、MOSES 型（MOSES TLP）、延伸型（ETLP）。

1）传统型张力腿平台

传统型张力腿平台一般由四个立柱和四个连接的下体组成。立柱的水切面较大，自由浮动时稳定性较好，并通过张力腿固定于海底。一般采用上部结构安装好后拖到预定安装场地连接到张力腿上。

2）海星型张力腿平台

海星型张力腿平台属小型张力腿平台，适用于开发中小型油田，是一种安全、可靠、稳定、经济的张力腿平台形式。海星型张力腿平台打破了传统型张力腿的三柱或四柱式结构，其主体采用了一种非常独特的单柱式设计，这一圆柱体结构称为中央柱，中央柱穿过水平面，上端支撑平台甲板，在接近下端的部位，连接固定了三根矩形截面的浮筒，各浮筒向外延伸成悬臂梁结构，彼此在水平面上的夹角为 120°，呈辐射状，且浮筒的末端截面逐渐缩小。这三根浮筒向平台本体提供浮力，并且在外端与张力腿系统连接。中央柱中开有中央井，立管系统通过中央井与上体管道相接。

3)MOSES 型张力腿平台

MOSES 型张力腿平台也属于小型张力腿平台,MOSES 是"最小化深海水面设备结构"(Minimum Offshore Surface Equipment Structure)的简称。

MOSES 型张力腿平台继承了传统张力腿平台的各项主要优点(如小垂荡运动等),同时又通过对传统张力腿平台的结构进行全方位的改进,创新性地利用各项现有技术,从而以更低的造价提供与传统张力腿平台同样的功能。

4)延伸型张力腿平台(ETLP)

ETLP 是 Extended Tension Leg Platform 的简称,相对于传统类型的张力腿平台,延伸型张力腿平台主要是在平台主体结构上做了改进,其主体由立柱和浮箱两大部分组成。按照立柱数目的不同可以分为三柱式和四柱式延伸型张力腿平台,立柱有方柱和圆柱两种形式,上端穿出水面支撑着平台上体,下端与浮箱结构相连,浮箱截面的形状为矩形,首尾相接形成环状基座结构,在环状基座的每一个边角上,都有一部分浮箱向外延伸形成悬臂梁,悬臂梁的顶端与张力腿相连接。

3. 优缺点

1)优点

(1)可采用干式采油树,钻井、完井、修井等作业和井口操作简单,且便于维修;

(2)就位状态稳定,浮体几乎没有升沉、横摇和纵摇运动;

(3)完全在水面以上作业,采油操作费用低;

(4)简化了钢制悬链式立管的连接,可同时采用张紧式立管和刚性悬链立管;

(5)提高了平台的作业寿命,特别是混凝土张力腿的疲劳寿命得到成倍增长;

(6)对于传统型张力腿平台,平台上体、立柱及下体可以一体化建造整体就位安装,降低了海上安装和维护费用;

(7)技术成熟,可应用于大型和小型油气田,水深一般在 2000m 内。

2)缺点

(1)无储油功能,需海底管线或 FPSO 配套;

(2)对上部结构的重量非常敏感;

(3)整个系统刚度较强,对高频波动力比较敏感;

(4)张力腿长度与水深呈线性关系,而张力腿费用较高,水深一般限制在 2000m 之内。

五、Spar 平台浮式生产系统

自 20 世纪 90 年代以来,Spar 平台被用于深海油气资源开发作业中,担负了钻探、生产、海上原油处理、石油储藏和装卸等各种工作。

1. 构成

Spar 平台一般由上部组块、筒式浮体、系泊系统(包括锚固基础)、立管系统构成。

1)上部组块

上部组块通常由两层至四层矩形甲板桁架结构组成,依据平台的功能定位配备有钻修井模块、柴油发电机组、吊机、油气处理装置、生活楼和直升机甲板等设施,可以进行钻井、修井、油气处理等其他组合作业。依据平台功能定位可以将上部组块分为钻(修)井甲板、中间甲板、生产甲板和底层甲板。

2）筒式浮体

筒式浮体的作用是保持足够的浮力能支撑上部组块、系泊系统和立管系统的重量，并通过底部压载使浮心高于平台重心，形成不倒翁的浮体性能。

3）系泊系统

系泊系统一般由锚链＋钢缆＋锚链构成，其作用是把 Spar 平台锚泊在海底的锚固基础上，使平台在环境力作用下的运动处于允许的范围内。Spar 平台一般通过半张紧的钢悬索系泊系统来固定，系泊结构不仅与载荷大小有关，还与水深有关。

4）立管系统

Spar 平台的立管系统向上与平台上体的生产设备相连，向下则深入海底，可实现采油（气）、注水、外输等功能。立管系统根据设计需要选择顶部张紧式立管（Top tensioned riser，TTR）和钢制悬链线立管（SCR），图 3—28 所示的是顶部张紧式立管示意图。

Spar 平台主要采用顶部张紧式立管系统。由于 Spar 的垂荡运动很小，因此它可以支持顶端张紧立管和干式采油树。

2. 类型

目前 Spar 平台的主要结构形式为：标准型 Spar（Classic Spar）、桁架型 Spar（Truss Spar）、多柱型 Spar（Cell Spar）。

1）标准型 Spar 平台

标准型 Spar 平台（图 3—29）是最早出现的 Spar 深海采油平台，最主要的特征就是主体为大直径、大吃水的封闭式单柱圆筒结构，体形比较巨大。

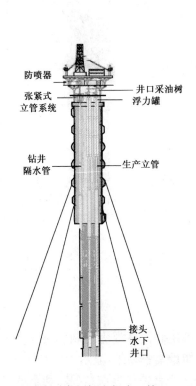

图 3—28　Spar 平台顶部张紧式立管（TTR）示意图

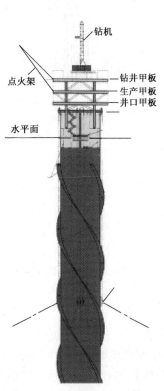

图 3—29　标准型 Spar 平台

单柱圆筒水线以下部分为密封空心体,以提供浮力,称为浮力舱,舱底部一般装压载水或用以储油;中部有锚链呈悬链线状锚泊于海底。主体中有四种形式的舱:硬舱,位于壳体的上部,提供平台的浮力;中间部分是储存舱;底部为平衡或稳定舱,系泊完成后用来降低重心;还有压载舱,用于吃水控制。

2)桁架型 Spar 平台

桁架型 Spar 平台是第二代 Spar 平台(图3—30),平台主体分为三个部分,上部为封闭式圆柱体,中部为开放式构架结构,下部是底部压载舱。封闭式主体主要负责提供浮力,浮舱、可变压载舱以及储油舱都位于其中;开放式主体为构架结构,并采用垂荡板(Heave Plate)分为数层;底部压载舱则主要负责提供压载,稳定性由垂荡板和底部压载舱提供。

与同等规模标准型 Spar 平台相比,桁架型 Spar 平台具有更为优良的运动性能和更低的造价。

3)多柱型 Spar 平台

多柱型 Spar 平台的主体也可以分为上部硬舱、中段和软舱三个部分,由若干个小型的、中空的圆柱形主体组成(图3—31)。这些部分主体可以在不同的地点独立建造,然后再组装起来形成完整平台主体。

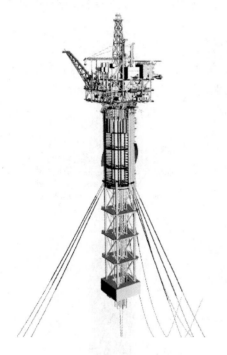

图3—30 桁架型 Spar 平台

图3—31 多柱型 Spar 平台

3. 优缺点

1)优点

(1)在深水环境中运动稳定、安全性良好。在系泊系统和筒体浮力控制作用下,Spar 平台相应六个自由度上的运动固有周期都远离常见的海洋能量集中频带,显示了良好的运动性能。

(2)灵活性好。由于采用了缆索系泊系统固定,Spar 平台便于拖航、安装、动态定位。

（3）筒体内部可以储油,同时它的大吃水可形成对立管的良好保护。

（4）支持水上干式采油树,可直接进行井口作业,便于维修,井口立管可由自成一体的浮筒或顶部液压张力设备支撑。

（5）对上部结构的敏感性相对较小。通常上部结构的增加会导致主体部分的增加,但对锚固系统的影响不敏感,也就是说随着水深的增加,投资增加不敏感。

2）缺点

（1）井口立管和其支撑的疲劳较严重。由于平台的转动和立管的转动可以是反方向,立管系统在底部支撑的疲劳是一个主要控制因素。

（2）筒体的涡流振动较大,会引起各部分构件的疲劳,如立管浮筒、立管和系泊缆等。

（3）由于主体浮筒结构较长,需要平躺制造,安装和运输造成很多困难,海上不能整体安装,需要大的施工机具配合。

第三节　水下生产系统

随着海洋石油工业技术的发展,海洋石油技术从海面发展到了水下,从单井水下采油树发展到多井水下采油树,甚至全部油气集输系统都放到水下。

水下生产系统是 20 世纪 60 年代发展起来的,它利用水下完井技术结合固定式平台、浮式生产平台等设施组成不同的海上油田开发形式。由于水下生产系统可以避免建造昂贵的海上采油平台,节省大量建设投资,受灾害天气影响较小,可靠性强,随着海上深水油气田及边际油气田的开发,水下生产系统在结合固定平台、浮式生产设施组成完整的油气田开发方式上得到了广泛应用。

典型的水下生产系统由水下设备及水面控制设施组成。水下设备主要包括水下采油树、水下基盘、水下管汇、海底管线及立管、水下控制系统、水下处理系统(多相流量计、水下多相增压泵、水下分离器等)以及配套的水下作业工具等。水面控制系统放置在浮式生产系统上,通过脐带缆对水下设备进行远程控制和维修作业。水下生产系统如图 3—32 所示。

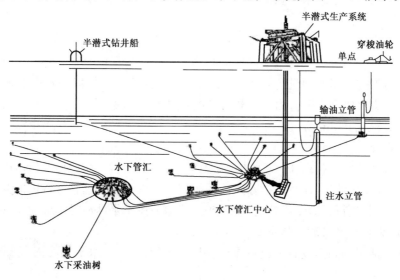

图 3—32　水下生产系统

水下生产系统是将采油树放到海床上，油气混合物从水下采油树经过水下出油管线进入（或直接进入）巨大的水下管汇底盘，完成单井井液计量、汇集、增压后通过海底管线输送到浮式生产系统上进行处理和储运。水面控制系统通过水下管汇中心对水下井口进行控制、关断、注水、注气、注化学药剂以及维护作业。

水下采油具有如下特点：

(1)水下采油避开了如风、浪、流、冰山、浮冰和航船等恶劣的海面条件的影响，采油设备处于条件相对稳定的海底。

(2)水下采油设备能和各种平台甚至油轮组合成不同类型的早期生产系统，以适应不同类型和不同海况油田开发的需要。

(3)水下采油能充分利用勘探井、探边井，使其成为生产系统的卫星井，或短期内进行早期生产，这不仅可为后期开发收集油层资料，还可以尽快回收初期投资。

(4)可以不钻定向井就开发浅油层。在浅油层上钻出若干垂直井，在其中央建立平台，进行集中处理、输送。

(5)由于不再使用价格昂贵的海上平台，尤其对于深水区，极大地节省了油田开发总投资。

(6)由于省去了平台操作人员，较多地节省了生产管理操作费用。

一、水下生产系统的主要设备

1. 水下采油树

采油树是位于通向油井顶端开口处的一个组件，它包括用来测量和维修的阀门、安全系统和一系列监视器械。它连接了来自井下的生产管道和出油管，同时作为油井顶端和外部环境隔绝开的重要屏障。采油树还包括许多可以用来调节或阻止所产原油蒸气、天然气和液体从井内涌出的阀门。采油树是通过海底管道连接到生产管汇系统的。

采油树的分类型式较多，按安装位置分为水上采油树（放于平台甲板上）和水下采油树（放于海床上）；按安装方式分为立式（或垂直）采油树、水平（或卧式）采油树、插入式（或沉箱式）采油树；按结构形式分为干式采油树和湿式采油树；按井的布置分为卫星井采油树和底盘井采油树。

1)立式（或垂直）采油树

立式采油树如图3—33所示，采油树上的两个主阀（PSV、PMV）安装在井眼路径上，导致井径狭小，妨碍修井管串的通过。如要修井，则要拆除采油树以便修井管串下入，使得修井作业复杂，修井成本大幅度上升。由于立式采油树成本相对低廉，水下使用维修困难，一般适用于检修工作量较小的气田生产。

2)水平（或卧式）采油树

水平（或卧式）采油树（图3—34）的主阀（PMV）水平安装，不妨碍修井管串的通过，在修井时一般不需要拆除采油树，而只需拆除采油树帽就可以提出包括油管挂在内的井下管串，有利于修井作业的顺利进行。由于修井的周期较短，普遍采用水平（卧式）采油树。

立式采油树和水平采油树的主要区别在于：

(1)立式采油树的阀门垂直地放置在油管悬挂器的顶端，而水平采油树的水平阀门在出油管处。

(2)立式采油树向下钻孔是通过水压或者电压从采油树的底部到油管悬挂器的顶端。水

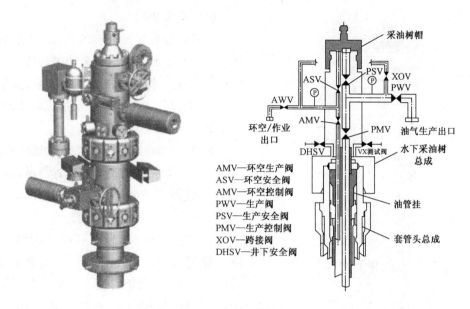

图 3—33　立式采油树结构示意图

采油树帽

ASV　PSV　XOV
　　　　　　　PWV
AWV
环空/作业　AMV　PMV　油气生产出口
出口
DHSV　VX测试阀　水下采油树
　　　　　　　　　　总成
　　　　　　　油管挂
　　　　　　　套管头总成

AMV—环空生产阀
ASV—环空安全阀
AMV—环空控制阀
PWV—生产阀
PSV—生产安全阀
PMV—生产控制阀
XOV—跨接阀
DHSV—井下安全阀

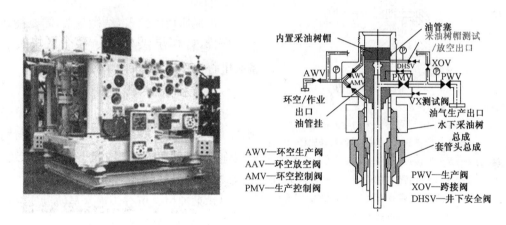

图 3—34　水平(或卧式)采油树

内置采油树帽　油管塞
　　　　　　　采油树帽测试
　　　　　　　/放空出口
AWV　DHSV　XOV
AWV　PMV　PWV
AMV
环空/作业　　VX测试阀
出口
油管挂　　　油气生产出口
　　　　　　水下采油树
　　　　　　总成
　　　　　　套管头总成

AWV—环空生产阀
AAV—环空放空阀
AMV—环空控制阀
PMV—生产控制阀

PWV—生产阀
XOV—跨接阀
DHSV—井下安全阀

平采油树向下钻孔是通过油管悬挂器旁边的辐射状的贯入器。

　　(3)立式采油树的油管和油管悬挂器在采油树之前安装,而水平采油树的油管和油管悬挂器是在采油树之后安装。

　　3)插入式(或沉箱式)采油树

　　插入式水下采油树(图 3—35)是把整个采油树包括主阀、连接器和水下井口全部置于海床以下 9.1～15.2m 深的导管内,在海床上的部分很矮,一般高于海床 2.1～4.6m,而常规水下采油树高于海床 10.7m 左右,这样采油树受外界冲击造成损坏的机会就大大减少。

　　插入式水下采油树分为上下两部分,上部主要包括采油树下入系统、控制系统、永久导向基础、出油管线及阀门、采油树帽、输油管线连接器和采油树保护罩等。下部采油树包括主阀、连接器和水下井口等。但是插入式水下采油树的最大缺点是价格高于一般的湿式采油树 40％左右,并且不能显示出比常规湿式水下采油树更突出的特点及广泛的适用性,使其应用受到一定的限制。

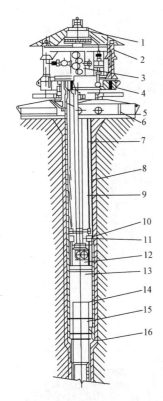

图 3—35　插入式采油树

1—带保护结构的采油树帽总成；2—采油树上部导向架；3—上部采油树阀块；4—带可拆柱头的导向基板组件；5—泥线；6—沉箱坐底结构；7—细管连接器备用释放杆；8—沉箱剪切接头；9—采油回接短节；10—应急释放连接器；11—回接短节断开接头；12—细管下主阀体；13—细管采油树连接器；14—井口头顶部；15—带液压锁定油管挂的井口头组；16—井口头承载座

4）干式采油树

干式采油树如图 3—36 所示，是指不直接放置在海水中的采油树。采油树及其他一些辅助设备装在一个密封的水下井口室内，与海水隔绝，室内提供人们正常生活所需的 1atm❶ 的环境气压。

井口室实际上是一个密封的海底采油树。它由密封筒和采油树组成。密封筒足以承受海水压力，使海水不能与采油树接触；采油树的其他结构与常规的采油树相同。

干式采油树的优点：可以不用潜水员而由一般的技术人员进行操作、安装和维护；采油树工作环境条件好，工作可靠；水深较大时，安装、维护和设备本身的费用都低于湿式采油树。

干式采油树的缺点：结构复杂，需要很好的密封性，还需要复杂的潜水舱及配套的水上设备来进行操作和维修等。

5）湿式采油树

湿式采油树是与海水直接接触的水下采油树，主要由采油树与井口连接器、采油树与输油管线连接器、采油树阀件、导向架、回路管线、短管、采油树帽、控制系统等组成。

湿式采油树又可分为潜水员协助安装型和无潜水员协助安装型两种。

（1）潜水员协助安装型湿式采油树。

潜水员协助安装型湿式采油树的全部部件裸露在海水中，安装时需要潜水员协助。它是由与海底井口头相连接的液压连接器、采油树本体及其上的液压闸阀、采油树帽、液流环管、液压出油管线连接器、导向框架、出油管线和控制系统等组成。由水面工作船舶起吊下放，潜水员潜入海底井口附近协助安装采油树。由于其结构简单、造价低廉，其使用量现今约占海底采油树总量的 80% 左右（图 3—37）。

（2）无潜水员协助安装型湿式采油树。

无潜水员协助安装型湿式采油树的外壳体也全部裸露在海水中，安装时不需要潜水员协助。它具有与海底井口头（套管头）相连接的液压连接器、由钢丝绳牵引的出油管线连接器、有导向柱结构的遥控采油树帽（上部液压连接）等组成（图 3—38）。

---

❶ 1atm（大气压）＝0.101325MPa（兆帕）。

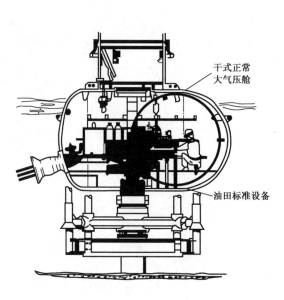

图 3-36　干式采油树

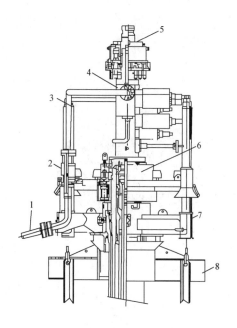

图 3-37　潜水员协助安装型湿式采油树
1—采油出油管线；2—液压出油管线连接器；3—采油树液流环管；4—采油树本体；5—采油树帽；6—采油树液压连接器；7—整体式导向框架；8—井口导向基板

湿式采油树的优点：在一定水深范围内可由潜水员方便地对设备进行安装、维护和操作，无需服务舱等配套设备；不需密封，避免了密封等方面的技术问题；结构简单。

湿式采油树的缺点：由于直接浸没在海水中，腐蚀严重，易受海底淤泥、海生物等的影响；水深超过一定限度后，结构很复杂，成本也很高。

2. 水下底盘

1）水下底盘的作用

（1）提供合适的井距，为钻井设备提供导引；

（2）减少钻井与开发之间的时间，使油田能较早投产；

（3）底盘井比较集中，可节省管线，操作简便，容易保护，操作费用低；

（4）底盘适用于固定式采油平台、浮式采油平台、张力腿半台，还可用于钻井和采油，灵活方便，能使钻井速度加快。

2）水下底盘的类型

（1）定距式底盘。

定距式底盘是一种井口座间距固定的小型底盘。

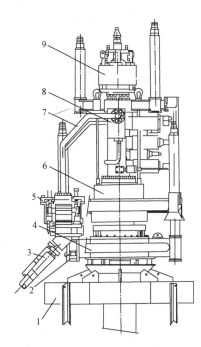

图 3-38　无潜水员协助安装型湿式采油树
1—井口导向基板；2—出油管线锁紧柱头；3—采油管线和控制脐带；4—整体式导向框架；5—出油管线连接器；6—采油树液压连接器；7—采油树流体环管；8—采油树本体；9—采油树帽

它的结构简单,在管线焊接的框架上有几个插座,供钻井导向用。定距式底盘又分为自升式(图3-39)和浮式(图3-40)两种形式。

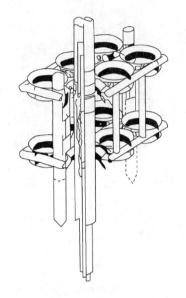
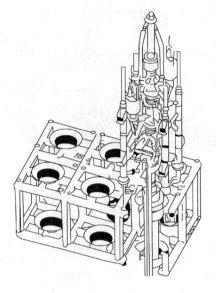

图3-39 定距式底盘(自升式)　　　　图3-40 定距式底盘(浮式)

定距式底盘仅有一个调平永久导向底座为各井调平,要求海床坡度小于5°,一般适用于井数不多(少于六口井)、水深小于60m的浅水海域。因此,除了回接到平台上这种生产系统外,其他生产系统不推荐使用。

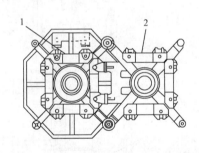

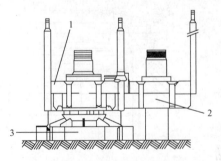

图3-41 组合式底盘
1—初始基础结构;2—悬臂井模块;
3—临时性导向底座

(2)组合式底盘。

当装卸底盘需要通过钻井船的"月槽",且油田特性和钻井数未知时,通常选用组合式底盘,如图3-41所示,这是一个"积木式"系统,一般能钻2~6口井,井口的多少取决于底盘组合的数量。组合式底盘的优点是构造尺寸不大,灵活方便,投资费用低,加上悬臂底盘就可增加井数。

(3)整体式底盘。

整体式底盘是一种大型的、整体的、具有固定尺寸的底盘(图3-42)。当水深超过61m,油藏特性和井数已知,海底条件不允许用组合式底盘时,可采用这种底盘。

整体式底盘由直径大于76cm的管线制成,包括井槽、调平装置(液压调平千斤顶、调平底座等)、井口插座、导向索孔眼、支承桩、定位桩等。这种底盘允许调整井距,使其与要求的平台开口相遇,可以采用最经济的底盘和平台。它的井数固定,可适用大数量的井,多达20口以上,其优点是可一次安装、节省时间。

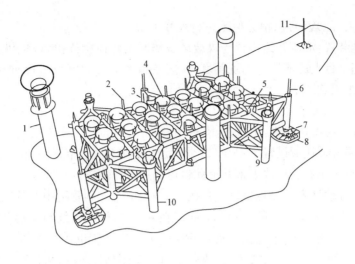

图 3—42　整体式底盘

1—定位桩;2—钻井导向柱;3—导向索孔眼;4—井口插座;5—井口底架提升孔眼;6—液压调平千斤顶;
7—锁紧装置;8—调平底座;9—井口底盘结构;10—支承桩套筒;11—挖出泥水平指示器

3. 水下管汇中心

水下管汇中心 UMC（Underwater Manifold Center）（图 3—43），其功能与一座固定平台相似,可通过底盘钻海底丛式井和连接卫星井;汇集和控制底盘井和卫星井产出的井液,通过海底管线输往附近的平台进行油气处理;将来自附近平台经过处理的海水注入注水井中,保持地层压力;输送来自水面的气体至各井口,实现气举;从上部设施通过 UMC 向各井泵送过油管 TFL(Through Flow Line)工具;向各井注入化学试剂;通过管汇对单井的产液特性进行测试和计量;实现从平台进行的遥控操作等。

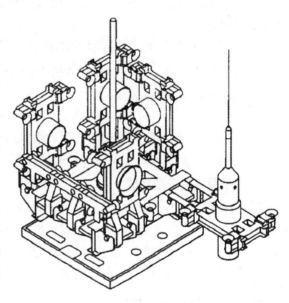

图 3—43　水下管汇中心

水下管汇中心主要由以下部分组成:

(1)底盘:底盘一般主要由大管径制成的结构框架组成,一方面为 UMC 下入海底提供浮力,另一方面也是钻井导向和设备支撑基座及其保护架。

(2)管汇系统和保护盖:从底盘井和卫星井产出的井液,在管汇聚集后通过海底管线输往平台,平台上经过处理的海水经管汇分配至各注水井。除此之外,管汇系统还具备油水井测试、压井、化学试剂注入、修井时的通道及管线清洗等功能。管汇根据油田不同的生产要求配置一定数量的管线,分别负责井液的测试和计量、注水分配、化学试剂注入及修井等。控制各系统通往各单井的阀门组沿相应的管线布置。

(3)电液控制与分配系统:控制系统设备永久性安装在水下管汇中心的结构上,易损坏的控制系统电液元件安装于可取式控制模块中,该控制模块可以是一个阀门组,控制模块的安装位置使水下机器人(ROV)可以很方便地进行维修和操作。

(4)液压储能装置:液压储能装置与供液设备和回路管线相连接,以提供液压储能防止回压的过分波动,当平台上的液压泵出现问题时,储能器至少在24h(或一定时间)内可维持足够的液体压力使管汇正常工作。

(5)化学试剂注入装置。

(6)ROV轨道:为便于维修,可以用ROV拆卸水下管汇中心和控制系统的组件,因此在各阀门组和控制系统模块旁设置了ROV作业轨道(沿轨道两边布置)。轨道置于水下管汇中心的中部,ROV将从作业船释放下来并沿此轨道到达工作位置。

(7)连接卫星井输油管线和控制管线用的"侧缘":卫星井到管汇中心的输油管线和控制管线用的连接设备,沿着底盘结构的每一侧分布。在入口端,输油管线与安装在四边的配套连接件相连,控制管线和液压管线也连接在相应的四边上。通往管汇中心的输油管线和控制管线在钻井船上用遥控操作工具拉入或连接,操作工具一般用钻杆下入,采用液压驱动方式完成拉入和锁定动作。

(8)前缘:水下管汇中心的前缘用来把输油管线、控制管线、液压管线和化学试剂注入管线与平台连接起来。前缘上还包括其余的供电管线、通信电缆、液压管线、化学试剂注入软管束、TFL服务管线等。

水下管汇中心可在恶劣海区和深海区安全可靠地进行油气田开发,也可与浮式生产系统配合开发边际油田,并对远离中心平台的卫星油田进行开发。

二、水下设备的控制系统

水下设备的控制系统一般安装在附近水面的设施上,如半潜式钻井船、FPSO等浮式生产系统,并通过海底管缆对水下设备进行遥控操作。

1. 控制系统的主要组成

控制系统主要由水面(平台)控制装置、水下控制装置、控制管束组成。水面(平台)控制装置包括动力装置(液压泵、液罐和储能器)、控制板(控制阀、指示器和控制线路)、阀件(压力调节阀和导向阀)、微处理机;水下控制装置包括导向阀、程序阀、控制板、储能器、微处理机和开关;控制管束由液压管线、金属电线组成。

2. 控制系统的主要功能

(1)开关水下采油树上的阀门;

(2)开关井下安全阀;

(3)传递井口的各种数据(如油管压力、套管压力、阀板的开度等)。

3. 控制系统的类型

1)直接液压控制系统

如图3—44所示,若要关闭水下采油树中的阀门1,则需要打开平台上直接液压控制板上的阀门1′,储能器中的高压液体经相应的液压管线(在软管束中),使阀门1动作(关闭),若阀门1为常闭,打开的原理也一样。

2)导向液压控制系统

平台控制装置中的各导向阀,预定有不同的压力。若要关闭水下采油树中的阀门1,导向阀门

1″让所预定压力的高压液体(用压力调节器调节)作用于水下控制盒中导向阀门1′,使水下储能器中的高压液体流经导向阀1′,作用于阀门1上,使其关闭。导向液压控制系统如图3—45所示。

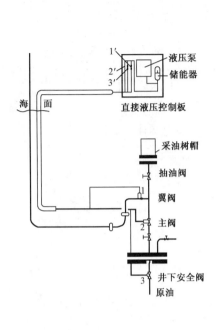

图3—44　直接液压控制系统
1,1′,2,2′,3,3′—阀门

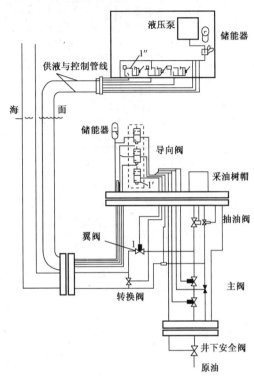

图3—45　导向液压控制系统
1,1′,1″—阀门

3)程序液压控制系统

在控制板的控制下,液压调节器可以产生一系列大小不同的压力,每一个压力对应控制一个水下采油树的阀门。当某一控制压力沿着导向管线传到程序阀的输入端时,程序阀就从一个位置移到另一个位置。每一个位置都有一个输出端,每个输出端控制一个导向阀,每个导向阀又控制一个采油树阀门。因此,一条导向管线通过程序阀可以控制多个水下采油树的阀门。程序液压控制系统如图3—46所示。

4)电动液压控制系统

平台控制装置中的控制板发出一个控制信号,控制电流沿导线传到水下电磁阀的线圈上,使电磁阀产生动作,让高压液体经供液管线进入程序阀某一位置,由于程序阀不同位置接有不同的梭阀,故在某一位置时,供液管线使某一位置的梭阀动作,打开或关闭相应的阀门。电液控制系统如图3—47所示。

5)复合电动液压控制系统

如图3—48所示,平台控制系统将操作命令的电信号经过平台上的微处理机转变为电码信号,经一对电缆线把电码传到安装于水下采油树上的微处理机,处理后将电码信号转变为驱动电磁阀线圈的电流,使电磁阀动作,进而控制水下采油树的某一个阀门。

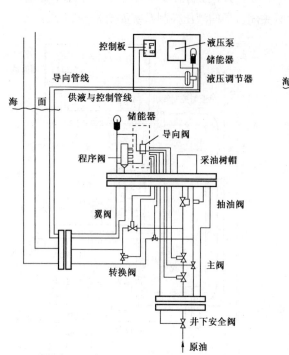

图 3-46　程序液压控制系统

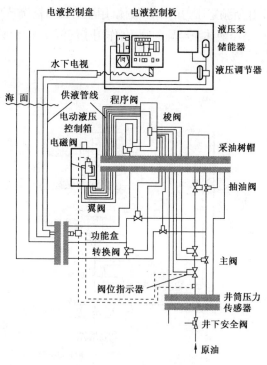

图 3-47　电动液压控制系统

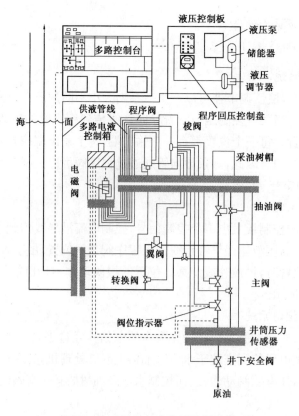

图 3-48　复合电动液压控制系统

6)声波控制系统

通过平台控制装置发出不同频率的声波,使水下采油树某个阀门动作,如图3-49所示。

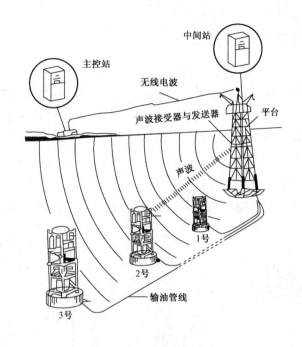

图3-49 声波控制系统

上述六种控制系统的简单工作原理如图3-50所示。

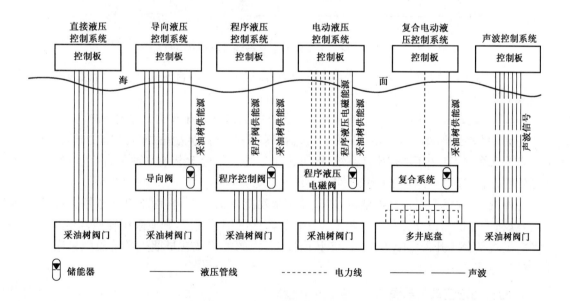

图3-50 六种控制系统工作原理对比图

第四节 海上生产系统的选择

一、海上油气田生产设施选择

海上生产系统各有其特点和适用条件,在选择时应根据本油田采油作业的需要、作业区域的水深、海况等具体情况,按照投资少的原则,综合考虑平台的建造成本等经济因素,对每种生产系统进行可行性研究。经过对比分析,最后选择一种较为合理的方案。考虑的主要因素包括:水深、油田地理位置及规模、海底地形、开发油田所需的井数、海况条件、修井的要求、生产介质和采油工艺要求等。

1. 水深

水深对海上生产系统的选择影响较大,水深和采油平台的选择关系如图3—51所示。

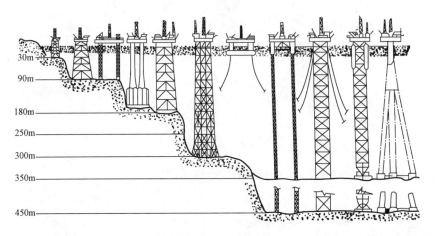

图3—51 水深和采油平台的选择形式

在浅水海区,一般选用桩基导管架式采油平台,也可以采用自升式钻井平台改装的采油平台或人工岛。

在较深的水域,宜选用较大型的桩基导管架式平台或混凝土重力式平台。

在更大的水深区域,宜选用顺应式平台,包括牵引塔式平台、浮力塔式平台和张力腿式平台。

在深水海区,宜选用浮式生产系统,既可选用半潜式平台改装的采油平台,也可选用生产储油轮的方式,还可采用水下(海底)采油系统。

另外,在浅海区产量不高的油田,应该使用单功能的海上平台,而不宜建造综合性的大型平台,以利于加快油田开发和降低费用。在较深海区的中小油田,则应采用轻型自足式平台或微型自足式平台。开采年限很短(4~5年内即采完)的油田或在早期生产阶段则采用移动式平台较为经济。

2. 油田地理位置及规模

如果油田离岸较近,可考虑管输上岸,在陆上建油气处理厂,进行油气分离、储运或采用人工岛方案。如果油田离岸较远,且为产量较低的边际油田,可考虑选用浮式生产系统,充分利用浮式生产系统可重复利用的特点。如果油田产量较大,水深较浅(小于10m),可考虑采用人工岛方案。

对于面积较大的油田,用一个固定平台难以开发,可以在平台以外控制不到的地方钻一些卫星井,采用水下完井,再连接到平台上,或建若干卫星平台,或采用两个、多个平台的生产系统。

3. 海底地形

对于海底地形平坦、土质坚硬的海域可考虑采用混凝土重力式平台;对于土质松软、海底不平坦的海域,则考虑采用固定平台或其他形式的设施。

4. 开发油田所需的井数

根据每种生产系统的平台或浮体最多所能容纳的井数不同,选用不同的生产系统。固定平台生产系统所容纳的井数最多,浮式生产系统所容纳的井数最少,所以在选用时应根据每种生产系统最多容纳的井数来考虑。但对于深水、面积大的油田,用一个单平台生产面积又稍小,也不经济,井数又可满足时,则可考虑采用半潜式浮式生产系统。

5. 海况条件

对环境恶劣的浅水中小油田,可考虑钢导管架平台,对深水中大油田,可考虑张力腿平台或绷绳塔式平台。采用半潜式或油轮式浮式生产系统,对环境恶劣的海况条件适应性不如前两种平台。

6. 修井的要求

水下井的维修费用高,所以在选择时尽量考虑井口能放在平台上的生产系统(如固定平台生产系统和张力腿浮式生产系统),不考虑采油树放在海底的半潜式或油轮式浮式生产系统。

7. 生产介质和采油工艺要求

对于气井、凝析油井、出砂井、作业频繁井等需要用电潜泵或水力活塞泵开采的井,尽量不考虑选用浮式生产系统,应采用水下完井。

二、典型海上油气生产设施组合

由于油田特征、地理位置、规模和海洋环境的不同,往往采用不同的生产设施的组合形式来满足油气田开发的需要。在生产实践中,经常采用以下几种生产设施的组合。

1. 井口平台+浮式生产储油轮(FPSO)

这类生产系统由一座或几座不同功能的井口平台和具有油气处理、原油储存及外输的浮式油轮组成。井液从油井流出后,在井口平台经过简单的计量,经海底管线通过单点输送到浮式生产储油轮,浮式生产储油轮上安装有油气处理系统,原油经处理合格后输送到储油舱储存,再用穿梭油轮将原油运走。我国大部分海上油田都采用这种组合方式,如涠洲10-3、渤中34、绥中36-1实验区等。图3-52为绥中36-1油田一期开发工程设施示意图。

2. 井口平台+中心处理平台+储油平台及输油码头

该生产系统由一座或几座不同功能的井口平台、具有油气处理能力的中心平台、若干个原油储罐组成的储油平台、输油码头组成。井口平台来液在中心平台进行分离处理,合格原油输送到储油平台储存,穿梭油轮在油码头系泊后,将储罐中的原油输送到穿梭油轮并运走。例如,渤海湾的埕北油田,其工程设施图如图3-53所示。

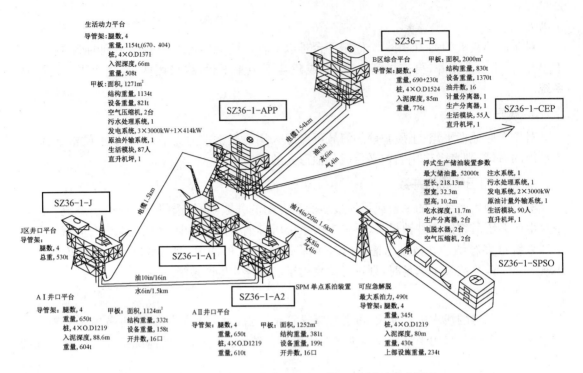

图 3—52 绥中 36—1 油田一期开发工程设施示意图

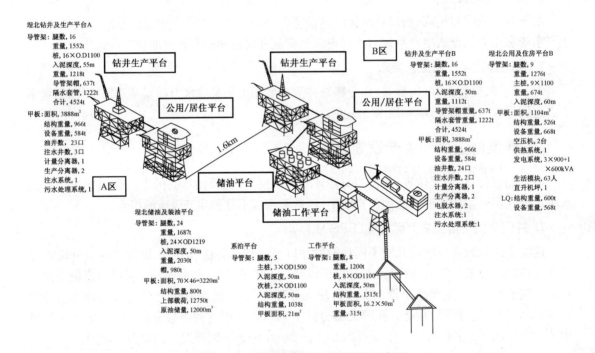

图 3—53 埕北油田开发工程设施示意图

3. 水下井口＋浮式生产系统(FPSO)

该生产系统由若干个水下井口和具有油气处理、原油储存及外输的浮式油轮组成。由水下采油树、水下管汇组成的水下生产系统将原油通过海底管线输送至 FPSO 上进行油气分离处理,合格原油储存在 FPSO 上的油舱中,并由穿梭油轮将原油送走,如南海流花 11—1 油田(图 3—54)。

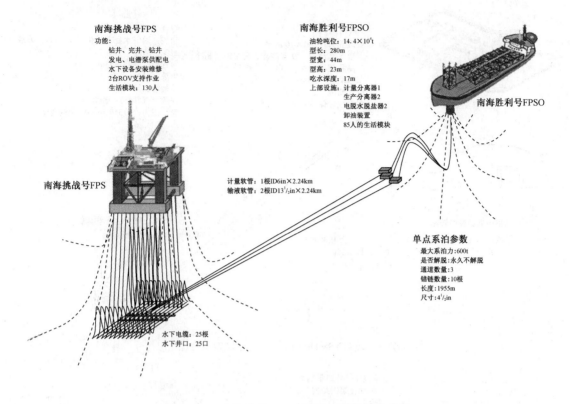

图3-54 南海流花11-1油田工程设施示意图

南海流花11-1油田所在水深310m,在浮式钻井/采油平台与海底井口之间,使用了25条为井下25口井的电潜泵供电的动力电缆,4条主液压控制管缆,1条水下生产系统辅助测压缆。

4. 海上固定平台+陆上终端

生产系统由海上若干座固定平台(井口平台和中心处理平台)和具有一定处理能力的陆上终端组成。海上气田的天然气在固定平台脱水和增压后,通过海底管线输送到陆上终端进行处理,并得到符合要求的产品。这类生产系统主要适用于海上气田或凝析油田以及距岸较近的油田,如锦州20-2凝析油田、平湖油气田(图3-55)、崖13-1气田、涠洲油田群、渤西油田群(图3-56)等。

5. 固定平台+人工岛

生产系统由若干座固定平台(井口平台或中心平台)和具有生产处理、原油储存及外输功能的人工岛组成,该生产系统目前在我国海域还没有采用。

6. 混凝土平台

混凝土平台除具有原油处理、原油储存和外输设施外,还可在平台上安置钻机进行钻井和修井作业。

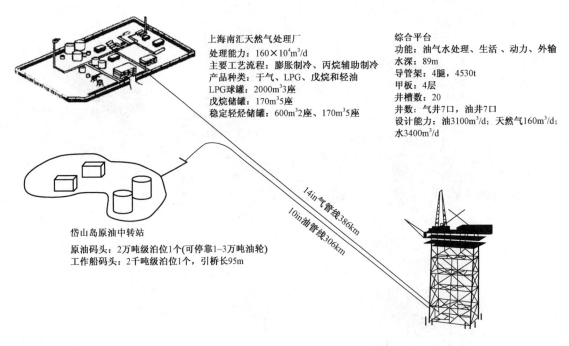

上海南汇天然气处理厂
处理能力：160×10⁴m³/d
主要工艺流程：膨胀制冷、丙烷辅助制冷
产品种类：干气、LPG、戊烷和轻油
LPG球罐：2000m³3座
戊烷储罐：170m³5座
稳定轻烃储罐：600m³2座、170m³5座

综合平台
功能：油气水处理、生活、动力、外输
水深：89m
导管架：4腿，4530t
甲板：4层
井槽数：20
井数：气井7口，油井7口
设计能力：油3100m³/d；天然气160m³/d；
水3400m³/d

岱山岛原油中转站

原油码头：2万吨级泊位1个(可停靠1~3万吨油轮)
工作船码头：2千吨级泊位1个，引桥长95m

14in气管线386km
10in油管线306km

图 3—55　平湖油气田开发工程设施示意图

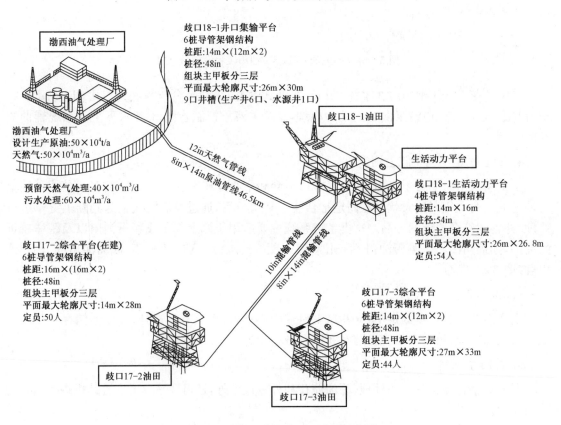

渤西油气处理厂

歧口18-1井口集输平台
6桩导管架钢结构
桩距：14m（12m×2）
桩径：48in
组块主甲板分三层
平面最大轮廓尺寸：26m×30m
9口井槽(生产井6口、水源井1口)

歧口18-1油田

生活动力平台

渤西油气处理厂
设计生产原油：50×10⁴t/a
天然气：50×10⁴m³/a

预留天然气处理：40×10⁴m³/d
污水处理：60×10⁴m³/a

12in天然气管线
8in×14in原油管线46.5km

歧口18-1生活动力平台
4桩导管架钢结构
桩距：14m×16m
桩径：54in
组块主甲板分三层
平面最大轮廓尺寸：26m×26.8m
定员：54人

歧口17-2综合平台(在建)
6桩导管架钢结构
桩距：16m×（16m×2）
桩径：48in
组块主甲板分三层
平面最大轮廓尺寸：14m×28m
定员：50人

10in混输管线
8in×14in混输管线

歧口17-3综合平台
6桩导管架钢结构
桩距：14m×（12m×2）
桩径：48in
组块主甲板分三层
平面最大轮廓尺寸：27m×33m
定员：44人

歧口17-2油田

歧口17-3油田

图 3—56　渤西油田群工程设施示意图

练 习 题

3.1 海上油气田生产系统的基本类型有哪些？

3.2 试述固定平台生产系统的主要组成及其类型。

3.3 试对比分析混凝土重力式平台和钢重力式平台的主要优缺点。

3.4 浮式生产系统的主要类型有哪些？请对比分析其主要构成和优缺点。

3.5 试述张力腿平台的类型、组成和优缺点。

3.6 水下生产系统的主要水下设备有哪些？

3.7 水下采油树主要包括哪几种类型？各自的特点是什么？

3.8 如何选择海上油气田生产系统？

第四章　海上油气井生产原理与技术

油气举升技术是任何油田贯穿其开发全过程的基本生产技术。各种采油方式有各自的工作原理、举升能力和对油井开采条件的适应性。采油方式的选择与油藏地质特点、油田开发动态、油井生产能力以及工作环境等密切相关，它直接影响原油产量和油田开发效果。

由于海上井口平台的面积有限，井与井之间的距离大约在 2～3m 左右，通常采用丛式井组开发，每个井组有 5～9 口井，丛式井的井距大约 400～500m。油井的垂直深度通常为 1500～1700m，造斜点一般在 500～700m，最大井斜角为 57°左右，某些井的最大狗腿度有时可以达到 6.67°/30m。由于海上生产平台的使用寿命一般在 20 年左右，因此需要在较短的时间内使井口平台的采油井产量达到最高，同时保证采油生产系统整体效率较高。

自喷采油是指油层能量充足，完全依靠油层天然能量将原油举升到地面的方式。它的特点是设备简单、管理方便、经济实用，但其产量受到地层能量的限制。由于海上油田初期投资大，且生产操作费用较高，要求油井在较长时间内保持较高的相对稳定的产量进行生产。然而油井的供给能力随着油藏衰竭式开采而减弱，因此油井自喷产量会逐渐降低。当油层能量较低或自喷产量不能满足油田开发计划时，可采用人工给井筒流体增加能量的方法将原油从井底举升到地面，即采用人工举升方式。

第一节　自　喷　采　油

一、油井井身结构

油井井身结构如图 4—1 所示。

海上油井套管程序主要为隔水导管、表层套管、技术套管和油层套管。隔水导管可将钻井或采油时的管柱与强腐蚀性的海水分隔开来。海上一般选用 30in[1] 套管作为隔水导管，井浅时也用 24in 或 20in 的。隔水导管下入深度一般在泥线以下 70～100m。

表层套管主要用于加固地表上部比较疏松易塌的不稳定岩层，并可防止浅层天然气的不利影响。表层套管一般选用 20in，极少数选用 13⅜in，下入深度为泥线以下 300～500m。

技术套管用于封隔某些高压、易塌或易漏失等复杂地层，保护井壁，维持正常钻进工作。技术套管常选用 13⅜in 和 9⅝in 等。井较深时，技术套管可以选用两层。

油层套管是钻开油层后必须下入的一层套管，用以加固井壁、封隔井深范围内的油气水层，保证油井正常生产。油层套管往往选用 7in 套管，井较深时，有时选用 7in 尾管悬挂在 9⅝in 套管下端，以节约钻井成本。

各层套管下好后，都需注入水泥使套管和井壁紧固在一起，这一工序称为固井。

油层套管内下入油管柱，它是原油、天然气从油层流向井口的通道。

钻井结束后下一道工序称为完井，通常用射孔枪将油层套管和水泥环射穿（射孔完井），称

---

[1] 1in=25.4mm。

为射孔完井,或采用筛管完井、裸眼完井等方法,构成原油从油井流向井底的通道,从而为采油做好准备。

二、自喷采油原理

自喷采油是完全依靠油层能量将原油从井底举升到地面的采油方式。

1. 自喷井的流动过程

自喷井生产系统包括四个基本的流动过程:从油藏到井底的流动——油层渗流;从井底到井口的流动——井筒多相管流或垂直管流;通过油嘴的流动——嘴流;从井口到计量站分离器的流动——地面多相管流或水平管流。自喷井管柱结构如图 4—2 所示。

1)油层渗流

流体从油层流入井底,流体是在多孔介质中渗滤,故称渗流。

对一口油井而言,其地层压力、油层渗透率、油层有效厚度、原油黏度、原油体积系数、供油(泄油)半径、井眼半径都是确定的,油井产量将随井底流压的变化而变化。油井产量与井底流压的关系称为油井流入动态,它反映了油藏向该井供油能力的大小。表示产量与井底流压的关系曲线称为流入动态曲线(Inflow Performance Relationship Curve),简称 IPR 曲线。对于单井来讲,IPR 曲线表示了油层的工作特性。典型的流入动态曲线如图 4—3 所示。

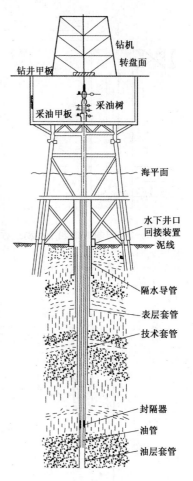

图 4—1 油井井身结构示意图

当井底流压高于泡点压力时,油藏中流体的流动为单相液流。在单相液流条件下,油层物性及流体性质基本不随压力变化,油井产量与压力关系可写成:

$$q_o = J_o(\overline{p}_r - p_{wf}) \tag{4-1}$$

式中　　q_o——油井产量,m^3/d;

　　　　J_o——采油指数,$m^3/(d \cdot MPa)$;

　　　　$\overline{p}_r$——平均地层压力,MPa;

　　　　p_{wf}——井底流压,MPa。

采油指数 J_o 反映了油层性质、流体参数、完井条件及泄油面积等与产量之间的关系,其数值等于单位压差下的油井日产油量,因而可用 J_o 的数值来评价和分析油井的生产能力。

当地层压力低于泡点压力时,油藏中流体的流动为气液两相流。描述气液两相流动压力与产量的沃格尔(Vogel)方程为:

$$\frac{q_o}{q_{omax}} = 1 - 0.2\frac{p_{wf}}{\overline{p}_r} - 0.8\left(\frac{p_{wf}}{\overline{p}_r}\right)^2 \tag{4-2}$$

式中　　q_{omax}——井底流压为 0 时的油井最大日产油量,m^3/d。

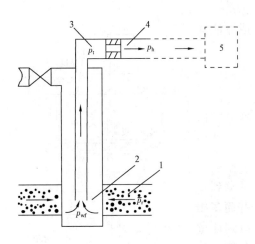

图4-2 自喷井的四个流动过程示意图
1—地层压力；2—井底流压；3—油压；4—回压；5—计量装置

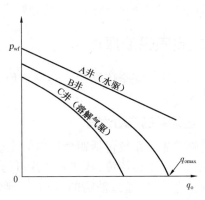

图4-3 典型的油井流入动态曲线

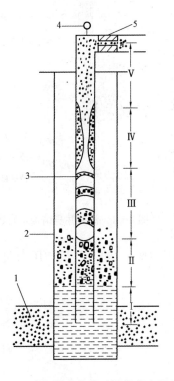

图4-4 油气混合物流动结构状态示意图
1—油层；2—套管；3—油管；4—油压表；
5—油嘴；Ⅰ—纯油（液）流；Ⅱ—泡流；
Ⅲ—段塞流；Ⅳ—环流；Ⅴ—雾流

2）垂直管流

当油井的井口油压高于泡点压力时，井筒油管内流动的是单相液体；当井底流压低于泡点压力时，则整个油管内都是气液两相流动；当井底流压高于泡点压力而井口油压低于泡点压力时，油流上升到压力低于泡点压力的某一油管柱高度时，原油中溶解的天然气开始分离出来，油管中便由单相液流变为气液两相流动。

气液两相流动的流动形态（流型）与单相管流有很大差别，流动过程中的能量供给和消耗要比单相流复杂得多。油气混合物的流动形态是指流动过程中油气的分布状态，如图4-4所示，它与溶解气油比、流速及油气的界面性质有关。不同流动形态的混合物有各自的流动规律。

（1）泡流。

当井筒压力高于泡点压力时，天然气溶解在原油中，油管中只有液体流动，称为纯油（液）流，如图4-4（Ⅰ）所示。纯油（液）流的特点为：油（液）流呈单相流动，油气没有分离，油气无相对运动，不产生滑脱损失。由于油（液）流速度较低，摩擦阻力较小。

如图4-4（Ⅱ）所示，当井筒内流体的压力稍低于泡点压力时，部分溶解气从原油中分离出来，由于气量少，压力高，气体都以小气泡分散在液相中，气泡直径相对于油管直径要小很多，这种流动称为泡流。

由于油气密度的差异和泡流混合物的平均流速小，因此，在混合物向上流动的同时，气泡上升速度大于液体流速，气泡将从油中超越而过，这种气体超越液体的现象称为滑脱。

泡流的特点：气体为分散相，液体为连续相；气泡的流速大于液体的流速，即存在相对运动，滑脱现象比较严重；气体举油主要依靠气体的摩擦携带作用，举油效果差。由于液流速度不大，摩擦阻力仍然很小。

（2）段塞流。

混合物继续向上流动的过程中,压力逐渐降低,气体不断膨胀,小气泡将合并成大气泡,直到能够占据整个油管过流断面时,在井筒内将形成一段油一段气的结构,如图4—4(Ⅲ)所示。这种流动形态称为段塞流。

段塞流的特点:气体为分散相,液体为连续相;气液间相对运动小,滑脱损失少。气体举油的作用表现为气泡托举着液柱向上运动,气体的膨胀能得到很好的发挥和利用。

（3）环流。

当混合物继续向上流动,压力不断降低,随着气体的分离和膨胀,气体的段塞不断加长而突破液体段塞,形成中间为连续气流(气流中可能存在分散的小液滴),管壁附近为环形液流的流动形态,这种流动形态称为环流,如图4—4(Ⅳ)所示。

环流的特点:气液两相都是连续相;气体举油作用主要依靠气体的摩擦携带;滑脱损失变小;摩擦损失变大。

（4）雾流。

混合物继续上升,如果压力下降使气体的体积流量增加到足够大时,油管中央流动的气流越来越粗,沿油管壁流动的油环厚度越来越薄。绝大部分的液体都以小液滴分散在气流中,这种流动形态称为雾流,如图4—4(Ⅴ)所示。

雾流的特点:气体为连续相,液体为分散相;气体以极高的速度携带液滴喷出井口,摩擦损失大;气液之间的相对运动速度很小,滑脱损失小。气体举油的作用主要依靠气体的摩擦携带,由于气流速度很大,摩擦阻力也很大。

由于流动主要取决于井筒内压力的变化和气量的多少。实际上,在同一口井内,一般不会出现完整的流动形态变化。凝析油田一般出现雾流,而溶解气油比不太高的油井一般出现段塞流,出现环流或雾流的可能性很小。

3）嘴流

如图4—5所示,油气混合物从井底到达井口时,在油嘴前的油压 p_1 和油嘴后的回压 p_2 作用下通过油嘴。由于此处气体膨胀,混合物体积流量很大,而油嘴直径又很小,当流体的流速达到压力波在流体介质中的传播速度即声波速度时的流动状态即为临界流动,此时质量流量与油嘴前后压力比 p_2/p_1 的关系如图4—6所示。

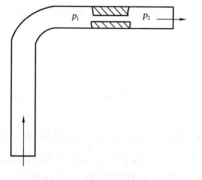

图4—5　嘴流示意图

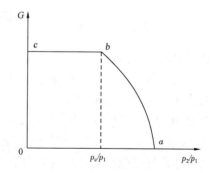

图4—6　$G=f(p_2/p_1)$关系

图4—6中 G 是流体的质量,p_1 与 p_2 是油嘴前后的压力。从图中可以看出,当 $p_1=p_2$ 时,$G=0$。在曲线 ab 段上,当压力比 p_2/p_1 逐渐减小时,流量 G 逐渐增加。但当流量 G 增加到某一定值(最大值)时,继续减小压力比,流量并不增加,而保持定值如直线段 bc 所示。

在临界流动条件下流量不受嘴后压力变化的影响,而只与嘴前压力、嘴径及气油比有关。根据国内外数百口井的资料统计,通常采用的嘴流计算公式为:

$$q = \frac{4d^2}{R^{0.5}} p_t \qquad (4-3)$$

式中　　q——产油量,t/d;

　　　　R——气油比,m^3/t;

　　　　d——油嘴直径,mm;

　　　　p_t——油压,MPa。

对于含水井,嘴流计算公式为:

$$q_t = \frac{4d^2}{R^{0.5}} p_t (1 - f_w)^{-0.5} \qquad (4-4)$$

式中　　q_t——产液量,t/d;

　　　　f_w——含水率,小数。

在实际应用时,应根据油田具体条件,收集分析与油嘴有关参数的资料,对上式加以校正,得出适合于本地区的计算公式。

当油嘴直径和气油比一定时,产量 q 和井口油压 p_t 呈线性关系,如图4-7所示。只有满足油嘴的临界流动,整个生产系统才能稳定生产。即使井口回压有所变化,油井产量也不发生变化。

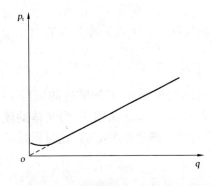

图4-7　油嘴油压与产量的关系

4)水平管流

流体进入出油管线后,沿输油管线流动,为多相近似水平管流。

2. 流动过程中能量的供给与消耗

油层能量的大小主要表现为压力的高低,能量的消耗主要表现为压力的损失。

1)地层渗流的能量供给与消耗

原油在地层中流动时,能量来源于地层压力和气体的膨胀能,能量消耗主要是流体克服在多孔介质——岩石中的渗滤阻力。

地层渗流的压力损失占总压力损失的 10%～15%。

2)井筒多相管流的能量供给与消耗

原油在井筒中流动时,能量来源于井底流压和气体的膨胀能,能量消耗主要是克服井筒内液柱重力、原油与井筒管壁的摩擦阻力和滑脱损失(在多相垂直管流中存在)。液柱重力受原油密度、含水量、溶解气和浮力等影响;原油流动与管壁的摩擦阻力主要与流体黏度大小有关;滑脱损失是指气液两相流沿垂直管向上流动,由于气体轻流速快,气相超越液相流动,未能参与举油而损失掉的一部分能量。井筒多相管流压力损失占总压力损失的 30%～80%。

3)嘴流的能量供给与消耗

油气通过油嘴时,能量来源于井口油压,能量消耗为油嘴的节流损失。油气通过油嘴节流后的压力损失一般占总压力损失的 5%～30%。

4)水平管流的能量供给与消耗

在多相水平管流过程中,能量来源于井口回压,能量消耗主要是流体通过各种管线时产生的局部水力损失和沿管线流动的沿程水力损失等。压力损失一般占总压力损失的5%～10%。

从以上四种流动过程的压力损失可以看出,油井多相管流的压力损失所占比例最大。

流体从地层流到地面分离器的总压力损失等于各个流动过程所产生的压力损失之和,即:

$$\Delta p = \Delta p_{地层} + \Delta p_{井筒} + \Delta p_{油嘴} + \Delta p_{地面管线}$$

当地层压力大于各个流动过程所产生的压力损失之和时,油井就能够自喷生产。

三、自喷井井口装置和管理

典型的自喷井井口装置如图4-8所示。

1. 井口

井口装置主要由套管头、套管四通和油管头组成。

套管头和套管四通的作用是连接各层套管、密封各层套管间的环形空间,钻井时承托防喷器,钻井完成后可承托油管头和采油树。

海上钻井时,在泥线位置还需多设一组套管回接装置,其作用是将泥线上下的套管拆开或连接起来,供钻井停工或回接时使用。自升式平台钻井时使用的泥线悬挂器和半潜式平台钻井时使用的水下井口都是这种套管回接装置的不同形式。

油管头座于套管四通之上,其作用是悬挂油管,密封油管和油层套管的环形空间,油管头有时又被称为大四通。

油管头内有油管挂,油管挂除悬挂油管外,其中内部螺纹还可安装一个背压阀,油井射孔之后,可将背压阀通过防喷器装入油管挂。拆除防喷器后,背压阀能密封油管挂,以防止万一发生的井喷现象。待安装好采油树后,可从采油树顶端用专门的取送工具将背压阀拆除,便可进行洗井、诱喷和采油作业了。

2. 采油树

采油树安装在油管头之上,其主要作用是控制和调节油井生产。采油树可以取样,测量必要的参数(如套压、油压等),通过油管或油套管环空有控制地压入或放出液体,并便于油井的操作、修理和更换部件。

采油树主要由油管帽(变径法兰)、总阀门(主阀)、油管四通(小四通)或三通、生产阀门(翼阀)、修井阀门(顶阀)、采油树帽和节流器(油嘴)组成。总阀门和生产阀门通常各有两个,其中一个是手动的,另一个即是井上安全阀,由液压或气压控制,在油井遇到紧急情况时可自动或人工切断。

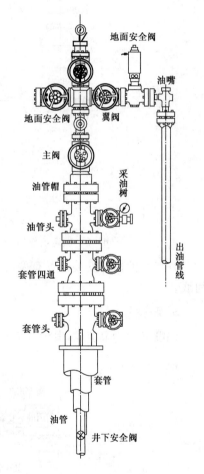

图4-8 自喷井井口装置

图 4-9 是 API 推荐的额定工作压力为 1000psi[1]的典型井口设备和采油树结构。

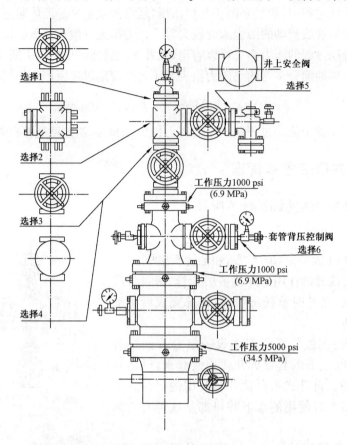

图 4-9 额定工作压力为 1000psi(6.9MPa)的典型井口设备和采油树结构

井口采油树的安装位置有两种,一种是安装在水面之上的平台上,另一种是直接安装在海底。

3. 油嘴

油嘴又称为节流器,其形式有可调式和固定式两种,如图 4-10 和图 4-11 所示。

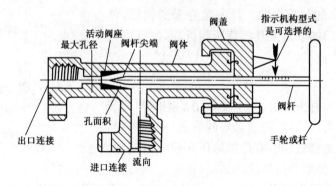

图 4-10 可调式油嘴

---

[1] 1000psi(磅/英寸²)=6.9MPa(兆帕)。

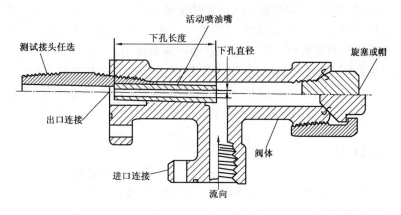

图 4-11　固定式油嘴

油嘴安装在采油树的出口端,其工作原理是利用其孔径很小的节流作用,来控制采油量,使油井在最合理的参数下工作。

原油通过油嘴后,压力突然降低。油嘴前的压力称为油压,它表示井底流压举升原油到达地面后的剩余压力。油嘴后的压力称之为井口回压,是井口到分离器管道阻力和分离器压力之和。套压由套管压力表指示,它表示油、套管环形空间的气体压力。油套管压力反映油井生产状况的变化。

油田开发时,往往是多口油井一起生产,因此不希望反映系统压力的回压发生变化时,影响每一口单井的压力和产量。研究表明,当 $p_2/p_1 \leqslant 0.546$ 时,回压 p_2 的变化不会影响油压 p_1 和油井产量。

4. 油井结蜡和清蜡

对于溶有一定量石蜡的原油,在开采过程中,随着温度、压力的降低和气体的析出,溶解的石蜡便以结晶析出、长大聚集并沉积在管壁等固相表面上,即出现所谓的结蜡现象。

越接近井口部分,结蜡也越严重。油井结蜡一方面影响着流体举升的过流断面,增加了流动阻力;另一方面影响着抽油设备的正常工作。

处理油管结蜡的方法称为清蜡。清蜡方法很多,有机械清蜡、热油清蜡、化学清蜡、电热清蜡等。我国陆上油田常用刮蜡片等机械清蜡方法,海上油田多采用化学清蜡方法。

从采油树到测试阀组管段,因温度、压力更低,结蜡更为严重。该管段的清蜡方法一般视管段长度而定。若长度较短,多采用蒸汽伴热或电伴热清蜡;若长度较大(指采油树和测试阀组不在一个平台组中),则常用清管器清蜡,即在采油树出口建一个清管器发送装置,以发送通常是球形的清管器,测试阀组前有一个接收装置来接收清管器及清除的蜡。

5. 自喷井生产管理

为了管理好自喷井,充分发挥油层的潜力,使油井长期稳产、高产,首先必须要取全取准油井生产资料,依据这些资料对油井进行分析,再确定合理的生产压差来控制地层中油气水的流动和地层压力平衡或压力下降速度,保证油井在合理的工作制度下正常生产。

由于海上采油成本较高,在一切合理的情况下,保持油井高产量自喷生产是十分重要的。自喷产量和压力通常随着地层压力的衰竭而变化,一般情况下,如果油井的所有参数不变,自喷井的变化趋向于一个较低的产量。为补偿产量的自然递减,可以改变设备或工作参数以保持所期望的产量。变换油嘴以降低井口压力或降低分离器压力是最简单和最常用的调节方法。油嘴直径变化对自喷的影响类似于气液比的影响,油管直径增大会提高自喷产量,直到达到临界直径。此后,直径增大,产量降低,这是由于压力损失以摩阻为主转变为以重力损失为主,因此,选择合适的油管直径直接影响油井自喷产量和能力。

油井的合理生产压差就是油井的合理工作制度。合理工作制度是指在目前的地层压力下,油井以合理的井底流压和产量进行生产。油井的合理工作制度是根据不同的开发条件来确定的,即使是同一油井在不同阶段的合理生产压差也是不同的。一般油井的合理工作制度可归纳为以下几点:

(1)保证油田具有较高的采油速度;

(2)不断改善油层的流动系数,保持采油指数稳定,使原油产量维持在一定的水平上;

(3)保证水驱前沿均匀推进,无水采油期长,见水后含水上升速度慢;

(4)避免油层坍塌,控制含砂量;

(5)对于注水油田,要保持注、采平衡,使油井有旺盛的自喷能力;

(6)对于溶解气驱油藏,合理控制压差,尽可能利用气体能量,使油井高产、稳产;

(7)对于注水效果差或能量不充足的油井,合理利用地层能量,保持生产稳产;

(8)对于析蜡点较高的油井,要合理控制油井产量,尽量减少结蜡对油井生产的影响。

油井合理的工作制度可以用试井方法来确定。稳定试井一般是连续换3～4个相邻油嘴,每换一个油嘴后油井生产稳定时取各项资料(如流压、产量、气油比、含砂等),然后绘制油嘴与所取数据的关系曲线。通过比较,可以选择产量较高,气油比较低,油井流压较为合适,含水、含砂较小,能稳定自喷,且生产情况没有太大波动的油嘴作为生产油嘴。

根据上述原则确定的合理工作制度,在生产情况发生变化时要进行调整,如改变采油速度保持地层压力平衡;改变采油方法控制含水、含砂上升过快;进行堵水、酸化、压裂提高产能等。

海上油井自喷的生产管理是复杂的,不但要考虑技术因素,还要考虑经济效益。例如,控制产量能控制含水上升过快、出砂等,但控制产量,又会提高采油成本。因此要根据本油田的实际情况,进行全面的分析和评价,确定合理的工作制度。

四、油井安全系统

对自喷井来说,由于油井压力很高,井口发生火灾或采油树失控等事故可能造成很大的危害,因此井口系统应该有一定的安全措施。对海上平台来说,由于井口装置集中,再加上海上交通不便、救生困难等因素,安装井口安全系统就显得十分必要。

图4-12为井口安全系统示意图,系统各组件分析如下。

1. 易熔塞

用于发生火灾时泄放低压控制气体,从而促使关闭油井。易熔塞安装在井口附近的 ESD(紧急切断)管线上,若温度高于预定温度(有的系统定为123.8℃),证实火灾发生,易熔塞熔化,从而放出 ESD 管线内气体,导致关井,同时启动消防泵,喷水冷却、灭火。

2. 高低压监控报警器

高压监控器和低压监控器安装在油嘴后的出油管线上。当管线压力过高或过低(如输油管路破裂)时,该监控器便可监测到信号,送到控制盘,导致关井,同时启动警铃、警灯报警。

3. 紧急切断站

紧急切断站又称 ESD 站(Emergency Shut Down Station),可装在直升机甲板、救生艇站等处,既可遥控,又可手动。在紧急状况下,从平台不同部位遥控或手动切断所有井口油流。

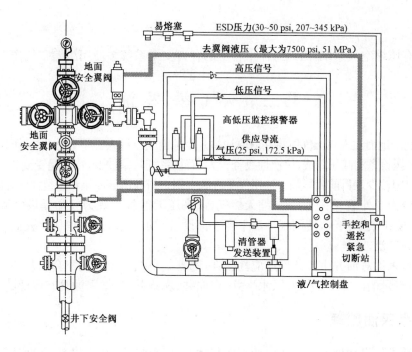

图 4-12 井口安全系统

4. 液/气控制盘

由外部提供天然气源或压缩空气源,利用气动液压泵产生液压,靠液压打开地面和井下安全阀,使油井正常生产。在温度和压力异常时气体放空,液压系统压力下降,安全阀自动关闭,导致关井。平台上控制盘一般装在中央控制室,一个控制盘可以控制所有采油井口,控制盘上还有手控装置,可人工切断油井生产。

5. 地面安全阀

地面安全阀常以 SSV 表示(Surface Safety Valve),依安全保证程度要求不同,或在翼阀位置安装一个安全阀,或在翼阀、主阀位置各安装一个安全阀(图 4-12),多数地面安全阀选用全开、压力启动常闭型闸阀,阀体往往与采油树上同位置的阀体一致,仅在阀盖以上部分,不装手动装置而装上驱动器。驱动器有气压驱动和液压驱动两种类型,(图 4-12 使用的是液压驱动)。油井正常生产时,靠液(气)压驱动,阀门处于全开状态,遇事故时驱动压力下降,阀门在弹簧力的作用下,自动关闭。

地面安全阀由下列方式关闭:

(1)温度异常,易熔塞熔化;

(2)压力异常,高低压监控器促动;

(3)需要时对控制盘和 ESD 站进行人工切断。

6. 井下安全阀

井下安全阀常以 SSSV 表示(Subsurface Safety Valve),通常安装在油管中初始结蜡点以下,常见深度为井下 30～300m。井下安全阀一般由一个被压缩弹簧和操作球阀机构的活塞组成。液压由穿过油管挂的 ½ in 管线从地面送来,只要液压存在,阀门便保持打开状态。当液压释放时,弹簧力和井压促使活塞向上运动,且旋转阀球至关闭位置。所以井下安全阀是一个压力启动、常闭型球阀。

7. 气源

由于拥有压缩空气系统,因此海洋平台上的井口安全系统多使用压缩空气作为气源。

第二节 气 举 采 油

气举是利用地面注入高压气体将井内原油举升至地面的一种人工举升方式。由于气举采油需要一套气体增压设备和高压管线,一次性投资较大,而且系统效率较低,特别是受到气源的限制,一般陆上油田应用较少。目前我国陆上油田气举方法多用于新井诱导油流和压裂酸化井的排液。

海上平台为了外输,往往需要压缩天然气,该高压天然气正好为气举提供气源,而且平台上油井集中,便于集中供气,使用气举法平台上部设备增加不多,成本也往往较低,在国外海上油田应用最为广泛。

由于气举采油对油井生产条件适应性较强,随着气举技术及有关配套工艺的完善,在高气油比油井、高产量的深井、海上油井、水平井、定向井、丛式井,气举采油具有广泛的应用前景。

一、气举采油原理

气举采油是依靠从地面注入井内的高压气体与油层产出流体在井筒中的混合,利用气体的膨胀使井筒中的混合液密度降低,将流入到井内的原油举升到地面的一种采油方式。

使用气举法时,平台上需有一套提供注入气体的分离、压缩等设备,称为气举系统。

气举系统流程如图4—13所示。通过气举采出的油气混合物经高压分离器分离,分离出的气体经三级压缩提高压力后打回井筒进行气举,如此循环往复。每级压缩后都有水析出,可进行分离并用分子筛干燥。油井投产初期,没有天然气可供压缩,因此需用氮气。氮气由空气中分出,如天然气一样经三级压缩,一旦生产系统运转起来,产出的天然气便可取代氮气而正常工作。

气举采油的主要优点为:

(1)井下设备最初投资较低。

(2)气举采油深度和排量变化的灵活性大,举升深度可以从井口到接近井底,日产量可从1m³以下到3000m³以上。

(3)采油速度可在地面进行控制。

(4)井下无摩擦件,故适宜于含砂、含蜡和高含水(95%)的井。

(5)气举不受井斜的影响。

(6)相对其他机械采油方式而言,气举采油系统活动部件较少,因此维修间隔较长。

(7)气举采油操作费用通常较低。

(8)天然气压缩机等主要设备安装在平台上,因此便于检查和维护保养。该设备可用电源或天然气来带动。

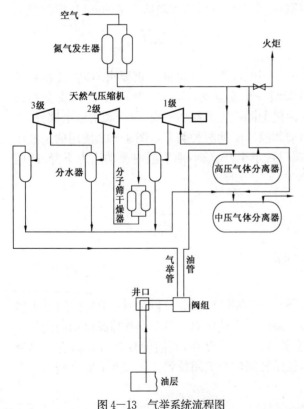

图4—13 气举系统流程图

气举采油的主要局限性：

（1）必须有天然气源，虽然可用空气、氮气、废气替代，但相比天然气来说，成本高且制备和处理困难。

（2）使用腐蚀性气体气举时，需增加气体的处理费用和防腐措施费用。

（3）连续气举在高压下工作，安全性较差；在注气压力下，含水气体易在地面管线和套管中形成水合物，影响气举的正常工作。

由于海上平台有气体压缩设备，所以气举采油适用于气油比较高的油气田。目前，气举采油在国外海上油田应用较多，尤其是海底完井的机械采油井多采用气举采油法。

二、气举采油分类

根据注气方式的不同，气举可分为连续气举和间歇气举。间歇气举具有循环特性，因此对于低产量油井选用间歇气举较为合适。对于高产量油井，选用连续气举更有效、更经济。根据井下管柱数量不同，气举方式又可分为单管式气举和双管式气举。下面分别对四种气举方式进行介绍。

1. 连续气举

连续气举就是将高压气体连续不断地注入井筒，通过气液混合来降低井筒中流体密度，从而降低井底流压，在井底形成足够的生产压差，使油气连续流出并举升至地面，达到开采目的。

连续气举的适应范围很广，无论是流体性质、产量范围还是举升高度，连续气举都有着良好的适应性。连续气举主要具有以下特点：

（1）适用产量范围广，在地面可实现产量调节；

（2）运动部件少，寿命长，能实现三年不动管柱；

（3）气举阀可通过钢丝作业进行更换，检修方便；

（4）相应的完井管柱可实现测试、压井和不压井作业；

（5）适应环境能力强，不受砂、气、井斜以及恶劣的地表环境等因素的影响；

（6）操作简单，容易实现集中化和自动化管理，运行成本低。

连续气举采油装置主要由井口装置和井下管柱两部分组成。图 4—14 是油套环空注气、油管生产的连续气举采油装置示意图，其井口装置与自喷井相似，注气管线与采油树套管阀门相连接，套管阀门外侧装有气体流量调节阀，用以控制注气量，气举井产出的气液混合流体经集输管线输往处理设备。连续气举装置的井下管柱一般采用半闭式，主要由气举阀和封隔器组成，为了便于气举井的测试，油管管鞋处安装喇叭口装置。

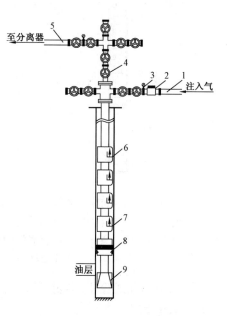

图 4—14　连续气举采油装置

1—注气管线；2—流量调节阀；3—压力表；

4—阀门；5—集输管线；6—卸载气举阀；

7—工作气举阀；8—封隔器；9—喇叭口

2. 间歇气举

间歇气举就是将高压气体周期性地注入生产管柱内,利用气体的膨胀能将停注期间在井筒内聚集的油层流体段塞举升至地面,从而排出井中液体的一种举升方式。间歇气举注入气体的频率取决于液体段塞进入油管所需的时间,注入气体时间的长短取决于液体段塞被输送至地面所需的时间。

间歇气举的主要技术特点:

(1)适用于低产井;

(2)运动部件少,工作寿命长,运行费用低;

(3)适应环境能力强,不受砂、气、井斜以及恶劣的地表环境等因素的影响;

(4)自动控制间歇注气时间,操作简单,易实现自动化管理;

(5)在油井投产、调试和管理上比连续气举复杂,由于间歇注气易引起注气系统压力波动,冬季生产易发生水合物冻堵,也可能影响系统内其他气举井的生产。

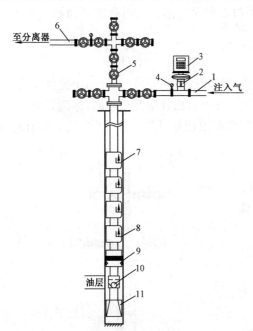

图4—15　间歇气举装置

1—注气管线;2—气动薄膜阀;3—时间控制器;
4—压力表;5—阀门;6—集输管线;7—卸载气举阀;
8—工作气举阀;9—封隔器;10—单流阀;11—喇叭口

间歇气举的配套工具与连续气举基本相同,只是地面装置增加了气动薄膜阀和时间控制器,如图4—15所示。间歇气举的配套工具主要由井口装置、时间控制器、气动薄膜阀、井下管柱等部分组成。气动薄膜阀是间歇气举中控制注入气的开关,与时间控制器配套使用。在时间控制器上设定间歇注气的周期,高压气经减压阀和过滤器变为低压后进入气动薄膜阀,控制气动薄膜阀打开或关闭,达到间歇注气的目的。间歇气举装置的井下管柱一般采用闭式管柱,主要由气举阀、封隔器和单流阀组成。

3. 单管式气举

单管式气举是将高压气体由油套环空(或油管)注入,气液混合物沿油管(或油套环空)举升至地面。井下管柱主要由封隔器和气举阀组成。该举升方式可采用较小尺寸的套管,因而投资较少;对层间差异大的多油层油井,可能产生层间干扰。对于大产量井,可采用油套环形空间生产。

如图4—16和图4—17所示,单管式气举的管柱结构可分为开式管柱、半闭式管柱、闭式管柱和腔室管柱等。

1)开式管柱

油管管柱不带封隔器且被直接悬挂在井筒内,开式管柱只适用于液面较高的连续气举井。

由于开式管柱的油套管是连通的,对于低产油井,当液面下降到油管管鞋时,注入气就会从套管窜入油管,造成注气量的失控。此外,气举井关井后再重新启动时,由于液面重新升高,必须将工作阀以上的液体重新排出去,不仅延长了开井时间,而且液体反复通过气举阀,容易对气举阀造成冲蚀,降低阀的使用寿命。

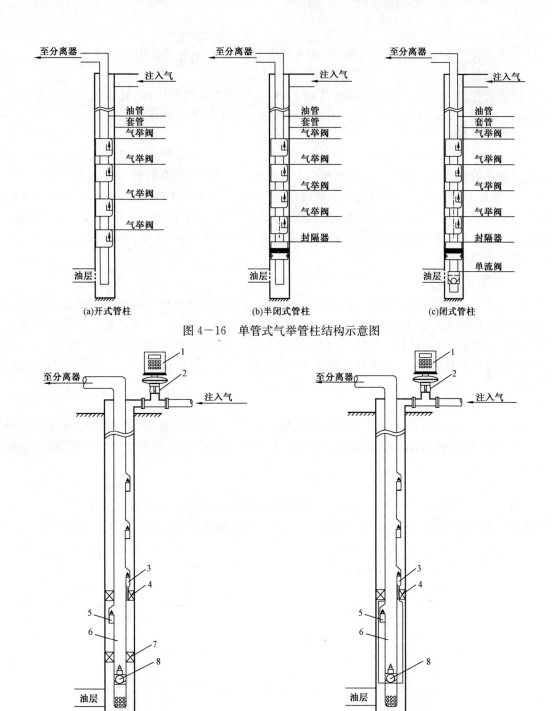

图 4-16　单管式气举管柱结构示意图

图 4-17　腔室气举管柱结构示意图

1—时间控制器；2—气动薄膜阀；3—可投捞腔室阀；4—旁通封隔器；

5—可投捞式卸荷阀；6—沉浸管；7—封隔器；8—可投捞单流阀

2）半闭式管柱

半闭式管柱是在管柱最末一级气举阀以下安装封隔器，将油管和套管空间分隔开，避免了因液面下降造成注入气从套管窜入油管，同时也避免了每次关井后重新开井时的重复排液过程。

半闭式管柱既适用于连续气举又适用于间歇气举,是气举井最常用的管柱结构。

3)闭式管柱

闭式管柱是在半闭式管柱结构的基础上,在油管底部装有单流阀,其作用是在间歇气举时,阻止油管内的压力作用于地层。闭式管柱一般应用于间歇气举井。

4)腔室管柱

图4-17为两种最基本的腔室气举管柱结构:封隔器式腔室管柱和插入式腔室管柱。封隔器式腔室管柱结构由两个封隔器在油层上部组成一个"腔室",它的容积比同等高度的油管容积大,因此油管内的液柱高度大大下降,减轻了作用在单流阀上的压力,有利于油井液面的恢复。插入式腔室管柱是将油管尾部插入到一个"腔室"中,"腔室"被下入到油层,以便能获取最大的生产压差,插入式腔室气举可以在井底压力很低的情况下,依靠液体的重力流入腔室,然后被举升到井口。

4. 双管式气举

双管式气举可同时生产两个以上油层,各层产液分别通过各自的通道流至地面。双管式气举的管柱结构可分为平行管柱(图4-18)和同心管柱(图4-19)。平行管柱结构相对应用得较多,一般应用在大口径套管井上;同心管柱结构主要应用在套管直径较小的油井上。双管式气举管柱结构比较复杂,井下作业难度大,施工费用高,气举阀的设计、配置比较困难,使用得比较少。

1)平行管柱

如图4-18所示,高压气体由油套环空注入,各层产液分别通过两平行管柱被举升至地面。平行双管式气举的优点是启动压力较低,气举效率较高,可进行单井多层分采,缺点是操作复杂。

2)同心管柱

如图4-19所示,高压气体由同心管的环形空间注入,各层产液分别通过中心管和油套环空被举升至地面。同心双管式气举主要用于套管直径较小的油井,适宜单井多层分采作业。

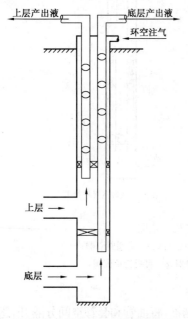

图4-18 平行管柱气举井结构图

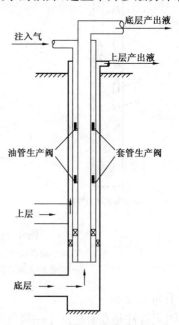

图4-19 同心管柱气举井结构图

三、气举的启动过程

气举井从关井到投产要经历一个不稳定的卸载过程。

在中深油井,特别是深井和超深油井中,如果油管下入较深,地面供给气体的压缩机将需要足够的压力,才能将气体注入环空的预定深度使油井投入正常工作。现以油套环空注气说明气举生产时的启动过程。

当油井停产时,井筒中的积液将不断增加,油套管内的液面在同一位置,如图4—20(a)所示。当启动压缩机向油套环空注入气体后,环空内的液面被挤压下降,如不考虑液体被挤入地层,油套环空内的液体则全部进入油管,油管内的液面上升,在此过程中压缩机的压力不断升高。如图4—20(b)所示,当油套环空内的液面下降到油管管鞋时,油管内的液面上升高度为Δh,压缩机压力达到最大,称为启动压力p_e。注入气体进入油管与油管内液体混合,液面不断上升直至喷出地面,如图4—20(c)所示。

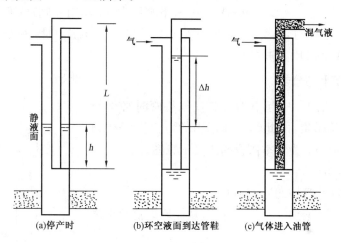

(a)停产时　　　　(b)环空液面到达管鞋　　　　(c)气体进入油管

图4—20　气举井的启动过程

气举启动过程中井口注入压力随时间的变化如图4—21所示。当压缩机向油套环形空间注入高压气体,油管内液面不断上升,压缩机的压力不断升高,当油套环空内的液面下降到油管管鞋时,压缩机的压力达到最大,即为启动压力p_e;当注入气体进入油管与油管内液体混合后,压缩机压力随之下降。当井底流压低于地层压力时,液流则从油层中流出,油管内混合液密度有所增加,压缩机的注入压力也随之增加,经过一段时间后趋于稳定。达到稳定生产时的压缩机压力称为工作压力p_o。

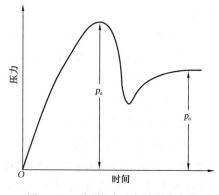

图4—21　气举时压缩机压力变化

四、气举阀

气举生产过程中,如果启动压力较高,则要求压缩机具有相应较高的额定输出压力。由于气举系统在正常生产时,其工作压力比启动压力小得多,这就会造成压缩机功率的浪费,增加投入成本。为此,在油管的不同深度处安装气举阀,以实现降低启动压力和排出油套环形空间液体的目的。

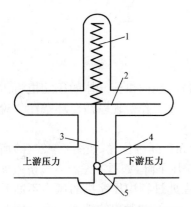

图4-22 压力调节器结构示意图
1—弹簧(加压元件);2—弹性膜;
3—阀杆;4—阀球;5—阀座

1. 气举阀的工作原理

当高压气体注入油套环形空间时,气体从阀孔进入油管,使阀孔上部油管内的混合液密度降低,油套环形空间中的液体进入油管,其液面也随之降低,当油管内压力(阀孔下游压力)降到某一界限时,阀孔关闭,高压气体推动环形空间液面下降到第二级阀孔。依此类推,直到油套环形空间的液面下降到油管管鞋,液体排出井筒,油井正常生产。

气举阀实际上是一种用于井下的压力调节器。地面上常用的简单压力调节器的结构如图4-22所示。弹簧张力 F 使与阀杆相连的阀坐于阀座上。上游压力 p_u 作用于响应元件弹簧膜(面积 A_b)上,产生使阀杆上移试图打开阀的力 $p_u(A_b-A_p)$;下游压力 p_d 作用在阀球(阀球截面积 A_p)上,也产生试图打开阀的力 $p_d A_p$。当 $F > p_u(A_b-A_p)+p_d A_p$ 时,阀处于关闭状态,当 $p_u(A_b-A_p)+p_d A_p > F$ 则阀被打开。

2. 气举阀的作用与分类

海上油田由于从油井中起下油管更换气举阀时必须使用修井机,费用极其昂贵,因此钢丝绳牵引的可更换气举阀得到广泛应用,图4-23为气举阀投捞工具示意图。

1)气举阀的作用

(1)气体进入举升管柱的通道和开关;

(2)降低启动压力,增加气举举升深度,从而增大油井生产压差;

(3)气举阀可灵活地改变注气深度,以适应油井供液能力的变化;

(4)间歇气举的工作阀可以防止过高的注气压力影响下一注气周期,气举阀可控制周期注气量;

(5)气举阀上的单流阀可以防止产液从举升管倒流。

2)气举阀的分类

气举阀种类繁多,可按以下方式分类:

(1)按压力控制方式,气举阀可分为节流阀、气压阀(或称套压操作阀)、液压阀(或称油压操作阀)和复合控制阀四种类型。节流阀在关闭状态时与气压阀相同,但一旦打开后,仅对油压敏感,打开这种阀,需要提高套压;关闭阀则需降低油压或套压。气压阀在关闭状态时,有50%～100%对套压敏感;而打开后,仅对套压敏感。为了使气举阀打开或关闭,必须分别提高或降低套压。液压阀与气压阀正好相反,为了使气举阀打开或关闭,必须分别降低或提高油压。复合控制阀也称液压打开、气压

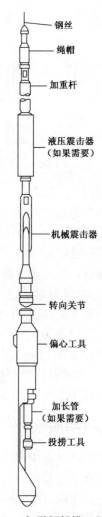

图4-23 气举阀投捞工具示意图

钢丝
绳帽
加重杆
液压震击器(如果需要)
机械震击器
转向关节
偏心工具
加长管(如果需要)
投捞工具

关闭阀,即提高油压则阀打开,降低套压则阀关闭。

(2)按气举阀在井下所起的作用,可分为卸载阀、工作阀和底阀。

(3)按气举阀自身的加载方式,可分为充气波纹管气举阀和弹簧气举阀。

(4)按气举阀安装作业方式,可分为固定式气举阀和投捞式气举阀。

第三节　电潜泵采油

电潜泵全称电动潜油离心泵,简称电泵,是将电动机和泵一起下入油井液面以下进行抽油的井下举升设备。整个机组包括潜油电动机、保护器、油气分离器、多级离心泵、铠装电缆等。机组多数装在油管末端下入井中,铠装电缆固定在油管上。也有的机组用电缆悬吊挂入井中,取消油管,不仅起下方便,而且泵的尺寸和排量增大,并大大减少了流体举升至地面的摩阻。

一、电潜泵采油装置及其工作原理

电潜泵采油装置主要由三部分组成,如图4-24所示。

(1)井下机组部分:潜油电动机、保护器、油气分离器和多级离心泵。

(2)电力传输部分:潜油电缆。

(3)地面控制部分:控制屏、变压器和接线盒。

电潜泵采油装置的工作原理是地面电源通过变压器、控制屏和潜油电缆将电能输送给井下潜油电动机,带动多级离心泵叶轮旋转,将电能转换为机械能,井筒流体被加压举升到地面。

1. 潜油电动机

潜油电动机是井下机组的动力设备,是将地面输入的电能转化为机械能,进而带动潜油多级离心泵高速旋转。潜油电动机位于井下机组最下端,是三相笼式异步感应电动机,主要由定子、转子、止推轴承和油循环系统等组成,如图4-25所示。与普通的三相笼式异步感应电动机相比,潜油电动机的结构特点为:机身长、转轴为空心、启动转矩大、转动惯性小、绝缘等级高、附带保护器装置及油浴冷却。

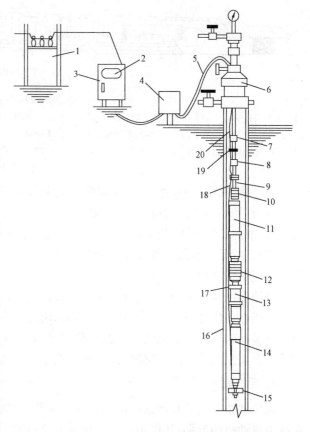

图4-24　电动潜油离心泵装置结构图

1—变压器组;2—电流表;3—配电盘;4—接线盒;5—地面电缆;
6—井口装置;7—泄油阀;8—单流阀;9—油管;10—泵头;11—多
级离心泵;12—吸入口;13—保护器;14—电动机;15—扶正器;
16—套管;17—电缆护罩;18,20—电缆;19—电缆接头

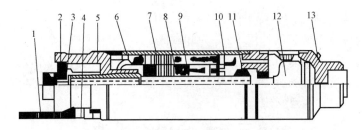

图 4—25　潜油电动机结构示意图

1—扁电缆;2—止推轴承;3—电动机轴;4—电缆头;5—注油阀;6—引线;7—定子;
8—转子;9—扶正轴承;10—电动机壳体;11—叶轮;12—滤网;13—注、放油阀

2. 潜油多级离心泵

潜油多级离心泵是给井液增加压头并举升到地面的机械设备,由转动部分和固定部分组成。转动部分主要有转轴、键、叶轮、摩擦垫、轴两端的青铜轴套和固定螺帽;固定部分主要有导轮、泵壳及上下轴承外套,如图 4—26 所示。

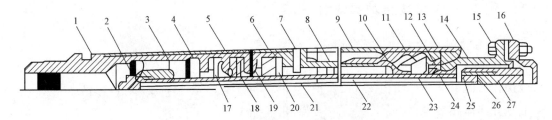

图 4—26　潜油多级离心泵结构示意图

1—泵出口接头;2—轴头压盖;3—上轴承外套;4—导轮;5—胶圈;6—泵壳;7—放气孔;8—交叉流道管;9—分离器壳体;
10—诱导轮;11—分离壳;12—分离器叶轮座;13—半圆头丝堵;14—泵下接头;15—六角螺栓;16—泵护帽;17—上止推垫;18—中止推垫;19—叶轮;20—下止推垫;21—键;22—轴;23—分离器叶轮;24—轴承内套;25—卡簧;26—花键套;
27—花键套弹簧

与普通多级离心泵相比,潜油多级离心泵具有以下结构特点:

(1)直径小、长度大、级数多,主要满足压头高的需要。

(2)轴向卸载,径向扶正。主要是消除轴向力引起的泵轴弯或偏摆及叶轮震动等。

(3)泵的出口上部安装单流阀和泄油阀。

(4)泵吸入口装有脱气装置。

潜油多级离心泵的工作原理是电动机带动泵轴上的叶轮高速旋转时,叶轮内液体的每一质点受离心力作用,从叶轮中心沿叶片间的流道甩向叶轮四周,压力和速度同时增加,同时流向下一级叶轮入口。逐级经过多级叶轮和导轮,使液体压能逐次增加,最后获得一定的扬程,足以克服泵出口以后的管路阻力,将井液输送到地面。

3. 保护器

保护器主要用于将潜油电动机与井液隔开,平衡电动机内压力和井筒压力。保护器安装在潜油电动机的上部,其作用是:(1)连接电动机的驱动轴和泵轴,连接电动机外壳与泵壳;(2)保护器的充油部分与容许压力下的井液连通时,保证电动机驱动轴密封,防止井液进入电动机;(3)当电动机运行时,电动机内的润滑油因温度升高而膨胀,保护器内有足够的空间储存因膨胀而溢出的电动机油,防止电动机内压力上升过高,反之当油温下降润滑油收缩时,保护器内的油又补充给电动机。

4. 油气分离器

油气分离器装在多级离心泵的吸入口处,其作用是使井液通过时(在进入多级离心泵前)进行油气分离,减少气体对多级离心泵特性的影响。目前各油田所使用的油气分离器有沉降式和旋转式两种,其中的旋转式分离器又可分为离心式和涡流式两种。

离心式分离器是利用离心分离原理,使气体在近轴区,液体在边缘近壁区,达到气液分离的目的,如图4—27所示。涡流式分离器是利用诱导涡轮原理来分离井液中的气体,如图4—28所示。离心式、涡流式分离器的分离效果均比沉降式分离器好。

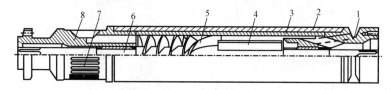

图4—27 离心式分离器结构示意图

1—上接头;2—壳体;3—衬套;4—叶轮;5—诱导轮;6—轴;7—吸入式滤网;8—下接头

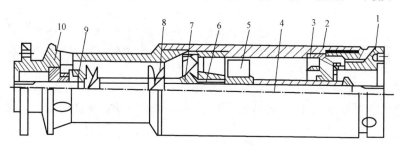

图4—28 涡流式旋转分离器结构示意图

1—上接头;2—壳体;3—分离壳;4—轴;5—涡轮;6—导流壳;7—叶轮;8—诱导轮;9—防砂帽;10—下接头

5. 控制屏

控制屏是电动潜油泵机组的专用控制设备,电动潜油泵机组的启动、运转和停机都是依靠控制屏来完成的,如图4—29所示。控制屏主要由电流指示记录部分、启动操作部分、主控部分组成。

6. 接线盒

接线盒用来连接地面与井下电缆,测量机组参数和调整三相电源相序(电动机正反转),防止井下天然气沿电缆内层进入控制屏而引起爆炸,接线盒的主要结构如图4—30所示。

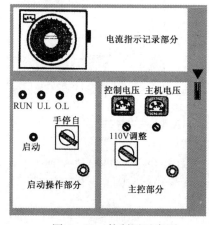

图4—29 控制屏示意图

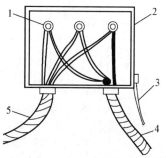

图4—30 接线盒示意图

1—接线柱;2—接线盒壳体;3—地线;4—控制屏电缆;5—井下电缆

7. 电缆

电缆是供给井下潜油电动机输送电能的专用电线。从外形上看,可分为圆形电缆和扁形电缆两种,如图 4—31(a)、(b)所示。

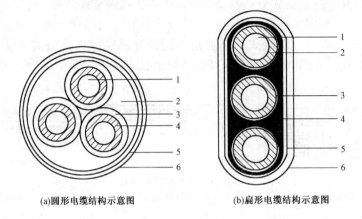

(a)圆形电缆结构示意图   (b)扁形电缆结构示意图

图 4—31 电缆结构示意图

1—导体;2—绝缘填充剂;3—保护层;4—绝缘层;5—外衬层;6—铠装钢带

8. 变压器

变压器用来调整电路电压,通过线圈变化转换成潜油电动机所需的工作电压。

9. 单流阀

单流阀用来保证电动潜油泵在空载情况下能够顺利启动;停泵时,单流阀可以防止因油管内液体倒流导致的电动潜油泵反转,如图 4—32 所示。

10. 泄油阀

泄油阀是在修井作业起泵时,将泄油阀芯切断,使油管与套管连通,油管内的液体流回井筒,便于修井作业,如图 4—33 所示。

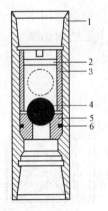

图 4—32 单流阀结构示意图

1—接头;2—限制销;3—特制螺母;
4—球体;5—阀座;6—橡胶密封环

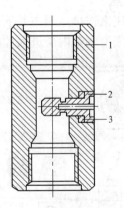

图 4—33 泄油阀结构示意图

1—接头;2—空位销;3—橡胶密封圈

11. 井口装置

电动潜油泵井口装置的主要特点是允许电缆穿过,常用的电缆穿过系统如图4－34所示。井口装置在油管帽上方和油管挂下方都有承插接头,安装井口时,只需和地面电缆、井下电缆的接头插上即可,安装十分方便,可靠性较高,但费用较昂贵。

二、电潜泵参数及工作特性

1. 电潜泵的机组型号

电潜泵机组型号的表示法如图4－35所示。

2. 电潜泵的主要参数

(1)排量。指单位时间内电潜泵所排出液体的体积(Q,m³/d)。

(2)扬程。指电潜泵机组把单位液体提升的水柱高度(H,m),或表示单位质量的液体流过电潜泵后能量的增加值。

(3)转速。指单位时间内泵叶轮的回转数(n,r/min)。

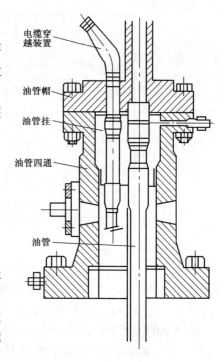

图4－34 电潜泵用井口装置

(4)功率。电动机的输出功率是指潜油电动机传递给潜油泵轴的功率(P,kW);泵的输出功率是指液体流过潜油泵时由潜油泵传递给液体的有效功率(P_u,kW)。

(5)效率。泵的输出功率与电动机输出功率之比($\eta = P_u/P \times 100\%$,%)。电潜泵在传递能量的过程中存在能量损失,包括机械损失、容积损失和水力损失三种。

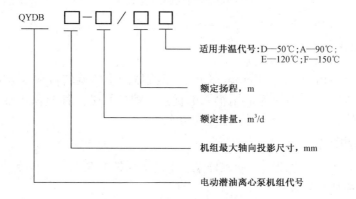

图4－35 电潜泵机组型号表示方法

3. 电潜泵的特性曲线

以纯水作为流体介质,在额定转速下,用排量Q为横坐标,扬程H、轴功率P和效率η为纵坐标表示的关系曲线称为电潜泵的特性曲线(或泵的性能曲线),如图4－36所示。

由电潜泵的特性曲线可以看出:泵的排量随压头增大而减小;泵轴的输入功率随排量的增大而增大。当排出阀门关闭时,泵的排量为零,此时泵轴的功率一般要比额定功率小得多。因此,在开泵时,为减小电动机的启动负荷,应该把排出阀门关闭。在离心泵特性曲线上有一个

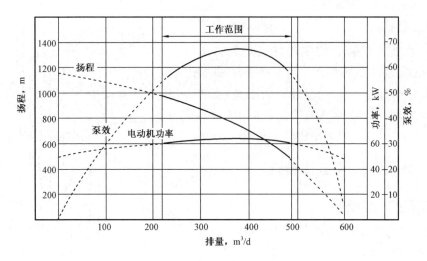

图 4-36 电潜泵特性曲线

最高效率点,称为额定工作点,该点的排量和压头值即为铭牌上给出的性能指标。在最高效率点附近有一排量范围,其效率随排量的变化降低很少,这一排量范围称为最佳排量范围。

电潜泵的主要优点是排量大、扬程高、流量均匀、不受井斜影响,具有较好的携砂、携蜡能力,地面设备简单,操作控制方便,大排量工作时经济性较好。但受电动机耐热程度的限制,适用的井深一般不超过3000m;油井产量改变和开采高黏油时会影响泵效,亦不允许有较多的气体(一般不超过2%的体积比)进入泵内;而且机组设备结构复杂,价格较贵。目前广泛应用于非自喷高产井、高含水井和海上油田。我国渤海的SZ36-1油田,南海西部的涠10-3N油田等,自喷期结束后都使用电潜泵来采油。

第四节 其他采油方式

一、螺杆泵采油

螺杆泵(Progressing Cavity Pump,PCP)是以液体产生的旋转位移为泵送基础的一种新型机械采油装置,它融合了柱塞泵和电潜泵的优点。螺杆泵是一种容积式泵,其运动部件少,没有阀件和复杂的流道,油流扰动小,排量均匀。

1. 螺杆泵采油系统

螺杆泵按驱动方式分为地面驱动螺杆泵和电动潜油螺杆泵。

1)地面驱动螺杆泵采油系统

地面驱动螺杆泵采油系统的动力源将动力传递给驱动头,通过驱动头减速后,再由方卡子将动力传递给光杆,光杆与抽油杆柱连接将动力直接传至井下的螺杆泵。螺杆泵举升的原油沿抽油杆与油管的环形空间上升到井口,进入输油管道,井口上端的密封填料盒密封旋转的光杆。螺杆泵采油装置主要由四部分组成,如图4-37所示。

(1)电控部分。

电控箱由控制系统、监测和保护系统组成,用于控制电动机的启、停。该装置能自动显示、记录螺杆泵井正常生产时的电流、累计运行时间等。有过载、欠载自动保护功能,确保油井正常生产。

① 控制系统。合上空气开关后,按下启动按钮,交流接触器得电吸合,接通主电路,使电

动机运行,螺杆泵便可正常运转。当准备停止工作时,只需按下关闭按钮,交流接触器失电断开主电路,电动机停止运转,螺杆泵便停止工作。

② 监测和保护系统。电控箱配有电流表,可监测电动机工作时的电流。当电动机启动时或不需要测量电流时,电流表按钮短路,起保护电流表的作用,按下即可读表,得到电流数。

(2)地面驱动部分。

地面驱动装置是指油管头下法兰以上与出油管线相连接部分设备的总称,是把动力传递给井下泵转子,使转子实现自转和公转,实现抽汲原油的机械装置。

地面驱动螺杆泵根据传动形式不同,可分为皮带传动和直接传动两种形式。

① 皮带传动。电动机(柴油机或液压马达)、皮带传动轮、减速器等均置于采油井口装置上面。当驱动装置工作时,利用皮带带动抽油杆和转子旋转。

② 直接传动。将电动机(液压马达)轴立起来,通过行星减速器与抽油杆光杆直接连接,驱动抽油杆旋转。

根据变速形式,螺杆泵分为无级调速和分级调速两种。其机械传动的驱动装置主要由以下几部分组成:

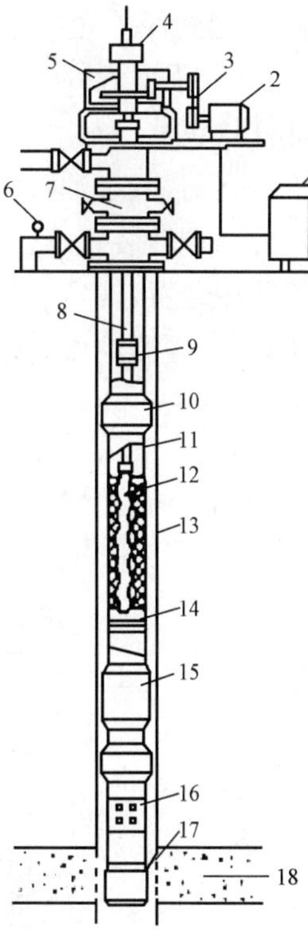

① 减速箱,主要作用是传递动力并实现一级减速。它将电动机的动力由输入轴通过齿轮传递到输出轴,输出轴连接光杆,由光杆通过抽油杆将动力传递到井下螺杆泵转子。减速箱除了具有传递动力的作用外,还可将抽油杆的轴向载荷传递到采油树上。

② 电动机,是螺杆泵井的动力源,将电能转化为机械能,一般用防爆型三相异步电动机。

③ 密封盒,主要用于防止井液流出,起密封井口的作用。

④ 方卡子,主要作用是将减速箱输出轴与光杆连接起来。

(3)抽油杆及井下抽油装置。

抽油杆柱是螺杆泵采油系统中的主要组成部分,是动力传递的重要环节。与抽油机井的抽油杆柱不同,螺杆泵井的抽油杆柱不仅承受自身重量、举升液体的载荷,而且要传递扭矩。要求抽油杆柱除具备与普通抽油杆相同的机械性能,还具有承受扭矩、防反转卸扣的机械性能。抽油杆的常见类型有实心抽油杆、实心防脱抽油杆、空心抽油杆和空心防脱抽油杆等。

井下泵部分包括定子和转子。定子是由丁腈橡胶硫化粘接在缸体内形成的。丁腈橡胶衬套的内表面是双螺旋曲面(或多螺旋曲面),定子与螺杆泵转子配合。转子由合金钢调质后,经车铣、剖光、镀铬而成。转子在定子内转动,实现抽汲功能。

(4)配套工具部分。

① 专用井口,简化了采油树,使用、维修、保养方便,同时增加了井口强度,减小了地面驱

图4-37 地面驱动螺杆泵采油装置

1—电控箱;2—电动机;3—皮带;4—方卡子;5—减速箱;6—压力表;7—专用井口;8—抽油杆;9—抽油杆扶正器;10—油管扶正器;11—油管;12—螺杆泵;13—套管;14—定位销;15—油管防脱器;16—筛管;17—丝堵;18—油层

动装置的振动,起到保护光杆和更换密封盒时密封井口的作用。

② 特殊光杆,强度大,防断裂,光洁度高,有利于井口密封。

③ 抽油杆扶正器,避免或减缓抽油杆与油管的磨损。

④ 油管扶正器,减小油管柱振动和磨损。

⑤ 抽油杆防倒转装置,防止抽油杆倒扣。

⑥ 油管防脱装置,锚定泵和油管,防止油管脱落。

⑦ 防蜡器,延缓原油中石蜡和胶质在油管内壁的沉积速度。

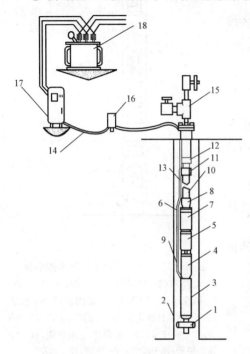

图4-38 井下驱动螺杆泵采油系统

1—扶正器;2—套管;3—潜油电动机;4—保护器;5—潜油减速器;6—电缆护罩;7—螺杆泵;8—螺杆泵排出头;9—引接电缆;10—油管;11—单向阀;12—泄油阀;13—动力电缆;14—地面电缆;15—井口装置;16—接线盒;17—控制柜;18—变压器

⑧ 防抽空装置,地层供液不足会造成螺杆泵损坏,安装井口流量式或压力式抽空保护装置可有效地避免此现象的发生。

⑨ 筛管,过滤油层流体。

2)螺杆泵系统

电动潜油螺杆泵井下机组主要由电动机、电动机保护器、行星齿轮减速器、减速器保护器、螺杆泵组成,如图4-38所示。液压马达井下驱动螺杆泵装置主要用于油井测试过程中。

电动潜油螺杆泵采油系统的工作原理是:动力及引接电缆将电力传送至井下潜油电动机,潜油电动机通过齿轮减速器和双万向节驱动螺杆泵低速转动,井液经过泵增压后,通过油管举升到地面。

目前电动潜油单螺杆泵有单螺杆、双螺杆和三螺杆三种形式,其采油系统为上下两个左右旋转的转子并联。

2. 螺杆泵的结构及工作原理

1)螺杆泵的结构

图4-39是单螺杆泵的结构简图,主要由泵壳、衬套、螺杆、偏心联轴节、中间传动轴、密封装置、径向止推轴承和变通联轴节等零件组成。

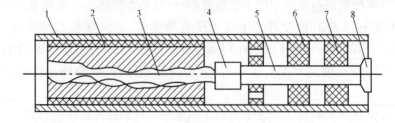

图4-39 单螺杆泵结构简图

1—泵壳;2—衬套;3—螺杆;4—偏心联轴节;5—中间传动轴;
6—密封装置;7—径向止推轴承;8—变通联轴节

螺杆泵由一个能转动的单螺杆(转子)和一个固定的衬套(定子)组成,如图4－40所示。螺杆采用单线螺杆,其任意断面都是直径为D_r的圆,整个螺杆的形状可以看成是由很多直径为D_r的薄圆盘组成,圆盘的中心分布在一条圆柱形螺旋线上,螺杆横截面的中心位置与它的轴线距离称为螺杆的偏心距E,螺旋线的螺距为P_r。

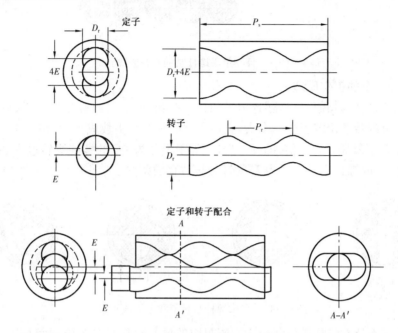

图4－40　螺杆泵结构示意图

衬套(定子)采用弹性橡胶制成,其内表面是双线螺旋面。衬套螺旋面的导程是螺杆螺距的两倍。衬套任意位置的横截面积由两个半圆面积和一个矩形面积组成,两个半圆面积等于螺杆横截面积,矩形的长度是螺杆偏心距的四倍,即$4E$,宽度等于螺杆直径D_r,衬套的导程为P_s。设衬套的导程P_s为T,螺旋线的螺距P_r为t,则$T=2t$。

2)螺杆泵的工作原理

螺杆在衬套中的运动有两种:一是螺杆本身的自转;另一种是螺杆沿衬套内表面滚动使螺杆轴线绕衬套轴线旋转。因此螺杆与中间传动轴必须采用万向轴或偏心联轴节连接。

(1)单头螺杆泵的工作原理。

当转子在定子衬套中位置不同时,它们的接触点是不同的,如图4－41所示。液体完全被封闭,液体封闭两端的线即为密封线,密封线随着转子的旋转而移动,液体即由吸入端被送往排出端。由于转子和定子是连续啮合的,这些接触点就构成了空间密封线,在定子衬套的一个导程内形成一个封闭腔室;这样,沿着螺杆泵的全长,在定子衬套内螺旋面和转子表面形成一系列的封闭腔室。当转子转动时,转子—定子副中靠近吸入端的第一个腔室的容积增加,在它与吸入端的压力差作用下,举升介质便进入第一个腔室。随着转子的转动,这个腔室开始封闭,并沿轴向向排出端移动,封闭腔室在排出端消失,同时在吸入端形成新的封闭腔室。由于封闭腔室的不断形成、运动和消失,使举升介质通过一个一个封闭腔室,从吸入端挤到排出端,压力不断升高,排量保持不变。

螺杆泵就是在转子和定子组成的一个个密闭的独立的腔室基础上工作的。转子运动时(作自转和公转),密闭空腔在轴向沿螺旋线运动,按照旋向、向前或向后输送液体。螺杆泵是一种容积泵,所以它具有自吸能力,甚至在气、液混输时也能保持自吸能力。

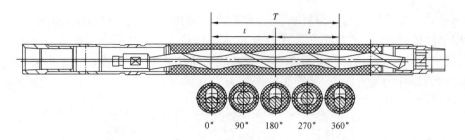

图 4—41　单头螺杆泵的密封腔隔

(2)多头螺杆泵的工作原理。

与单头螺杆泵基本相似,只是随着定子和转子头数增加,密封腔室增多,泵的排量也相应地增大。螺杆泵的转子比定子少一个头,它们之间的螺距与头数成正比,如图4—42所示。衬套的导程 T 是转子螺距 t 的2倍,即 $T=2t$,它等于半径为 $2E$ 的螺旋线转过去360°后沿轴向移动的距离,转子的螺距则是半径为 E 的螺旋线位移的距离。

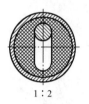 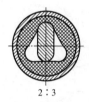 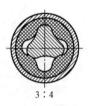

1：2　　　　　　　2：3　　　　　　　3：4　　　　　　　4：5

图 4—42　多头螺杆泵转子和定子截面图

螺杆泵的基本特性包括排量和压头。密封腔的横截面积在各个位置都相同,等于衬套横截面积减去螺杆横截面积。螺杆每旋转一周,流体运动一个导程。因此螺杆泵的理论排量为:

$$Q_t = Av = 5760ED_rP_sn \qquad (4-5)$$

式中　Q_t——螺杆泵的理论排量,m^3/d;

$\quad\quad A$——密封腔横截面积,m^2;

$\quad\quad v$——流体速度,m/s;

$\quad\quad E$——螺杆偏心距,m;

$\quad\quad D_r$——螺杆直径,m;

$\quad\quad P_s$——衬套导程,m;

$\quad\quad n$——电动机转速,r/min。

螺杆泵的实际排量为:

$$Q' = Q_t\eta_v \qquad (4-6)$$

式中　Q'——螺杆泵的实际排量,m^3/d;

$\quad\quad \eta_v$——螺杆泵的容积效率(一般取0.7左右)。

螺杆泵的实际排量小于理论排量,对于相同级数的泵,压头增加,排量下降,这种现象称为滑脱。因滑脱漏失的流量 Q 与压力 p、泵级数、密封线数、流体黏度、螺杆和衬套间的配合方式有关,如图4—43所示。

泵的压头与泵的级数、密封线数目有关。对于每个密封腔,螺杆泵和衬套间的接触线称为密封线。正常情况下,一级泵的长度是衬套导程的1.1～1.5倍。泵级数和密封线数增加,泵的压头会增大。泵的级数由实际需要的举升压头和单级泵的举升压头决定。

3. 螺杆泵采油的优缺点

1)优点

(1)节省一次性投资,螺杆泵采油设备与电动潜油离心泵采油、水力活塞泵采油和常规有杆泵采油设备相比,价格低。

(2)地面装置结构简单,安装方便,可直接座在井口套管四通上,占地面积小。

(3)泵效高、节能,管理费用低。

(4)适应黏度范围广,可以举升稠油。一般来说,螺杆泵适合于黏度为8000mPa·s(50℃)以下的各种含原油流体,因此多数稠油井都可应用。

(5)适应高含砂井。理论上看,螺杆泵可输送含砂量达80%的砂浆。在原油含砂量高,最大含砂量达40%(除砂埋之外)的情况下螺杆泵可正常生产。

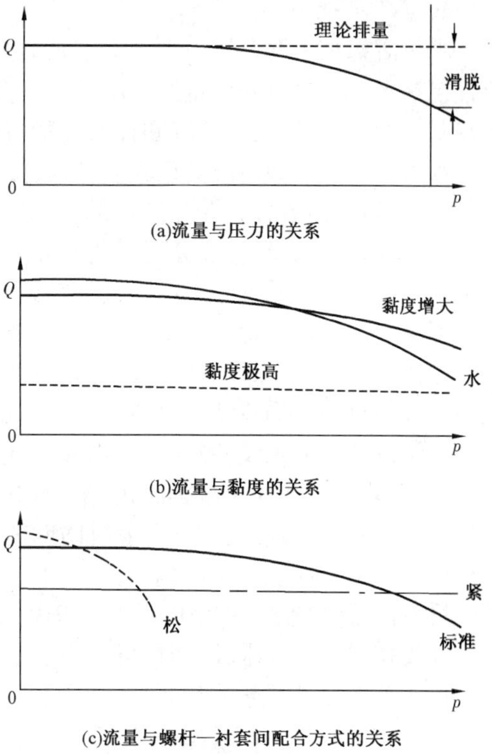
Q
理论排量
滑脱
0
p
(a)流量与压力的关系
Q
黏度增大
黏度极高
水
0
p
(b)流量与黏度的关系
Q
紧
松
标准
0
p
(c)流量与螺杆—衬套间配合方式的关系

图4—43 螺杆泵滑脱漏失

(6)适应高含气井。螺杆泵不会发生气锁,故较适合于油气混输,但井下泵入口的游离气会占据一定的泵容积,影响泵效。

(7)适用于海上油田丛式井组和水平井,螺杆泵可下在斜直井段,而且设备占地面积小,因此适用于海上油田丛式井组甚至水平井的采油。

(8)允许井口有较高回压。在保证正常抽油生产的情况下,井口回压可控制在1.5MPa左右或更高,因此对边远井集输很有利。

2)缺点

(1)定子容易损坏,若定子寿命短,则检泵次数多,每次检泵,必须起下管柱,增加了检泵费用。

(2)泵需要流体润滑,如果泵只靠极低黏度的液体润滑而工作,则泵过热将会引起定子弹性体老化,甚至烧毁。

(3)定子的橡胶不适合在热力采油井中应用。

(4)在丛式井、定向井和斜井中,常规的地面驱动系统要经受抽油杆损坏和抽油杆与油管偏磨产生的漏失问题,增加了油井因抽油杆失效所造成的损失,使油井作业费用增加。

二、水力活塞泵采油

水力活塞泵(Hydraulic Pump)是一种液压传动的无杆抽油设备,其井下部分主要由液马达、抽油泵和滑阀控制机构组成。动力液由地面高压泵机组加压后,经油管或专用动力液管传至井下,通过滑阀控制机构不断改变供给液马达的液体流向来驱动液马达做往复运动,从而带动抽油泵进行抽油。

1. 水力活塞泵采油系统

水力活塞泵采油系统由水力活塞泵油井装置、地面流程两大部分组成。水力活塞泵油井装置包括水力活塞泵井下机组、井下器具管柱结构和井口；地面流程包括地面高压泵机组、高压控制管汇、动力液处理装置和计量装置与地面管线。

水力活塞泵采油系统类型较多，一般按如下条件进行分类：

（1）按系统井数分为单井流程系统、多井集中泵站系统、大型集中泵站系统。

（2）按动力液循环主要分为闭式循环方式和开式循环方式两种。所谓开式循环或闭式循环是指在整个采油系统中乏动力液是否有自己的独立通道。动力液经地面泵加压使井下泵工作后不与产出液混合，而从特设的乏动力液独立通道排出，再通过地面泵反复循环使用的称为闭式循环。反之，如果没有特设的乏动力液独立通道，乏动力液必须与油层产出液混合，流往地面集油站处理的称为开式循环。开式循环方式设备简单，操作容易，但动力液处理费用较高。而闭式循环方式设备复杂，操作麻烦，但动力液处理费用低。

（3）按动力液性质分为原油动力液、水基动力液。所谓原油动力液和水基动力液是指在整个系统中所使用的是原油还是添加各种防腐剂和润滑剂的水。用高质量的原油做动力液使整个系统有较好的工作性能。但是在特殊条件下或没有高质量原油的情况下，可以采用水基动力液。

目前，在油田推广应用中，应优先选用原油做动力液的开式循环多井集中泵站系统。在原油黏度较高或油井含水较高时，可选用水做动力液的闭式循环多井集中泵站系统。

1）开式循环单井采油系统

图4—44所示为开式循环动力液系统的地面设备，图4—45为开式水力活塞泵采油系统示意图。动力液经高压柱塞泵加压后，通过高压控制管汇进入地面油管，通过井口装置进入油井中经油管内下行，进入井下水力活塞泵，驱动井下机组的液马达带动抽油泵工作，抽出的原油与乏动力液在封隔器以上的油套管环形空间混合并返出地面，混合液经分离器进行油气分离，脱气混合液进入动力油罐沉降净化，部分净化的原油继续进入高压柱塞泵加压后作为动力液，其余部分液体输至集油站。

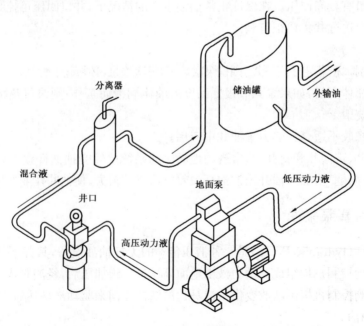

图4—44　开式循环动力液系统的地面设备

2)闭式循环单井采油系统

动力液经高压柱塞泵加压后,通过高压控制管汇进入动力液管线,通过井口装置进入油井中经油管内下行,进入井下水力活塞泵,驱动井下机组的液马达带动抽油泵工作,抽出的油从封隔器以上的油套管环形空间返出地面进入集油罐。乏动力液则从平行侧管返出,进入动力液处理罐经少许处理后,又进入地面泵中加压反复使用。

2. 水力活塞泵采油装置

水力活塞泵采油装置是指用于举升原油的水力活塞泵井下机组、动力液处理装置及井口。

根据井底安装方式不同,水力活塞泵分为固定式、插入式、投入式三种,如图4-46所示。

图4-46(a)为固定式,水力活塞泵井下机组随油管柱一起下入井内,并固定在一个套管封隔器上。动力液从油管送入井内,原油和乏动力液从油管和套管的环形空间返回地面,属于单管柱开式循环,所有自由气必须经水力活塞泵井下机组导出。图4-46(b)也是固定式安装,但多了一层动力油管柱,属于同心双管柱闭式循环,自由气全部从油管与套管间的环形空间导出。固定式安装的优点是在相同尺寸的套管情况下,比其他类型泵的泵径大、排量大,缺点是起泵时必须起出油管。

插入式装置如图4-46(c)所示,沉没泵连接在动力油管柱下端,从地面下入,并插入与外油管固定在一起的泵工作筒内。动力液从动力油管注入井内,驱动井下机组;原油和乏动力液从动力油管与外油管间的环形空间返回地面;所有自由气全部从外油管和套管间的环形空间导出。检泵时,只需起出动力油管柱。

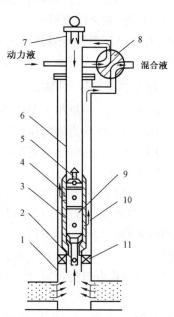

图4-45 开式水力活塞泵采油系统示意图

1—套管;2—底阀;3—泵工作筒;4—乏动力液;5—液马达;6—油管;7—井口捕捉器;8—井口四通阀;9—抽油泵;10—产液;11—封隔器

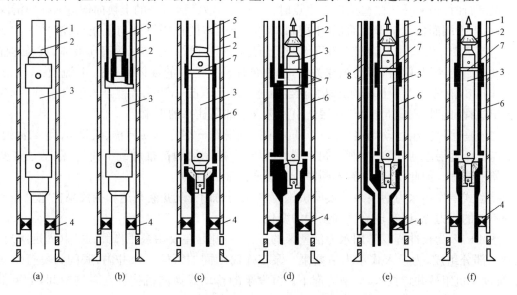

(a)　　　(b)　　　(c)　　　(d)　　　(e)　　　(f)

图4-46 水力活塞泵井下安装示意图

1—套管;2—油管;3—水力活塞泵井下机组;4—套管封隔器;5—动力油管;6—泵工作筒;7—上部密封;8—小直径油管

图 4—46(d)、(e)、(f)为平行管投入式安装,泵工作筒随同动力油管下入井内,沉没泵从井口投入,使用循环动力液下泵和起泵。其中(d)为平行双管闭式循环投入式泵,(e)为平行双管开式循环投入式油气分采泵,(f)为单管开式循环投入式泵。投入式安装的优点是起下泵方便,不用上作业队,节省修井作业费用;缺点是泵径受到限制,排量较小。

根据井下泵液马达与抽油泵端的数目不同,又可分为双液马达泵和双泵端泵。双液马达泵可增大扬程,双泵端泵可增大排量。虽然水力活塞泵抽油装置的类型较多,但最常用的有以下三种:开式循环单管封隔器投入式水力活塞泵、闭式循环单管封隔器投入式水力活塞泵、开式循环平行管柱投入式水力活塞泵。

3. 水力活塞泵井下机组

水力活塞泵井下机组主要由液马达、泵和主控制滑阀三部分组成。

(1)液马达:将动力液的压能转换为机械能带动泵工作,常用的是往复柱塞式液马达。

(2)泵:将液马达传递给它的机械能转换成液体的压能,用来提高油层产出液的压能,常用的是往复柱塞泵。

(3)主控制滑阀:利用液压差动原理控制液马达和泵柱塞做往复运动的换向控制机构。通常,水力活塞泵机组有单作用和双作用两种。前者在柱塞做往复运动时,只在单一行程排出被增压的液体;而后者在上、下行程均排出被增压的液体。通常高排量泵都采用双作用方式。

图 4—47 为差动式单作用水力活塞泵,主要由工作筒、沉没泵和固定阀三部分组成。沉没泵机组又包括提升打捞装置、液马达和抽油泵。图示为泵的下行状态,主控制滑阀位于下止点附近。

泵下行时,高压动力液既经孔 1、流道 2 和孔 3 进入液马达柱塞的下端,又经孔 9 和流道 10 进入液马达柱塞的上端,由于柱塞上端有效作用面积大于下端,液马达柱塞在压力差的作用下进行下冲程。抽油泵柱塞与液马达柱塞由活塞杆连成一体,随着下行,并压缩油层产出液推开游动阀球,进入抽油泵柱塞的上端,排出被吸入泵内的油层产出液。此时抽油泵固定阀关闭。

泵上行时,当液马达柱塞接近下止点时,高压动力液经活塞杆的上换向槽进入换向滑阀的下端,由于下端面积大于上端面积,主控制滑阀在压力差的作用下推向上止点;液马达柱塞上端通过流道 10、孔 9、孔 4、流道 7 和孔 8 与低压地层液连通,而下端仍为高压液体,液马达柱塞被推动开始上冲程;此时,游动阀球关闭,抽油泵柱塞上腔内的液体通过孔 6、流道 5、流道 7、孔 4 和孔 8,液马达柱塞上端的乏动力液经流道 10、孔 9、孔 4 和孔 8 被排入油套管环形空间,为排出过程;此时,固定阀打开,油层产出液进入抽油泵柱塞的下端。

当液马达柱塞组运动到接近上止点时,主控制滑阀下端经下换向槽、流道 5、孔 4、流道 7、孔 8 与低压地层连通,而主控制滑阀上端为高压,主控制滑阀被推动到下止点,液马达柱塞组又开始下行程。如此反复,达到不断举升油层产出液的目的。

差动式单作用水力活塞泵的换向机构简单,易于加工,改变液马达和抽油泵柱塞直径比可获得不同的压力比,以实现流量和扬程的变化。

图 4—48 为长冲程双作用水力活塞泵的工作原理图,主要由泵工作筒、底阀(固定阀)和沉没泵三部分组成,为投入式水力活塞泵。泵工作筒随同油管柱下入井内,底阀为可打捞式结构,沉没泵机组从井口投入,靠液力起下。沉没泵的差动式换向机构设在泵的中间,上下都有液缸、活塞和进排油阀组件,泵的上端为提升打捞机构,最下端为尾座。

结构特点:滑阀换向机构在上、下活塞中间,上、下活塞既是液马达活塞又是抽油泵活塞。

两活塞与活塞杆两端交替受高压动力液作用,而两活塞的另一端则交替将液缸中液体排出泵外。

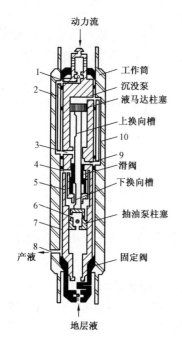

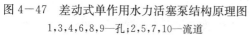

图 4—47　差动式单作用水力活塞泵结构原理图
1,3,4,6,8,9—孔;2,5,7,10—流道

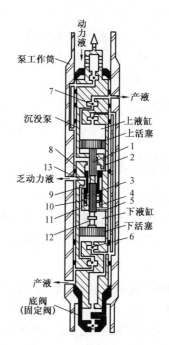

图 4—48　长冲程双作用水力活塞泵的结构原理图
1—活塞杆;2,11—流道;3—换向滑阀;
4,9,13—孔;5—泄油孔;6—吸入阀;
7—上排出阀;8,12—换向槽;10—滑阀孔

上冲程,当换向滑阀 3 处于下止点位置时,高压动力液通过流道 2 进入上液缸的下腔,推动上活塞组上行;上液缸上腔内的液体通过上排出阀 7 被排到油套管环形空间;同时,油层产出液通过底阀,经下吸入阀 6 被吸入到下液缸的下腔;下液缸上腔的乏动力液则通过流道 11、孔 9 及孔 13 排到油套管环形空间。

下冲程,当活塞组运动到接近上止点位置时,高压动力液通过活塞杆 1 下部的换向槽 12 及孔 4 作用到换向滑阀 3 的下端;滑阀下端的承压面积比上端承压面积约大两倍,在液压力的作用下,滑阀 3 被推到刚刚换过向的位置,即高压动力液刚好能通过滑阀的孔 10 及流道 11,进入下液缸的上腔;而上液缸下腔内的乏动力液刚好能够通过流道 2、孔 9 及孔 13 排至油套管环形空间。滑阀换向过程设计有三种速度,上述为一速向上运动过程;二速向上运动是低速运动,动力液经滑阀内孔的螺旋槽进入,经节流后压力降低,滑阀缓慢向上运动,这时活塞组已逐渐向下启动;三速是较高的速度,高压动力液除通过螺旋槽外,还通过滑阀的下三速孔,使滑阀迅速走完向上的全行程,此时,活塞组全速向下运动,上活塞缸为吸入过程,下活塞缸为排出过程。

当活塞组向下运动接近下止点位置时,活塞杆 1 上部的换向槽 8 将孔 4 与泄油孔 5 连通,滑阀 3 的下腔为低压区;在高、低压差作用下,滑阀 3 向下运动到刚好高、低压流道换过向的位置,也就是滑阀向下一速运动完成的位置;随后,二速是滑阀下端的低压动力液通过螺旋槽经阀体的二速孔泄走,使滑阀以较低的速度下行;三速是滑阀下端的动力液除从螺旋槽泄走外,还从滑阀上的三速孔泄走,从而使滑阀3以较快的速度完成最后的向下行程,又处于前述的下止点位置,活塞再开始上行程运动。如此反复循环,产生往复运动实现将油层产出液从井底举升到地面的目的。

长冲程双作用水力活塞泵的主要特点是:活塞杆在工作过程中始终承受拉伸载荷,冲程长、排量大、效率高,进、排油阀为球形单阀,流道大、阻力小,适用于抽汲高黏度原油。

4. 水力活塞泵采油的特点

水力活塞泵对油层深度、含蜡、稠油、斜井及水平井具有较强的适应性,其主要缺点是机组结构复杂,加工精度要求高,动力液用原油,计量困难。

三、水力射流泵采油

水力射流泵简称射流泵(Jet Pump),是一种特殊的水力泵。它是利用射流原理将注入井内的高压动力液的能量传递给井下产液的无杆泵采油装置。射流泵井下无运动部件,对于高温深井、高产井、含砂、含腐蚀性介质、稠油以及高气液比油井条件具有较强的适应性。

1. 水力射流泵采油系统

射流泵采油系统与水力活塞泵采油系统的组成相似,由地面储液罐、高压地面泵和井下射流泵组成。射流泵的井下装置类型与水力活塞泵一样,包括固定式装置和自由式装置,但射流泵只能采用开式动力液系统,动力液在井下与油层产出液混合后返回地面。

1)水力射流泵分类

根据射流泵起下方式,可分为钢丝起下式射流泵和液力投捞式射流泵。根据动力液的循环方式,又可分为正循环式和反循环式射流泵。

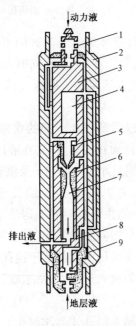

图4—49 水力喷射泵结构示意图
1—提升打捞系统;2—工作筒;3—沉没泵;
4—测压室;5—喷嘴;6—喉管;7—扩散管;
8—油气进排系统;9—固定阀

2)射流泵的结构

射流泵是通过两种流体之间的动量交换实现能量传递来工作的。典型的套管自由式井下射流泵装置结构如图4—49所示。射流泵的工作元件是喷嘴、喉管和扩散管。

(1)喷嘴,用来将流经的高压动力液压能转换为高速流动液体的动能,产生喷射流,在嘴后形成低压区。

(2)喉管,喉管的作用是使油层产出液和动力液在其中完全混合,交换动量。它实质上是一个混合管,如图4—49所示。在喷嘴出口和喉管入口之间有一定距离,称为喷嘴—喉管距离,喉管直径要比喷嘴出口直径大,喷嘴和喉管之间的环形面积是产液进入喉管时的吸入面积。

(3)扩散管,扩散管的截面积沿流动方向逐渐增大,一般采用一个张角,也可采用多个张角,扩散管是一个将动能转换成压力的能量转换器

2. 水力射流泵的工作原理及工作特性

1)水力射流泵的工作原理

图4—50为井下射流泵工作示意图。如图所示,在动力液压力为 p_1、流速为 q_1 的条件下,动力液被泵送通过过流

面积为 A_n 的喷嘴,嘴后形成低压区,高速流动的低压动力液与被吸入低压区的油层产出液(压力为 p_3、流速为 q_3)在喉管中混合,形成均匀混合液,流经截面不断扩大的扩散管时,因流速降低将高速流动的液体动能转换成低速流动的压能。混合液的压力增高到泵的排出压力 p_2,这个压力足以将混合液排出地面。

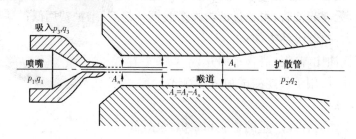

图 4—50 井下射流泵工作示意图

2)水力射流泵的工作特性

水力射流泵的排量、扬程取决于喷嘴面积与喉管面积的比值 R。射流泵具有与电动潜油离心泵相似的特性曲线,如图 4—51 所示。

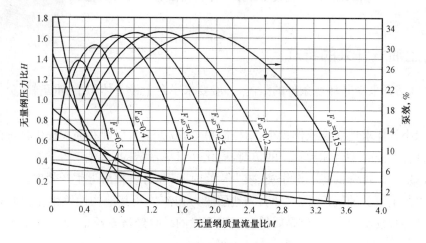

图 4—51 射流泵无量纲特性曲线

图 4—51 表示了面积比 R 取不同值时流量比 $M(M=q_3/q_1)$ 和压力比 $H[H=(p_2-p_3)/(p_1-p_2)]$ 的对应关系,同时,曲线上也给出了效率与 M 的对应函数关系,面积比选择范围从高压头、小排量泵到低压头、大排量泵。高压头泵举升能力高,适用于中深井举升;低压头泵适用于浅井生产。最常用的面积比值范围在 0.325 和 0.4 之间,大于 0.4 的面积比值只有开采深井时才使用,因为大面积比值的泵常需要很高的地面工作压力。小于 0.235 的面积比用于浅井,较大的环空过流面积可以防止气蚀。

从图中可以看出,较高面积比值泵的特性曲线在其最大效率区内,无量纲压力比 H 的值较高。由于 H 是度量产出液体压力升高的尺度,因此较高面积比适用于较深的有效举升高度。但这只能在产出流体的流量明显小于动力液量时才能实现($M<1.0$);面积比值较小的泵产生较小的压头,但却可举升比动力液流量要大的油井产量($M>1.0$)。

3. 水力射流泵采油的特点

水力射流泵具有结构简单、无运动部件、紧凑可靠、泵排量范围大、使用寿命长且检泵维修方便等特点,在陆上及海上油井采油、探井试油、油井排酸及气井排液等方面具有广泛的应用。

1)射流泵的主要优点

(1)没有运动部件,适合于处理腐蚀性流体和含砂流体;

(2)结构简单、尺寸小,性能可靠,运转周期长,适用于斜井、水平井及海上油田;

(3)检泵方便,无需起油管,可通过液力投捞或钢丝起下,维护费用低;

(4)产量范围大,控制灵活方便;

(5)适用于高气油比、高温、高含水油井;

(6)对非自喷井,可用于产能测试和钻杆测试。

2)射流泵的缺点

(1)因射流泵工作时存在严重的湍流和摩擦,泵效低;

(2)一般需大的动力液量和高的压力,因而需大功率的地面动力液供给系统;

(3)为避免气蚀,射流泵需要较高的吸入压力。

第五节 海上油田采油方式的选择

一、海上油气开采的特点

海上油气田开采受其环境条件的限制,一般要求平台上设备体积小、重量轻、免修期长、适用范围宽。

(1)体积小。要求地面设施体积小,结构简单,为减少平台尺寸和面积提供良好的基础。

(2)重量轻。减轻平台和导管架的负荷,简化井口平台结构。

(3)免修期长。可降低海上操作费,减少检修时间,充分发挥海上生产效率。

(4)适用范围宽。油气田开发期间,当地层压力和流体及其他物性发生变化时,不需改变采油方式和地面设施。总的来讲是要提高油田开发的综合经济效益。

二、海上采油方式选择的原则

海上油田人工举升方式不仅受到油藏条件、油井条件、地面(平台)条件的制约,而且还受效益和管理要求的制约,在采油方式的选择上,应力求经济、技术适应性等方面都能比较合乎具体油田情况,从而能有效地发挥油田的举升能力,充分发挥油藏的产油能力。

1. 海上采油方式选择的基本原则

(1)满足油田开发方案的要求,在技术上又具有可行性。选择技术上满足油田开发要求且工作状态好的采油方式,同时要从可靠性、使用寿命、投资大小、维护的难易程度及同类油田使用情况对比等多方面进行综合评价。

(2)适应海上油田开采特点。要求平台上设备体积小、重量轻、免修期长、适用范围宽。即所选择的采油方式、所需的设备,特别是地面设备的体积应尽可能小,重量要轻,这样可以有效地减少平台尺寸和所需面积,尤其应注意对电、气、仪表等辅助设备的技术要求。易操作主要是易于控制,以减少人为失误造成的损失。

(3)综合经济效益好。要综合评价一种采油方式,即从初期投资、机械效率、维修周期、生产期操作费等多个方面进行评价和对比,最后选择一种技术上适用、经济效益好的采油方式。

2. 海上采油方式选择的基本步骤

(1)适应海上平台丛式井组各种井况的要求,立足于地下,以油藏的特点和产液能力为基础。

(2)对油井的自喷能力、转抽时机和可以采用的举升方法进行分析,凡能自喷采油的,应尽可能地选用自喷采油,并确定其采油参数和井口装置。

(3)进行油井举升能力分析时,应对油藏、油管、油嘴、地面管线及油井生产系统进行压力分析(又称节点分析)。

(4)通过对比可采用的不同举升方法的经济效益,并综合考虑各方面的条件,便可最终评价采油方法选择是否合理,确定出最佳的配套采油方式。

(5)选择采油方法可从两方面入手,分析油藏不同开发阶段的产能特征和不同举升方法对油井生产系统的举升效果。使用优选技术、节点分析技术等优选采油方法;可以采用已掌握的油井产液能力资料,绘出流入动态 IPR 曲线(压力与流量关系曲线)。然后计算出包括管线和机械采油系统在内的油井举升能力,并画出每一种方法的油管入口曲线(压力与流量关系曲线),对比不同机械采油方法的流量。最后,从这两组曲线的交点可以求出采用不同采油方法后可以达到的生产水平。综合考虑主要的影响因素,选出最合理的采油方法,使油井能以最佳开采方式生产。

(6)对于稠油、高凝油、深井、低渗等油田开采方式,要有针对性的特殊考虑及设计。

(7)对优选的采油方法要作经济分析,计算返本期、净现值、设备折旧、盈利与投资比等。

(8)做好接替方案,适时转换采油方式。在开采过程中,随着采出程度、综合含水的上升和地层能量的下降,必须不失时机地转换采油方式,用人工举升方式接替。选择技术上安全可靠、适应性强、成熟配套的人工举升方式,实施一次性管柱投产,以减少作业工作量,提高整体开发效益。

几种举升方式最佳投资费用范围分析图(最低投资区域)与经济对比如图 4-52 和图 4-53所示。

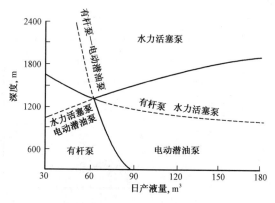

图 4-52 举升方式最佳投资费用范围分析图
(最低投资区域)

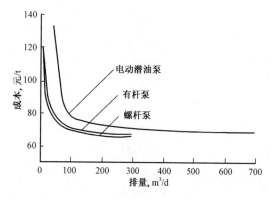

图 4-53 三种人工举升方式经济对比

(9)满足油田开发方案的要求,可根据图4—54、图4—55选择技术上满足油田开发要求且工作状态好的采油方式,人工举升方式评价如表4—1所示。

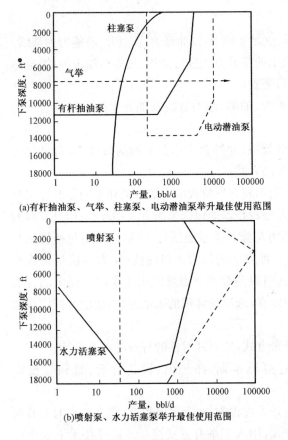

(a)有杆抽油泵、气举、柱塞泵、电动潜油泵举升最佳使用范围

(b)喷射泵、水力活塞泵举升最佳使用范围

图4—54 人工举升方式的选择图

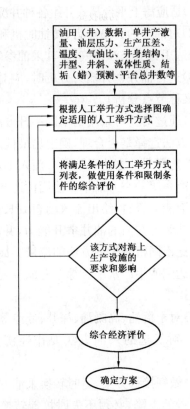

图4—55 采油方式选择逻辑图

表4—1 人工举升方式评价表

序号	项目	评价(分数)	举升方式1	举升方式2	举升方式3
1	井型	0~1			
2	井斜	0~2			
3	生产套管	1~3			
4	泵挂深度	0~2			
5	产层深度	1~3			
6	油层温度	0~5			
7	地下原油黏度	0~2			
8	气油比	1~3			
9	产液量	0~5			
10	产液固相含量	1~3			
11	含腐蚀性流体	0~2			

❶ 1ft(英尺)=0.3048m(米)。

序号	项目	评价(分数)	举升方式1	举升方式2	举升方式3
12	工作点井斜	0～2			
13	工作点以上最大狗腿度	0～1			
14	初期投资	0～3			
15	可操作性	1～3			
16	工作寿命	1～3			
17	维护	1～2			
18	管理经验	1～3			
19	技术配套	1～3			
20	国产化程度	1～3			
21	效率	1～3			
22	耗能	1～3			
23	动力来源	1～3			
24	地面控制设备	1～3			
25	对平台要求	1～3			
26	可靠性	0～2			
27	转换性	1～3			
28	灵活性	1～3			
29	综合经济性	1～5			
30	总计				

3. 海上油田适用的人工举升方式

由于油气藏的构造和驱动类型、深度及流体性质等的差异,其开采方式也不相同。常用的采油方式分为自喷采油和人工举升采油。海上油田适用的人工举升方式主要包括:电动潜油泵采油、水力活塞泵采油、气举采油、射流泵采油、螺杆泵采油等。下面对比分析海上常用人工举升方式的优缺点。

1)电动潜油泵

优点:排量大、易操作、地面设备简单,适用于斜井,可同时安装井下测试仪表,海上应用较广泛。

缺点:维护费用高,选泵受套管尺寸限制,不适用于低产井、高温井(一般工作温度低于130℃),一般泵挂深度不超过3000m。

2)水力活塞泵

优点:举升高度和产液量适应范围较宽,适用于斜井,灵活性好,易调整参数,易维护和更换。可在动力液中加入所需的化学试剂,如防腐剂、降黏剂、清蜡剂等。

缺点:高压动力液系统易产生不安全因素,动力液要求高,操作费用较高,对气体较敏感,不易操作和管理,难以获得测试资料。

3)气举

优点:产液量适应范围较宽,灵活性好,可远程提供动力,易获得井下资料。适用于定向井、高气油比井。

缺点:受气源及压缩机的限制,受大井斜影响(一般适用于60°以内斜井),不适用于稠油和乳化油,工况分析复杂,对油井抗压件有一定的要求。

4)水力射流泵

优点:易操作和管理,无活动部件,适用于定向井,对动力液要求低,根据井内流体所需,可加入添加剂,能远程提供动力液。

缺点:泵效低,系统设计复杂,不适用于含较高自由气井,地面系统工作压力较高。

5)电动潜油螺杆泵

优点:排量范围大,泵效高,适用于高黏度井、低含砂井及定向井。

缺点:与电潜泵相比工作寿命相对较低,一次性投资高。

根据不同油井的特点,选择出适用的人工举升方式,再根据适用的条件及投资情况等进行综合评价,确定可行的人工举升方式。

4. 海上油田人工举升方式的选择方法

(1)油井生产参数选择。油井生产参数是选择人工举升方式的基础,因此,应特别注意油井参数的正确性及合理变化范围,需确定的主要参数包括产液量、流体性质、地层特性及生产压差等。

(2)根据油井参数,选出满足要求的人工举升方式。

(3)将满足油井要求的几种人工举升方式进行技术性、经济性、可靠性及可操作性的对比,从而确定出技术上可行、经济效益好的人工举升方法。

三、海上油田自喷转入人工举升时机的选择

海上油田由自喷期转入人工举升的时机选择应该考虑以下几个方面的因素:

(1)井底流压变化。通常情况下,产层的地层压力及含水都会随着开采时间发生变化,从而引起井底流压的相应变化。当井底流压低于某一数值时,地层压力不足以将井筒原油举升至地面,则油井失去了自喷能力。要维持油井的正常生产,需及时采用适当的人工举升方法。

(2)产量要求。为保证并实现开发方案产量配产要求,获得更好的开发效益,仅靠天然能量是很难达到长期高产要求的。因此,为了达到一定的采油速度,在油井还具有一定自喷能力但已不能达到产量要求时,要及时转入人工举升采油,利用外部能量提供较高的油井产量,从而实现长期高产。

练 习 题

4.1 什么是油井流入动态?

4.2 何谓采油(液)指数?试比较单相液体和油气两相渗流采油(液)指数的计算方法。

4.3 已知某井的油藏平均地层压力 $\bar{p}_r=15MPa$,当井底流压 $p_{wf}=12MPa$ 时对应产量 $Q_o=25.6m^3/d$。试利用 Vogel 方程计算该井的流入动态关系并绘制 IPR 曲线。

4.4 在多相垂直管流中能量的来源与消耗有哪些?

4.5 试述垂直管气液两相流动的典型流型及其特点。

4.6 试述气举采油的工作原理,并分析气举的启动过程。

4.7 何谓气举启动压力、工作压力?试分析降低启动压力的措施及其工作原理。

4.8 电潜泵采油装置主要由哪几部分组成?并说明其主要组成部分的工作原理及作用。

4.9 试述水力活塞泵的工作原理。

4.10 简要分析水力活塞泵井下机组的组成及各部分的主要作用。

4.11　试述水力射流泵的工作原理。

4.12　根据射流泵无量纲特性曲线,如何选择喷嘴与喉管的面积比?

4.13　试述海上采油方式选择的基本原则。

4.14　试述海上采油方式选择的基本步骤。

第五章　注水与增产增注技术

第一节　注　水　技　术

海上油田开发遵循着合理利用油气资源和油藏天然能量的基本原则,因此一般首先利用天然能量进行高速开发,但随着开发时间的延长,地层压力逐渐降低,油田多数生产井产量也开始下降,当井网已基本完善、补充新井较难保持油田稳产时,注水作为补充地层能量的有效途径,就成为稳定海上油田产量的首选措施之一。

一、水源、水质

海上油田注水主要以海水作水源,而海水水质不稳定,随季节、天气和潮汐变化,处理难度较大。同时由于海上油田可利用面积和空间有限,洗井等作业用水困难,要求必须严格控制注入水的水质标准。因此,海上注水工程要求设备尺寸小、重量轻、防腐蚀、效率高且布置紧凑,同时具有严格的监测系统。

注水首先要根据油层矿物和地层水性质选择水源。

1. 水源选择

油田注水要求水源的水量充足、水质稳定。水源的选择既要考虑到水质处理工艺简便,又要满足油田日注水量的要求及设计年限内所需要的总注水量。

海上油田注水水源有下列几种:直接取海水和浅层井取海水,地层水,污水回注,岸边湖水、河水和浅层井取淡水。

海水对于海上油田来说是取之不尽的水源,且能控制注入层的黏土膨胀,因此海上油田普遍采用注海水。

浅层井取海水经海底砂床天然过滤,水量稳定,水质变化不大,悬浮固体、浮游生物含量都比较低,混浊度不受季节影响,水中含氧稳定便于处理。

地层水水源是根据地质资料,通过钻探而找到的地下淡水或盐水水源,地层水经处理合格后作为注入水回注地层,可以防止注水引起的黏土膨胀,与地层的配伍性较好。

由于海上石油平台距离陆地较远,采油污水在平台上处理后被直接排入大海,采油污水中含有大量的以石油类和悬浮物为主的污染因子,如果处理不合格而排放到海中,就会对附近海域的海洋环境造成严重污染。一般将采油污水返注回地层,另外再补充一定量的地层水或海水,达到注水和采油间的平衡。采油污水必须经过处理达到注入水质量标准才能回注。

2. 水质标准

海上注水开发的油田,其注入水的来源不同,水质也不同,必须经过严格处理,达到油田制定的注入水水质标准后才能注入。

注入水水质与储层特性不符、不配伍引起的油层损害主要包括堵塞、腐蚀和结垢。

研究表明,注水引起油层伤害的主要原因有两个:一是与储层性质不相配伍的注入水水质;二是不合理的处理方式及工艺。

注入水与地层水不配伍可能引起的损害主要有:注入水与地层水直接生成沉淀;注入水中溶解氧引起的沉淀;水中硫化氢(H_2S)引起的沉淀;水中二氧化碳(CO_2)引起的沉淀。

注入水与地层岩石配伍性及注入条件变化可能引起的损害有:矿化物敏感引起地层中水敏物质的膨胀、分散与迁移;流速敏感性引起地层中微粒的迁移;温度和压力变化引起的水垢及沉淀析出。

注入水中的不溶物主要包括:注入水中外来的机械杂质及悬浮物;注入系统中的腐蚀产物;各种环境下生长的细菌;油及其乳化物。

制定合理水质标准是保证海上油田正常注水的关键。制定各油田的注海水水质标准应遵循以下原则:剔除海水中有害物质的数量,满足注水后不会对流程、井身和地层造成腐蚀、结垢、堵塞;在充分考虑水质要求的基础上要考虑处理设备的体积、重量以及经济合理性;注入海水必须与地层配伍性好,不会对地层造成伤害。

目前我国海上油田注入水水质标准的制定因油田不同而不同,一般参照碎屑岩油藏注水水质推荐指标及分析方法(SY/T 5329—2012,表5－1),同时结合海上油田的实际制定水质标准。

表5－1　碎屑岩油藏注水水质主要控制指标

注入层平均空气渗透率,μm^2	<0.1			0.1~0.6			>0.6		
标准分级	A1	A2	A3	B1	B2	B3	C1	C2	C3
悬浮固体含量,mg/L	<1.0	<2.0	<3.0	<3.0	<4.0	<5.0	<5.0	<7.0	<10.0
悬浮物颗粒直径中值,μm	<1.0	<1.5	<2.0	<2.0	<2.5	<3.0	<3.0	<3.5	<4.0
含油量,mg/L	<5.0	<6.0	<8.0	<8.0	<10.0	<15.0	<15.0	<20.0	<30.0
平均腐蚀率,mm/a	<0.076								
点腐蚀	A1、B1、C1级:试片各面都无点腐蚀;A2、B2、C2级:试片有轻微点腐蚀;A3、B3、C3级:试片有明显点腐蚀								
SRB菌,个/mL	0	<10	<25	0	<10	<25	0	<10	<25
铁细菌,个/mL	<10^3			<10^4			<10^5		
腐生菌,个/mL	<10^3			<10^4			<10^5		

注:清水水质指标中去掉含油量。

参照碎屑岩油藏注水水质推荐指标及分析方法,结合海上油田实际,推荐七项注水水质控制指标:

(1)悬浮物固体含量及颗粒直径、腐生菌(TGB)、硫酸盐还原菌(SRB)和滤膜系数(MF)指标见表5－2。

表5－2　推荐海上油田注水水质指标

注入层渗透率 μm^2	悬浮物固体含量 mg/L	颗粒直径,μm	SRB菌,个/mL	TGB,个/mL	MF值
≤0.1	≤1.0	≤2.0	<10^2	<10^2	≥20
0.1~0.6	≤3.0	≤3.0	<10^2	<10^3	≥15
>0.6	≤5.0	≤4.0	<10^2	<10^4	≥10

(2)含油量指标见表 5—3。

表 5—3　推荐含油污水作为注入水含油指标

注入层渗透率，μm^2	含油量，mg/L
≤0.1	≤5.0
>0.1	≤10.0

(3)总含铁量应小于 0.5mg/L。

(4)溶解氧含量指标。回注污水溶解氧质量浓度小于 1.0mg/L，其他注入水溶解氧质量浓度应小于 2.0mg/L。

(5)平均腐蚀率应小于或等于 0.076mm/a。

(6)游离二氧化碳应小于或等于 1.0mg/L。

(7)硫化物(二价硫)。在清水中不应含硫化物，回注污水中硫化物质量浓度应小于 2.0mg/L。

二、注入水处理技术

1. 海水水质处理

作为注水水源的海水，由海平面以下一定深度提取，海水具有高矿化度，一般为 3500～4000mg/L，海水中含有可能对油层造成伤害的物质：

(1)水中含有丰富的溶解氧；

(2)海水中含有一定量的细菌；

(3)海水中含有大量的藻类及海生物；

(4)海水中还有大量的悬浮固体颗粒，且受海域、海流、气象等条件影响。

这些有害物质的存在，会给注水工艺流程、注水井甚至地层，造成结垢、腐蚀、堵塞等伤害，因此，海水必须进行严格的处理和监测，达到注入水水质标准后才能注入储层。海水处理的基本工艺流程为：取水→杀菌→过滤→脱氧→回注，如图 5—1 所示。

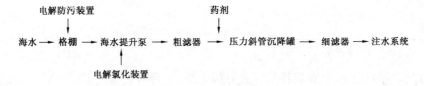

图 5—1　海水处理的基本工艺流程

1)取水

海水提升泵选用垂直多级离心泵，将泵置入套管中，伸入海面以下 5m 左右，套管底端封堵，四周设间距为 15mm 的格栅。每个套管格栅上装有电解防污装置，该装置主要由一个铜阳极栅网构成，直流电流流经该网，铜离子按控制的数量释放到海水中。铜离子具有防污作用，它能保持水道不被海水有机质(如藻类、贝类等)堵塞，同时也保护了海水提升泵。

2)杀菌

采用加氯系统或电解氯化装置，起到杀菌的作用。

(1)加氯系统是由给水泵、发生器、除氢罐、鼓风机、加压泵及整流器等组成(图 5—2)。

— 148 —

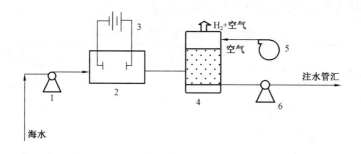

图 5-2　加氯装置示意图

1—给水泵；2—发生器；3—整流器；4—除氢罐；5—鼓风机；6—加压泵

从海底抽取海水，在发生器中电解产生次氯酸钠和氢气，电解后的产物在除氢罐中由鼓风机在上部吹入空气，稀释氢气，并安全排入大气，次氯酸钠溶液由增压泵送至注水管汇中，起到杀菌的作用。

（2）电解氯化装置。

电解氯化装置的心脏是电解槽，电解槽是海水的通道。电解槽包括典型的钛阴极和铜阳极，通入直流电后，产生次氯酸钠。次氯酸钠溶液输入储罐及氢脱气罐，然后由离心泵以稳定排量送到海水提升泵排水管汇中，使海水得到氯化，从而控制后续处理装置中微生物的生长。

3）过滤

一般经多级过滤的方式进行，在海水注入井口之前设有三至四级过滤。首先，在提升泵入口处有一个较粗的滤网，挡住体积较大的杂物、海生物和藻类，使这些体积较大的物体不至于进入到流程中来；第二级过滤是粗滤器，它可以滤除海水中较大的悬浮固体；第三级为细滤器，它可以滤除大多数颗粒较小的悬浮固体；第四级是在进入井口之前，再增加一级精细过滤器，进一步滤除直径更小的悬浮固体颗粒。海水过滤装置中的主要设备是粗滤器和细滤器。

粗滤器外壳为一圆筒状，如图 5-3 所示，内有一个同心的圆筒金属滤网，镶嵌在容器内，金属滤网壁由外向内网眼变细，最内层可以允许 $<100\mu m$ 颗粒物质通过。海水由上部入口进入，在压力作用下，通过滤网进入到容器与滤网之间的环形空间，由出口排出，杂质及藻类物质被截留于网内；在滤网内设置一毛刷，是用来进行反冲洗的，当进行反冲洗时，电动机带动毛刷转动，水流方向与处理过程反向，将截留杂质及藻类物冲刷出粗滤器。

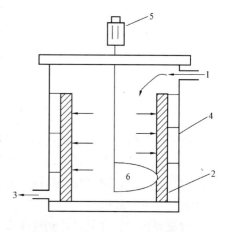

图 5-3　海水粗滤器示意图

1—海水入口；2—滤网；3—海水出口；
4—容器；5—电动机；6—毛刷

细滤器的结构原理基本上与污水处理系统中的滤罐相似，只是内部介质有所不同。

来自粗滤器出口的海水，除一部分分流去往原油冷却系统作为冷却和少量用于脱氧塔密封水外，其余海水进入细滤器进行进一步处理。

细滤器内部填充料分为三层,从上至下依次如表 5—4 所示。

表 5—4　细滤器内部填充料

过滤介质	粒径	填充厚度,mm
无烟煤	0.8～0.9mm	457
粒砂	30～40(目)	305
细砾石	8～12(目)	203

进入细滤器的海水,在压力的作用下,由上至下透过三层过滤介质,过滤介质拦截了水中直径大于等于 $5\mu m$ 的悬浮固体体积 95% 以上,达到了进一步净化海水的目的。

4)脱氧

为脱除海水中存在的对注水流程、井身及地层有害的溶解氧和其他气体,海水处理系统必须设置脱氧塔装置,脱氧塔装置一般由二级脱氧塔、真空泵、空气喷射器及其他配套管系、压力表和安全阀等构成(图 5—4)。

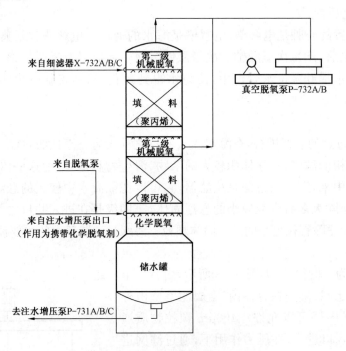

图 5—4　两级真空脱氧塔示意图
塔中聚丙烯填料起"碎水"作用,便于机械脱氧

脱氧塔一般具有真空脱气和化学脱气两种功能。

真空脱氧的基本原理是,依靠真空设备提供的真空压力,降低塔内的气体分压,使海水中溶解的气体逸出,并被抽出,从而除去海水中的溶解气体。一般真空脱氧可以使海水中的含氧量降到 0.05mg/L 以下。

为使海水中的含氧量达到注水要求的 0.01mg/L 以下,还必须进一步采取化学脱氧方法。

化学脱氧的基本原理是:加入化学试剂,可与溶解氧通过化学反应生成无腐蚀性产物。这些化学试剂称为除氧剂(或脱氧剂)。

常用的化学除氧剂有亚硫酸钠(Na_2SO_3)、二氧化硫(SO_2)和联氨(N_2H_4)等,最常用的是

亚硫酸钠,它的价格低廉处理方便,反应式如下:

$$2Na_2SO_3 + O_2 \longrightarrow 2Na_2SO_4$$

每除去 1mg/L 的氧需加 7.88mg/L 无结晶水的亚硫酸钠,投加时可适当有余量。水温低含氧少时,上述反应慢,可加催化剂硫酸钙(CaSO₄)促进反应。

5)配套的化学试剂注入

与海水处理流程相匹配的还有化学加药系统,输送海水的增压泵、注水泵系统,以及对海水的计量系统等。

化学试剂注入系统,包括相应的化学试剂罐,通过比例泵将所需添加的防腐剂、防垢剂、缓蚀剂、脱氧剂、催化剂、杀菌剂、消泡剂等加压送至流程中设计的各点。

图 5—5 为绥中 36—1 油田海水处理系统流程图。其海水处理系统由加氯装置给水泵、加氯装置、海水提升泵、粗滤器、细滤器、脱氧塔、空气喷射器、真空泵、化学试剂注入装置组成。

工艺流程为,设在平台上的海水提升泵将海水从海底门提升加压进入海水处理流程,先后经由粗滤器、细滤器、脱氧塔逐级过滤、脱氧后进入注水增压泵,由海底管线输送至各生产平台,各生产平台将分配来的处理后海水经过注水泵进一步增压后进入注水管汇,由注水管汇分配至各注水井,如图 5—5 所示。

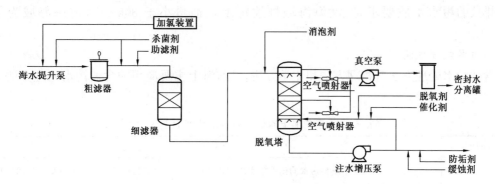

图 5—5 绥中 36—1 油田海水处理系统流程图

2. 含油污水水质处理

海上油田的含油污水处理系统,均采用闭式;辅助性污水处理系统采用开式。

海上油田污水来源于在油气生产过程中所产出的地层伴生水。为获得合格的油气产品,需将伴生水与油气进行分离,分离后的伴生水中,含有一定量的原油及其他杂质,这些含有一定量原油和其他杂质的伴生水称为含油污水。

1)含油污水水质

含油污水一般偏碱性,硬度较低,含铁少,矿化度高。含油污水中含有以下有害物质:

(1)分散油:油珠在污水中的直径较大,为 $10 \sim 100\mu m$,易于从污水中分离出来,浮于水面而被除去。这种状态的油占污水含油量的 60%~80%。

(2)乳化油:在污水中分散的粒径很小,直径为 $0.1 \sim 10\mu m$,与水形成乳状液,属于"水包油"(O/W)型乳状液。这部分油不易除去,必须反相破乳之后才能将其除去,其含量占污水含油量的 10%~15%。

(3)溶解油:油珠直径小于 $0.1\mu m$。由于油在水中的溶解度很小,为 5~15mg/L,这部分油是不能除去的。其占污水含油量的 0.2%~0.5%。

(4)污水中含有的阳离子主要有 Ca^{2+}、Mg^{2+}、Ba^{2+}、Sr^{2+} 等,阴离子有 CO_3^{2-}、Cl^-、SO_4^{2-} 等。这些离子在水中的溶解度是有限的,容易结垢。

(5)污水中还可能含有溶解的 O_2、CO_2、H_2S 等有害气体,其中氧是很强的氧化剂,它易使二价铁离子氧化成三价铁离子,从而形成沉淀。CO_2 能与铁反应生成碳酸铁 $Fe_2(CO_3)_3$ 沉淀,H_2S 与铁反应则生成腐蚀产物——黑色的硫化亚铁。

(6)污水中常见的细菌有硫酸盐还原菌、腐生菌和铁细菌等。这些细菌均能引起对污水处理、回注设备及管汇的腐蚀和堵塞。

含油污水经过处理后,要进行排放或者作为油田回注水、人工举升井动力液等。处理含油污水的目的是要求排放水或回注水达到相应的排放或回注标准,同时应充分考虑防止系统内腐蚀。

表5-5为油田回注水的含油指标。

表5-5　含油污水作为注入水的含油指标

注入层渗透率,μm^2	≤0.1	>0.1
含油量,mg/L	≤5	≤10

排放的污水水质要求是:渤海海域排放污水含油量小于 30mg/L,南海海域为小于 50mg/L。

2)污水处理方法

含油污水处理方法有物理方法和化学方法,目前海上主要应用的含油污水处理方法如表 5-6 所示。

表5-6　目前海上油田含油污水处理的主要方法

处理方法	特点
沉降法	靠原油颗粒和悬浮杂质与污水的比重差实现油水渣的自然分离,主要用于除去浮油及部分颗粒直径较大的分散油及杂质
混凝法	在污水中加入混凝剂,把小油粒聚结成大油粒,加快油水分离速度,可除去颗粒较小的部分散油
气浮法	向污水中加入气体,使污水中的乳化油或细小的固体颗粒附在气泡上,随气泡上浮到水面,实现油水分离
过滤法	用石英砂、无烟煤、滤芯或其他滤料过滤污水除去水中小颗粒油粒及悬浮物
生物处理法	靠微生物来氧化分解有机物,达到降解有机物及油类的目的
旋流器法	高速旋转重力分异,脱出水中含油

3)污水处理系统设备

根据用途确定污水处理后要求的水质标准,按照高峰污水处理量、地层水性质和污水水质处理要求标准,结合海上空间面积来选择经济、合理的污水处理设备。

海上油田污水处理设备选择的基本原则:

(1)满足油田最高峰污水处理量达标;

(2)设备效率高、体积小、占地面积小;

(3)结构简单,易操作;

(4)价格便宜,经济效益好;

(5)维修简便,免修期长等。

部分污水处理设备及处理方法参见表5－7。

表5－7 部分污水处理设备及处理方法

序号	设备	主要方法	序号	设备	主要方法
1	沉降罐	沉降法	7	活动滤料式聚结器	混凝法、过滤法
2	加压溶气浮选装置	气浮法	8	过滤罐	过滤法、化学法
3	叶轮式气浮装置	气浮法	9	重力式无阀滤罐	过滤法
4	喷嘴自然通风浮选池	气浮法	10	单阀过滤罐	过滤法
5	聚结板式聚结器	混凝法、沉降法、物理法	11	水力旋流器	旋流器法
6	固定滤料式聚结器	混凝法、过滤法			

(1)沉降罐。

沉降罐是按照标准容器制造的圆筒形分离器,目前在油田上应用较广。沉降罐有一个中心进口和一个外缘出口,其结构如图5－6和图5－7所示。

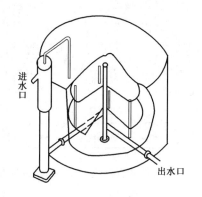

图5－6 沉降罐剖视图

图5－7 沉降罐内部结构图

气导管相当于一个预分离筒用以减缓流速,可使天然气分离。通向立管的管线和立管在分离器中起着前舱室的作用,液体流经管线到立管的速度被保持在一定范围内。

位于两个分水器之间的空间相当于API分离器油水分离的流道。每个分水器的面积几乎是大罐面积的一半。分离器外缘和罐壁之间的空间,留作建造空间。

出口槽缝和管线被连接到外边的虹吸管弯上,以便控制内部液面。油水界面要保持在高于上部分水器的位置,在上部分水器的上方安装了一个撇油器,以便连续回收分离出的原油。在两个分水器之下或在中央立管之中放出的任何天然气将从罐顶排出。天然气帽可使罐与空气隔绝。锥底罐用于收集污泥和沉渣。

(2)加压溶气浮选装置。

加压溶气浮选装置流程如图5－8所示。加压溶气浮选是用水泵将废水加压到0.2～0.3MPa,同时注入空气,在溶气罐中使空气溶解于废水中。废水经过减压阀进入浮选池,由于突然减到常压,这时溶解于废水中的空气便形成许多细小的气泡释放出来。

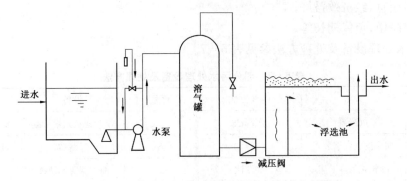

图 5-8　加压溶气浮选装置流程图

（3）叶轮式气浮装置。

叶轮式气浮污水净化装置有气体通路和液体通路两个流体通路,它分为三个不同的区,对于提高设备的除油效率,三个区都是重要的,如图 5-9 和图 5-10 所示。

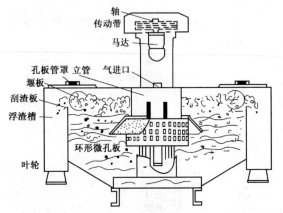

图 5-9　叶轮式气浮装置净化含油污水示意图　　图 5-10　叶轮式气浮装置气浮室水力特性图

气体从气浮室的上部气顶进入液体中,这就是通路 A。同时液体从气浮室下部向上循环,这就是通路 B。液体向上循环到两相混合区与气体混合。

混合区必须注入足够的气体,在足够量的剪切力下破碎为微细气泡,使气泡与油珠和固体颗粒附着,形成附着有气泡的油和固体絮凝体。气浮区要充分平衡,这样絮凝体才可上浮并从液体中分离出来。

由于气泡与油珠和固体颗粒之间的相互作用受到表面化学的影响,因此通常多通过添加混凝剂、气浮助剂和发泡剂的办法,加快油珠和固体颗粒的絮凝效果,提高絮凝体与气泡的附着力。

（4）喷嘴自然通风浮选池。

喷嘴自然通风浮选池如图 5-11 所示。水喷射泵将含油污水作为喷射流体,当污水从喷嘴以高速喷出时,在喷嘴处形成低压区,造成真空,空气就被吸入到吸入室。喷嘴式气浮要求有 0.2MPa 以上的压力,当高速的污水流入混合段时,同时将吸入的空气带入混合段,并将空气剪切成微小气泡。在混合段,气泡与水相互混合,经扩散段流入浮选池。在气浮室,微小气泡上浮并逸出水面,同时将乳化油带至水面加以去除。

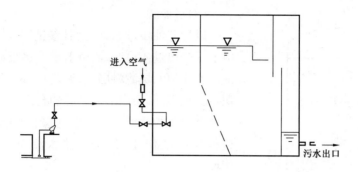

图 5-11 喷嘴自然通风浮选池

(5)聚结板式聚结器。

聚结器由于内部结构不同又分为聚结板式、固定滤料式、活动滤料式等。

波纹板在除油分离器内呈一定角度安放,为油上升到集油槽提供了凹形的通道,沉渣沉积到由平行板构成的每个通道的底部,并且下滑到分离器底部的集污槽中,如图5-12所示。

当含油污水在波纹之间的孔隙中流过时,由于污水中的油滴比水轻,油滴向上浮起并很快黏附在波纹板的底面。波纹板底面上的油滴相互聚结在一起形成一层油膜,沿波纹板向上移动,并在波纹板的顶端化成较大的油滴上浮到污水的表面,最后经穹顶上的排放口排到集油槽中。图5-13为油田板式聚结器的结构及工作原理示意图。

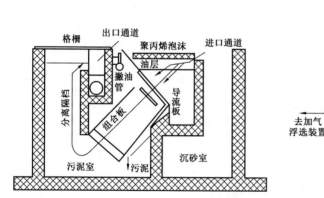

图 5-12 典型波纹板除油器的断面和流程图

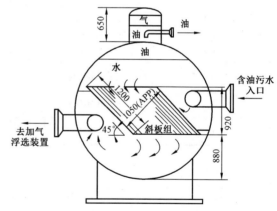

图 5-13 板式聚结器结构原理图

(6)固定滤料聚结器。

固定滤料聚结器是一种利用高孔隙亲油聚结滤料处理含油污水的设备。当污水中的油浸润聚结滤料的表面时,就从水中分离出来,在滤料内的小油滴逐渐聚结成较大的油滴。通过滤料之后,那些变大的油滴则在容器的分离室内因重力作用最后被分离出去。当滤料被油饱和后应进行反冲洗。

(7)活动滤料聚结器。

活动滤料聚结器是一个装有滤料滤床的容器。滤床提供了很大的表面积,产出水中的微小油滴可在此滤料上聚结,起到常用砂滤器的作用。在滤床的表面上滤出悬浮固体。

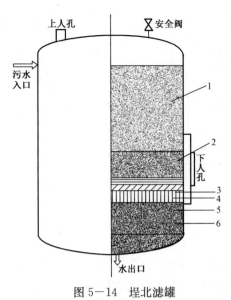

图 5-14 埕北滤罐

（8）过滤罐。

以埕北油田过滤罐为例，参见图 5-14。含油污水由上部进口进入过滤罐，由上至下逐级通过滤料层。滤罐内共充填六层滤料层，参见表 5-8。不同滤料层由于颗粒直径不同，层内形成不同的孔隙，污水中所含污油、悬浮杂质就被截留下来。当过滤器工作一定时间后，需进行反冲洗作业，其反冲洗水流向与污水处理流向相反。

（9）重力式无阀滤罐。

重力式无阀滤罐结构示意图如图 5-15 所示。重力式无阀滤罐是一种靠水力控制达到无阀和自动反冲洗的滤罐。在正常过滤时，污水由进水分配槽沿进水管进入无阀过滤罐，通过挡板改变水流方向，从上而下流过滤料层、承托层、底部空间、连通渠，进入反冲洗水箱，最后经出水管排出罐外。当反冲洗时利用自身的反冲洗水箱可进行反冲洗。

表 5-8　埕北油田滤罐（F301）内部滤料表

序号	材料	粒径，mm	滤料层厚度，mm
1	无烟煤	1.2	1000
2	细砂	0.8	400
3	粒砂	2.0～5.0	100
4	细砾石	5.0～10.0	100
5	粗砾石	10.0～15.0	200
6	粗砾石	15.0～25.0	749

（10）单阀过滤罐。

单阀过滤罐的结构如图 5-16 所示。在生产过程中，含油污水从进口进入滤料层，通过滤层后，从集水室和上部水箱的连通管返入上部水箱，当液位达到出口管高度时，滤后水经过水管流到吸水罐。反冲洗时，上部水箱的水由连通管到达集水室，通过配水筛板，对滤料层进行反冲洗。进水挡板的作用是避免水流直接冲在石英砂滤层上，把进水口附近的砂粒冲走，使供水尽可能均匀地分布在滤层上。

（11）水力旋流器。

水力旋流器是一个外形长，内部装有圆锥形筒的压力容器，如图 5-17 所示。生产污水由入口处进入，在圆锥筒内旋转，形成旋流，其离心力足以使油水分离，密度较大的水及固体颗粒靠近管壁，而密度较小的油则集中到中心部位，中心部位为低压区，水相在管壁连续旋转并下降，且截面积逐渐减少，最后水及固体颗粒从细口端排出，而油则沿中心线从粗口端排出。

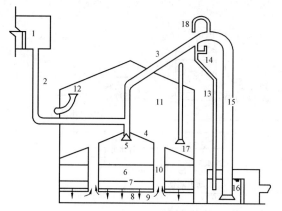

图 5—15　重力式无阀滤罐

1—进水分配槽；2—进水管；3—虹吸上升管；4—顶盖；
5—挡板；6—滤料层；7—承托层；8—配水系统；
9—底部空间；10—连通渠；11—反冲洗水箱；12—出水管；
13—虹吸辅助管；14—虹吸破坏管；15—油气管；
16—虹吸下降管；17—水封片；18—虹吸破坏计

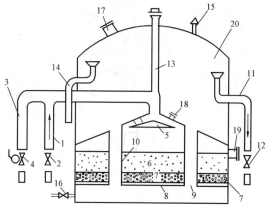

图 5—16　单阀过滤罐结构图

1—进水管；2—进水阀；3—反冲洗排水管；4—反冲洗电动阀；
5—进水挡板；6—石英砂滤层；7—卵石垫层；8—配水筛板；
9—连通管；10—阻力圈；11—出水管；12—出水阀；
13—防虹吸管；14—溢流管；15—通气孔；16—排污阀；
17,18,19—人孔；20—储水箱

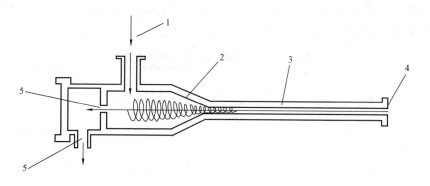

图 5—17　水力旋流器结构示意图

1—含油污水入口(切向入口)；2—圆锥体涡流腔(加速部分)；3—等截面尾部；4—水出口；5—污油出口

当固体颗粒含量大于 200mg/L 时，水力旋流器最好应立式安装。根据处理量大小也可以选择多个水力旋流器并联的方式来加大处理量。

(12)配套的化学药品泵管系统。

化学药品注入系统是由化学注入罐、比例泵和管汇组成。化学注入罐的容量一般按其注入量大小选择，罐上设有搅拌器，可以使配置的化学药品均匀混合；罐上设有相应的液位显示、人孔等；化学注入泵选用比例泵，能够调整其比例，达到调整注入量的目的；化学注入泵出口管汇，最终接至主流程中所要求的入口处；化学注入泵的出口压力必须高于所注入管汇的压力。

4)含油污水处理流程

用管线、泵等将选择的含油污水处理装置连接到一起，含油污水通过逐级处理装置脱除含油污水中的有害物质。这种管线、泵、含油污水处理装置的组合，就是含油污水处理流程。

由于海上油气田的处理量大小不同，原油及伴生水性质不同，处理后的污水要求标准不同，还有海域、经济效益等因素不同，所选择的处理设施不可能相同。

埕北油田污水处理系统如图 5—18 所示。

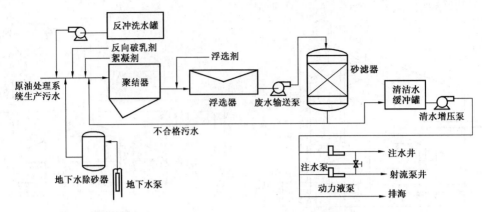

图5—18 埕北油田污水处理系统工艺流程图

埕北油田的污水处理装置包括聚结器、浮选器、砂滤器和缓冲罐。来自原油处理系统的含油污水,首先经聚结器(V—301/B),在聚结器入口前加入絮凝剂,在聚结器中,通过絮凝和重力分离,较大颗粒原油及悬浮固体上浮并被撇入导油槽。

处理后的污水靠位差进入加压式浮选器(X—301/B),由底部加入少量天然气,作为附着小油滴载体与油珠一起上浮到顶部,上部撇油装置将油撇出。处理后的污水由下部出口流出。

来自浮选器的污水由泵加压输送到过滤器(F—301A/B/C),由上至下通过过滤层,处理后污水进入缓冲罐(T—301A/B)。处理后的合格水可用做注入水或动力液,剩余部分排海。

埕北油田含油污水各级处理参数见表5—9。

表5—9 埕北油田含油污水处理参数

含油,mg/L 项目 \ 装置		聚结器	浮选器	过滤器	备注
入口	设计	<3000	<100	<10	实际含油量选用处理量为3600m³/d的状况
	实际	<3000	100～300	30～50	
出口	设计	<100	<10	<5	
	实际	100～300	30～50	15～30	

南海东部油田采用了水力旋流器设备,含油污水处理流程见图5—19,含油污水处理统计表如表5—10所示。

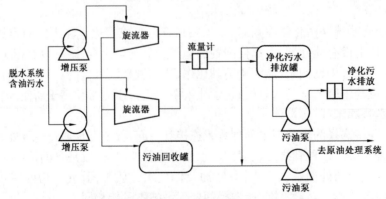

图5—19 旋流器处理含油污水流程示意图

表 5－10 南海东部油田水动力旋流器污水处理统计表

油田	处理设备	制造厂家	设计参数			实际操作参数			处理效果	备注
			处理量台数 ×10⁴bbl/d	压力 psi	温度 ℃	处理量 ×10⁴bbl/d	压力 psi	温度 ℃	水中含油量 mg/L	
惠州 26－1	水力旋流器	Modular Production Equipment INC	2×7	—	—	9.2	—	—	20～34	在平台
惠州 32－3	水力旋流器	Modular Production Equipment INC. Vortoil	1×6 1×4.2	240	120	6.8	—	—	10～27	在平台
陆丰 13－1	水力旋流器	Modular Production Equipment INC	1×6 1×5	240	120	6.4	—	—	10～37	在平台
西江 24－3 西江 30－2	水力旋流器	—	2×3.7	230	93	2.6	—	—	14～41	在 FPSO
流花 11－1	水力旋流器	KRESS (Petroleum Techonogies)	6×5	240	120	14.6	—	—	39～47	在 FPSO
陆丰 22－1	水力旋流器	KVAERNAR	3×4	290	125	7.5	—	—	18～32	在 FPSO

注:规定的污水排放标准≤50mg/L。

5)污水回注流程

污水回注流程比较简单,如图 5－20 所示。污水处理流程来水首先进入净化水缓冲罐,缓冲罐上部有天然气注入口,目的是防止氧气进入;顶部设有呼吸阀;增压泵将污水提取供给注水、动力液用水系统及排海,来自注水的污水经注水泵增压后通过注水管汇分至各注水井。

污水回注的注意事项:

(1)污水回注由于污水流程是密闭运行,其含氧量应是合格的,但是在生产过程中应防止破坏其密闭状态,如处理流程的开盖等。

(2)污水处理的质量取决于原油、污水两大处理系统的稳定,任何一个流程不稳定,都会影响到最终的污水处理效果,所以在管理过程中要全面,注意最终结果的同时要注意中间环节。

(3)污水由于温度高,含有一定量的钙及碳酸根离子,易结垢,应加强相应防垢措施。

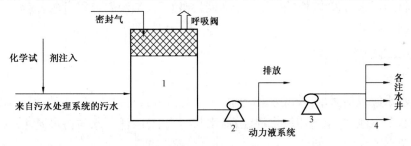

图 5－20 埕北油田注水流程示意图
1—净化水缓冲罐;2—增压泵;3—注水泵;4—注水管汇

3. 地层水水质处理

1)地层水的水质

地层水一般具有矿化度较高,含有一定量的铁、锰等离子,以及带有一定量的悬浮固体颗粒等特点,不同地域不同层系地层水有害物质含量不同。

2)水质标准

(1)不同油田应制定相应的适合本油田的注水水质标准,应由主管生产部门组织制定。

(2)录取地层水的水质资料,分析水中各种物质含量。

(3)针对地层水中各种物质含量,评价其油层损害程度,进行水质处理后,使其达到规定标准。

(4)制定资料录取项目、录取频率及要求等。

3)地层水处理方法及工艺流程

地层水的处理方法,取决于水源中所存在的有害物质,处理目的是除去这些有害物质。

图5-21所示是渤西油田歧口18-1平台设置的一套完整的注地层水工艺流程图,其主要设备有地下水泵、除砂器、粗滤器、细滤器、缓冲罐、注水泵及相匹配的化学注入系统、仪表控制系统、注水管汇及计量系统等。

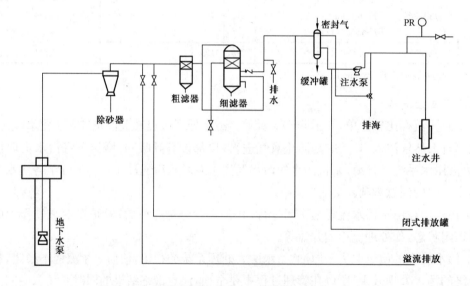

图5-21 渤西油田歧口18-1平台注地层水工艺流程

提升泵将地层水由采水井中提出,经除砂器、粗滤器、细滤器三级过滤,逐级由大到小滤除水中含有的固体颗粒。

4. 混注水质处理

1)混注类型

海上注水水源包括海水、浅层水和污水,采取混注方式可以有以下四种组合:海水、浅层水和污水三种水源混注;海水与浅层水混注;海水与污水混注;浅层水与污水混注。

2)混注原则

(1)相容性,包括混注水之间的相容性和混注水与地层水之间的相容性。

混注水之间的相容性:采用化学试验分析、结垢的判断方法或通过计算机结垢预测软件确定混注水之间是否会发生沉淀及结垢。

混注水与地层水之间的相容性：

① 通过化学试验分析、结垢的判断方法或通过计算机结垢预测软件确定混注水与地层水是否会发生沉淀及结垢。

② 通过地面岩心试验，确定混注水与地层岩石是否会发生盐敏、酸敏、碱敏、速敏、水敏效应以及确定是否有黏土膨胀和颗粒运移等问题。

（2）混注对设备的要求。

在海上油田设置了海水、浅层水和污水处理系统的基础上，可以采用混注方式。如果采用三种水源同时混注，需要设置三套水处理流程，占地面积大，十分不经济，而且三种水源混注增加了配伍性难度，所以不宜采取三种水源同时混注。

采用两种水源混注时，由于受水源水质性质、温度、操作压力等影响，也容易结垢。室内试验表明，在操作压力、温度不变，水质相对稳定的状况下，可以找出两种水源相对合理的配比，但是，要求设备和流程具有一定的防垢能力，同时应在流程注入阻垢剂和防腐剂等。

三、注水工艺

1. 注水流程

陆上油田注水系统是由注水站、配水间、注水井以及连接管线组成的复杂管网。海上油田可利用面积和空间有限，要求设备尺寸小、重量轻、防腐蚀、效率高且布置紧凑。与陆上油田相比，海上平台注水流程相对简单，配水间被简单的节流阀代替，可简化为水源井→注水泵→节流阀→注水井的模式。

海上油田一般采取单干管串联井组平台的集中注水流程。注入水在中心平台集中升压，高压水通过海底注水管线，从中心平台输入周围的卫星平台。从中心平台出来的海底注水干线首先经过附近的卫星平台（该平台通过支管分出一部分高压水供平台回注），干管再下平台延伸到下一个卫星平台，最后一直延伸到最远端的卫星平台。

海上油田注水流程如图5—22所示。

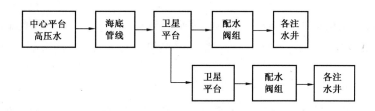

图5—22　海上油田注水流程框图

2. 注水管柱

通常注水工艺按注入通道可分为：正注（注入通道为油管）、反注（注入通道为套管环空）和合注（油套管同时注水）。注水工艺按是否分层又可划分为笼统注水和分层注水。目前海上油田的注水同样分为笼统和分层注水两种方式。

1）笼统注水管柱

笼统注水就是在同一压力条件下对各吸水层实施注水。笼统注水主要适用于某些油田开发初期注水或油井转注初期的注水;适用于只有一个油层或虽有几个油层,但油层物性非常接近、层间矛盾差异小的油田注水。另外对于各注水层间纵向连通性好,其间没有明显隔层的多油层油田也采用笼统注水。

海上油田常用的笼统注水管柱如图5—23、图5—24、图5—25所示。

(1)单油管注水管柱(图5—23):注入水由地面控制直接进入地层。

(2)直接可取式笼统注水管柱(图5—24):管柱上带有可反洗井的压缩式封隔器,当油管内的注水压力达一定值时,封隔器膨胀,将注入层以上的套管环空封隔开,以防止套管脏物进入地层。

(3)永久封隔器注水管柱(图5—25):使用这种管柱时,必须根据管柱受力效应对油管伸缩量进行精确计算,防止插入密封件上升移出封隔器密封筒之上。

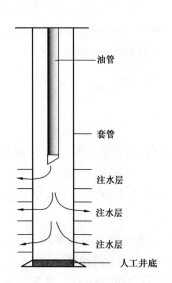

图5—23 单油管注水管柱

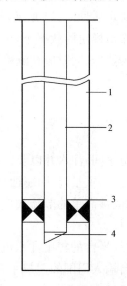

图5—24 直接可取式笼统注水管柱
1—套管;2—油管;3—封隔器;4—引鞋

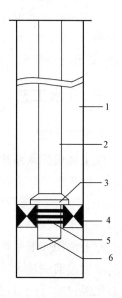

图5—25 永久封隔器注水管柱
1—套管;2—油管;3—定位接头;
4—封隔器;5—插入密封;6—引鞋

笼统注水管柱结构简单,现场容易操作,缺点是开采过程中层间矛盾明显,单层吸水量无法控制,注入水容易沿高渗层突进,造成高渗层过早见水或水淹,直接影响中低渗透层的水驱效果。

2)分层注水管柱

分层注水是在进行非均质多油层开采中,为加强中、低渗透层并控制高渗透层注水,按配注要求,在注水井中实现分层控制注入的注水方式。通过分层注水,可使层间矛盾得到调整,地层能量得到合理补充,降低油井含水上升速度,所以注水井实行分层配注,是实现油田稳产、高产和提高油田无水采收率及最终采收率的有效措施。

分层注水原理是将所射开的各层按油层性质、含油饱和度、压力等相近,层与层相邻的原则,按开发方案要求划分为几个注水层段。通常与采油井开采层段对应,采用一定的井下工艺措施,进行分层注水,以达到保持地层压力,提高油井产量的目的。

分层注水工艺主要包括分层注水工具、管柱、分层测试、调配工艺。分层注水是通过分层注水管柱来实现的,注水管柱主要由封隔器、配水器和其他配套工具组成。

根据井下管柱数量,分层注水工艺管柱可分为单管分层注水工艺管柱和多管分层注水工艺管柱;按照受力状态,可分为悬挂式分层注水管柱和锚定支撑式分层注水管柱;根据配水器的不同,主要分为空心注水管柱和偏心注水管柱。

(1)单管分层注水工艺管柱。

单管分层注水是在井中只下一根管柱,利用封隔器将整个注水井段封隔成几个互不相通的层段,每个层段都装有配水器。注入水从油管入井,由每个层段配水器上的水嘴控制水量,注入各层段的地层中。按配水器结构,可分为空心配水器注水管柱和偏心配水器注水管柱。

① 空心配水器注水管柱。

空心配水器注水管柱的结构如图 5—26 所示,主要由扩张式封隔器和空心活动配水器等组成。各级配水器的芯子直径由上而下逐渐变小,需要从下而上逐级投送,从上至下逐级投捞。该管柱便于测试,更换配水嘴不需动管柱。但由于受配水器内通径的限制,使用级数受到限制,一般是三级,最高为五级。调整下一级配水嘴时,必须捞出上一级,投捞次数多。

空心配水管柱技术要求两个封隔器卡距较长(保持在 8m 左右),开发方案要求单独开发的薄层分隔不出来,达不到细分开采的目的。

同心集成式分层注水管柱可以解决细分开采的问题,两个封隔器卡距可缩小到 2~3m,满足注采方案的需要。同心集成式注水管柱如图 5—27 所示,由上封隔器、配水封隔器、配水器(堵塞器)、下封隔器、连通器及丝堵组成。上封隔器起保护套管作用。配水封隔器为 DQY141—114 型可洗井封隔器,内有定位台阶,配水器位于其中,该封隔器两端带有钢球扶正装置,使整体管柱居中,从而有利于封隔器的密封。连通器即爆破阀,待封隔器坐封后,提高压力至爆破压力,即打开,实现下注水层与套管连通。

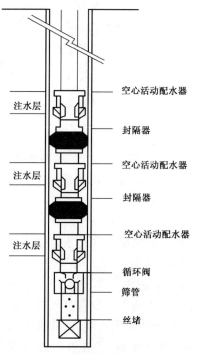

图 5—26　空心配水器注水管柱

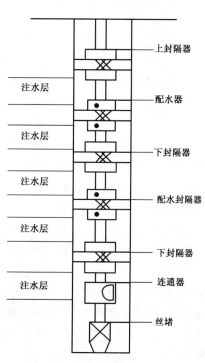

图 5—27　同心集成式分层注水管柱

② 偏心配水器注水管柱。

偏心配水器芯子堵塞器与油管轴线不同心,故称偏心。管柱是由封隔器、偏心配水器、活动撞击筒、底部单流阀及油管组成。偏心配水器由堵塞器和偏心工作筒组成,由专用投捞器投捞堵塞器(其中装有水嘴),可实现多级细分配水,一般可分 4～6 个层段,最高可分 11 个层段,还可实现不动注水管柱而任意调换井下配水嘴和进行分层测试,能大幅度降低注水井调整和测试作业工作量,而且测试任意层段注水量时,不影响其他层段注水,因此偏心配水器注水管柱是目前国内外用得最多的分层注水管柱。

偏心式注水管柱按其所用封隔器类型又分为可洗井、不可洗井两种管柱;按管柱测试的方式不同可以分为普通偏心式注水管柱和桥式偏心配水管柱,如图 5-28 所示。桥式偏心配水管柱既能满足分层注水要求,又可实现分层段高效测压;流量测试可实现单层直接测试,避免了递减法存在的误差;压力测试不用投捞堵塞器,提高了分层资料的准确性和测试效率。

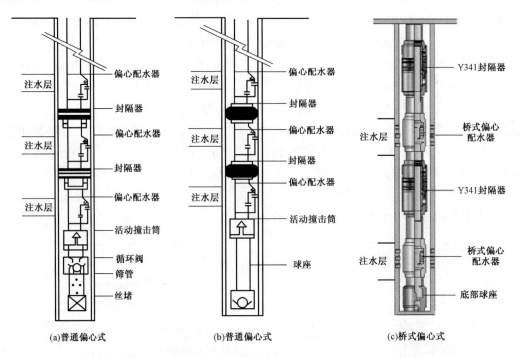

(a)普通偏心式　　　　(b)普通偏心式　　　　(c)桥式偏心式

图 5-28　偏心配水管柱示意图

图 5-28(a)所示的普通偏心配水管柱主要由压缩式封隔器和偏心配水器等组成,而图 5-28(b)所示的普通偏心配水管柱主要由扩张式封隔器和偏心配水器等组成。若要满足洗井要求则必须采用可洗井封隔器。

(2)多管分层注水工艺管柱。

多管分层注水工艺管柱按其相对位置来分,又分为同心管注水完井工艺管柱、平行管注水完井工艺管柱和混合分注完井工艺管柱,其特点是分层的注水量较大。由于分层注水量由地面控制,可减少深井斜井投捞配水的钢丝作业量,减少事故。但由于作业复杂,封隔器费用较贵,因此管柱需考虑多种情况及需要,做到一次下井长期不动,适用于套管直径较大的井中。

图 5-29 为双管分层注水管柱示意图。井口装置两翼安装可调水嘴,调节水量,下部分层封隔器可用永久封隔器或液压封隔器,上部双管封隔器为液压坐封,上提解封封隔器,管柱带有伸缩、旋转接头及坐落接头、滑套等工具。管柱要分段考虑温度效应,分段配伸缩接头。同

时还要考虑管柱长期不动,井底污垢的洗井措施和油管腐蚀情况,必要时应使用涂层油管。

3. 注水管柱设计

1)注水管柱设计原则

(1)应能满足配注所需的功能要求,满足油层对注水量的要求。

(2)应能满足井下作业、配水测试作业要求。

(3)设计应考虑井况,满足安全要求。

(4)应能满足防腐要求。

2)注水管柱设计内容

(1)管柱类型选择。

根据油层、井身结构情况、配注方案的要求,选择注水管柱类型,主要包括分层注水管柱和笼统注水管柱两种。

(2)井下工具选择及要求。

根据管柱类型,选择适用的井下工具,主要包括分层配水工具、分层封隔工具、调节管柱伸缩的工具及其他配套工具。对工具的选择应考虑以下要求:

① 强度及压力等级,要符合生产及工作条件要求。

② 工具的尺寸、工具的外形尺寸符合作业要求,内通径符合作业层测试要求。

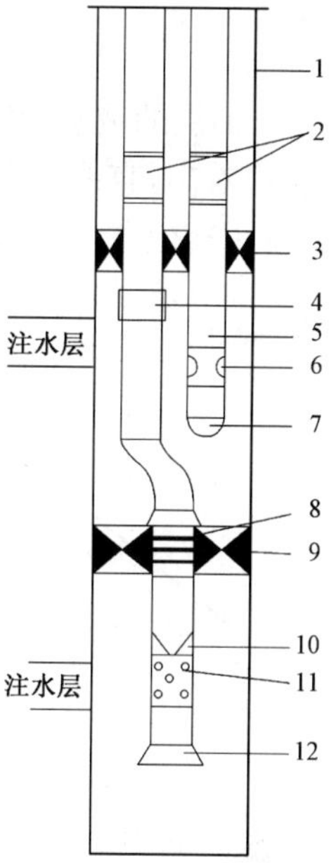

图5—29　双管分层注水管柱示意图
1—套管;2—伸缩短节;3—双管分隔器;
4—旋转接头;5—油管;6—滑套;
7—球堵;8—插入密封;9—单管封隔器;
10—坐落接头;11—带孔管;12—引鞋

③ 工具材质及密封件材质要符合流体性质、井下温度、压力、环境及工作条件等要求。

④ 工具的结构、开启下入起出等动作应协调一致符合生产及作业要求。

(3)注水管柱油管直径的确定。

一般小注入量的注水井,摩阻损失不是主要矛盾,可以不做油管直径敏感性分析,只考虑投捞、测试的通径要求。另一方面要考虑注入水在井下停留时间,原则上不要超过12h。对大排量注水井(日注几千立方米以上的注水井)要根据油田开发方案对注水井的配注要求,依据注水井试注资料,确定注水井吸水指数。选取不同的吸水指数和注入排量,在规定的注水压力下,进行油管直径敏感性分析。通过对油管直径敏感性曲线分析对比,优选确定油管直径。

(4)管柱受力计算。

管柱起下措施作业及生产过程中,都要受到内外压力、温度、重力等影响,因此应对管柱受力及伸缩长度进行分析计算,确认管柱是否合理。对管柱的分析计算,在理论计算的基础上,校核各段管柱的安全系数。

四、注水井吸水能力

1. 注水井指示曲线

稳定流动条件下,注入压力与注水量之间的关系曲线如图5—30所示。

在直线上任取两点(图5—31),由相应的注入压力 p_1、p_2 及注入量 Q_1、Q_2,用式(5—1)可计算出油层的吸水指数 K。

$$K = \frac{Q_2 - Q_1}{p_2 - p_1} \qquad (5-1)$$

式中　K——油层的吸水指数，$m^3/(d \cdot MPa)$。

由上式可看出，直线斜率的倒数即为吸水指数。用指示曲线计算吸水指数时，应用有效指示曲线，即应用有效注水压力与相应注水量绘制的指示曲线。

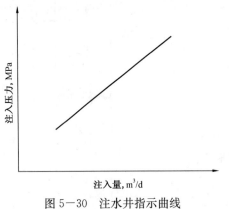

图 5—30　注水井指示曲线

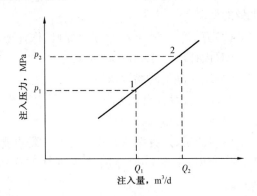

图 5—31　由指示曲线求吸水指数

通过对井口指示曲线形状的特征和曲线斜率变化的分析可以了解油层吸水能力及其变化，作为进行分层配水计算的主要依据。

（1）指示曲线右移，斜率变小，说明吸水指数变大，油层吸水能力变好。图 5—32 中曲线 I 为原先所测指示曲线，曲线 II 为过一段时间后所测曲线。

（2）指数曲线左移，斜率变大，说明吸水指数变小，油层吸水能力变差，如图 5—33 所示。

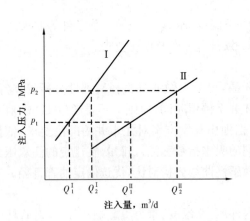

图 5—32　指示曲线右移，吸水能力增强

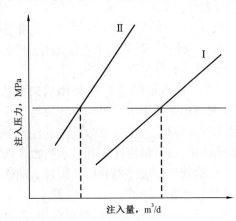

图 5—33　指示曲线左移，吸水能力下降

（3）指示曲线平行上移，斜率不变，说明吸水能力未变，而是油层压力升高，如图 5—34 所示。

（4）指示曲线平行下移，斜率不变，说明吸水能力未变，而是油层压力下降所致，如图5—35 所示。

用井口实测注水压力绘制指示曲线时，必须是在同一管柱结构的情况下所测得的指示曲线，而且只能对比其吸水能力的相对变化。不同管柱结构下所测得的指示曲线，由于井内压力损失不同，不能用它们来进行对比和研究油层吸水能力的变化。

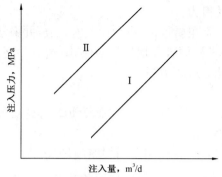

图 5—34　曲线平行上移,油层压力升高

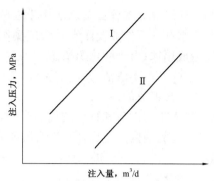

图 5—35　曲线平行下移,油层压力下降

2. 吸水指数

吸水指数是指单位注水压差下的日注水量,单位为 $m^3/(d \cdot MPa)$。

$$吸水指数 = \frac{日注水量}{注水压差} = \frac{日注水量}{注水井流压 - 注水井静压}$$

吸水指数的大小表示地层吸水能力的好坏,正常生产时,不可能经常关井测注水井静压,所以采用测指示曲线的办法取得在不同流压下的注水量,用下式计算吸水指数:

$$吸水指数 = \frac{两种工作制度下日注水量之差}{相应两种工作制度下流压之差}$$

在进行不同地层吸水能力对比分析时,需采用"比吸水指数"或称"每米吸水指数"为指标,它是地层吸水指数除以地层有效厚度所得的数值,单位为 $m^3/(d \cdot MPa \cdot m)$,也表示一米厚地层在一个兆帕注水压差下的日注水量。

3. 视吸水指数

用吸水指数进行分析时,需对注水井进行测试取得流压资料后才能进行。在日常分析中,为及时掌握吸水能力的变化情况,常采用视吸水指数表示吸水能力。它是日注水量除以井口压力,单位为 $m^3/(d \cdot MPa)$。

$$视吸水指数 = \frac{日注水量}{井口压力}$$

在未进行分层注水的情况下,若采用油管注水,则上式中的井口压力取套管压力;若采用套管注水,则上式中的井口压力取油管压力。

4. 影响吸水能力的因素

引起注水井堵塞的原因很多,根据不同的堵塞机理可归纳为以下几种类型:

(1)外来液体与地层岩石矿物不配伍造成的堵塞;

(2)外来液体与地层流体不配伍造成的堵塞;

(3)毛细现象造成的堵塞;

(4)固体颗粒侵入或运移造成的堵塞;

(5)工艺措施引起的堵塞;

(6)微生物和浮游生物及其代谢产物造成的堵塞。

根据现场资料和实验室研究,影响注水井吸水能力下降的因素可综合为四个方面。

1)与注水井井下作业及注水井管理操作等有关的因素

与注水井井下作业及注水井管理操作等有关的因素主要包括:进行作业时,因压井液侵入注水层造成堵塞;由于酸化等措施不当或注水操作不平稳而破坏地层岩石结构,造成砂堵;未按规定洗井,井筒不清洁,井内的污物随注入水带入地层造成堵塞。

2)与水质有关的因素

(1)注入水与设备和管线的腐蚀产物,如氢氧化铁 $Fe(OH)_3$ 及硫化亚铁 FeS 等造成的堵塞,以及水在管线内产生垢($CaCO_3$、$BaSO_4$)等造成的堵塞。

铁的二价离子 Fe^{2+} 进入水中,生成氢氧化亚铁 $Fe(OH)_2$,注入水中溶解的氧进一步将 $Fe(OH)_2$ 氧化,生成氢氧化铁 $Fe(OH)_3$。当水的 pH 值大于 $4\sim4.5$,氢氧化铁将发生明显的堵塞作用,从而降低吸水能力。

当注入水中含有铁菌时,铁菌从水中吸取二价铁盐和氧,在它的机体内进行近似于下列方程的反应,从而生成氢氧化铁沉淀:

$$4Fe(HCO_3)_2 + 2H_2O + O_2 \xrightarrow{\text{铁菌}} 4Fe(OH)_3 + 8CO_2$$

当注入水含有硫化氢(H_2S)时,其腐蚀变得更加严重。H_2S 与电化学腐蚀产生的二价铁作用生成硫化亚铁(FeS)的黑色沉淀物。即使注入水中没有溶解 H_2S 气体,当含有硫酸盐还原菌时,也会由于水中的硫酸根 SO_4^{2-} 被这种菌还原成 H_2S:

$$2H^+ + SO_4^{2-} + 4H_2 \longrightarrow H_2S + 4H_2O$$

而 H_2S 将与 Fe^{2+} 生成硫化亚铁沉淀。

当注入水溶解有碳酸氢钙、碳酸氢镁等不稳定盐类时,注入地层后,由于温度变化,这些溶解盐被析出生成沉淀,堵塞地层孔道,降低吸水能力。

水中游离的二氧化碳、碳酸氢根及碳酸根在一定条件下,保持着一定的平衡关系:

$$CO_2 + H_2O + CO_3^{2-} \longrightarrow 2HCO^{3-}$$

当水注入地层后,由于温度升高,将使碳酸氢盐发生分解,平衡左移,溶液中的 CO_3^{2-} 的质量浓度增大。当水中含有大量的钙离子 Ca^{2+} 时,在一定条件下将会有 $CaCO_3$ 从水中析出,从而造成堵塞。

另外,在水中硫酸盐还原菌的作用下,也会生成白色的 $CaCO_3$ 沉淀:

$$Ca^{2+} + SO_4^{2-} + CO_2 + 8H^+ \xrightarrow{\text{硫酸盐还原菌}} CaCO_3 + H_2S + 3H_2O$$

(2)注入水中所含的某些微生物(如硫酸盐还原菌、铁菌等),除了自身的堵塞作用外,其代谢产物也会造成堵塞。

国内外研究表明,注入水中含有的硫酸盐还原菌、铁菌等在注水系统和地层中的繁殖将引起地层孔隙的堵塞,使吸水能力降低。这些细菌的繁殖除了菌体本身会造成地层堵塞外,还由于它们的代谢作用生成的硫化亚铁 FeS 及氢氧化铁 $Fe(OH)_3$ 沉淀而堵塞地层。

(3)注入水中所带的细小泥沙等杂质堵塞地层。

(4)注入水中含有在油层内可能产生沉淀的不稳定盐类。如注入水中所溶解的碳酸氢盐,在注水过程中由于温度和压力的变化,可能在油层中生成碳酸盐沉淀。

3)组成油层的黏土矿物遇水后发生膨胀

由于油层存在着黏土夹层,岩石胶结物中也含有一定数量的黏土,在注水过程中,某些黏土矿物遇淡水会发生膨胀、分散、运移,导致油气层孔隙空间和喉道的缩小及堵塞,严重时,在井壁处造成岩层崩解而坍塌。

黏土遇水膨胀的能力,与构成黏土矿物的类型和含量有关。研究表明,蒙脱石组成的黏土矿物膨胀性最大,而高岭石组成的黏土膨胀性最小,膨胀程度随蒙脱石组矿物含量的增加而增大。黏土膨胀的大小与注入水的性质有关,通常淡水比盐水使黏土膨胀大。

4)注水井地层压力上升

注水井地层压力上升,注水压差变小,则注水量降低。

5. 改善吸水能力的措施

油田的实践证明,在注水过程中使吸水能力下降的主要原因是水质及注水系统的管理。因此在注水过程中,要防止注水井吸水能力下降,首先必须保证水质符合要求,尽量避免由于水质不合格所引起的各种堵塞。

注水井日常管理的好坏,对于预防注水井吸水能力下降有着重大影响,应当注意以下几方面问题:

(1)及时取水样化验分析,发现水质不合格时,应立即采取措施,保证不把不合格的水注入油层;

(2)按规定冲洗地面管线、储水设备和洗井,保证地面管线、储水设备和井内清洁;

(3)保证平稳注水,减少波动,以免破坏油层结构并防止管壁上的腐蚀物污染水质和堵塞油层。

为了恢复注水井的注水能力,改善吸水能力差油层的注入量,通常采用酸化、压裂增注及水力振荡和水力射流等井底处理措施。

1)压裂增注

压裂是实现油层增注的常用手段之一,可分为普通压裂和分层压裂。普通压裂适用于吸水指数低,注水压力高的低渗地层和严重污染地层,对于目的层尽可能用封隔器卡开。而对油层较厚,层内岩性差异大或多油层层间差异大,均可采用分层压裂实现增注,以改善层间矛盾。

2)酸化增注

酸化是注水井解堵增注的重要措施。一方面酸化可用来解除井底堵塞物,另一方面可用来提高中低渗透层的绝对渗透率。

注水过程中造成油层堵塞的各种堵塞物可大体分为两类:一类是无机物堵塞,其中可被盐酸溶解的主要有 $CaCO_3$、FeS 及 $Fe(OH)_3$,可被土酸溶解的是泥质堵塞物。另一类是有机堵塞物,即藻类和细菌。细菌随注入水进入油层,在井底周围生长繁殖,要清除它们的堵塞,就要对井底附近采取杀菌措施。这些代谢产物主要是 FeS 沉淀,可进行酸处理。所以,在有细菌堵塞的情况下总是把杀菌与酸化处理联合进行,这样既可杀菌,又可清除细菌代谢产物及其他沉淀物对油层的堵塞。

3)黏土防膨

对于含黏土砂岩油藏的开采,如何防止水敏、速敏、酸敏是一个十分重要的问题,是直接关系到能否开发和开发好这类油藏的重要问题。

注黏土稳定剂是防止注水过程中黏土膨胀的有效措施。

黏土稳定剂包括:无机盐类,如 KCl、NH_4Cl,此类试剂虽然能防止不膨型黏土的分散、运移及膨胀型黏土的膨胀,但有效期短;无机物表面活性剂,如铁盐类,此类试剂对施工条件要求严,成本高,有效期短;离子型表面活性剂,如聚季胺,此类试剂有效期长,成本较低,施工容易。无机稳定剂与有机稳定剂复配后防止黏土水化膨胀和微粒运移的效果更好。

6. 分层吸水能力分析

目前分层吸水能力的测试方法主要有两类，一类是测定注水井的吸水剖面；另一类是在注水过程中直接进行分层测试。前者是用各层的相对吸水量来表示分层吸水能力的大小，后者是用分层测试整理分层指示曲线，并求得分层吸水指数来表示分层吸水能力的好坏。

1) 放射性同位素载体法测吸水剖面

测吸水剖面就是在一定的压力下测定沿井筒各射开层段的注入量（即分层的吸水量）。

放射性同位素载体法是将吸附有放射性同位素（如 Zn^{65}、Ag^{110} 等）离子的固相载体加入水中，调配成一定浓度的活化悬浮液。在正常注水条件下将悬浮液注入井内后，利用放射性仪器在井筒内沿吸水剖面测量放射性强度。当活化悬浮液注入井内时，与正常注水时一样，悬浮液将按井筒剖面原有吸水能力按比例进入各层。由于所选择的固相载体颗粒直径稍大于地层孔隙，它就被滤积在岩层表面，而清水进入深处。另外，固相载体又具有牢固的吸附性和均匀悬浮性，所以吸水量越大，岩层表面滤积的固相载体就越多，仪器测得的放射性强度就越大，反之，则越小，即地层的吸水量、对应射孔井段滤积的载体量、放射性强度三者之间成正比关系。

由于岩层本身具有不同的自然放射性，将注同位素前后所测得的两条放射性测井曲线进行对比，注同位素以后的放射性曲线上所增加的异常值就反映了相应层位的吸水能力，如图5－36所示。

从图中可以看出，自然伽马曲线与同位素曲线不重合的曲线异常部分即为吸水层位。两曲线未重合所包围的面积与相对应层段的吸水量成正比，因此可用不重合的阴影面积计算对应分层的相对吸水量。

$$\text{分层相对吸水量} = \frac{\text{该层不重合的阴影面积}}{\text{全井不重合的阴影面积}} \times 100\%$$

2) 投球法分层测试

投球测试法所用测试管柱如图5－37所示，包括油管、封隔器、配水器、球座、底部阀。

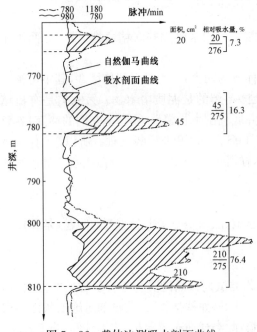

图5－36　载体法测吸水剖面曲线

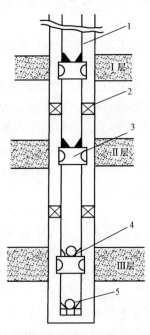

图5－37　　投球测试管柱示意图

1—油管；2—封隔器；3—配水器；4—球座；5—底部阀

投球法分层测试的具体步骤如下：

(1)测全井指示曲线。所谓全井指示曲线，就是井下各注水层段在该井下管柱条件下同时吸水时，注入压力和全井吸水量的关系曲线。测试时通常测四至五个点，即分别测出四至五个不同注入压力和相应的全井注水量。每个测点之间的压力相差0.5~1.0MPa，其中一个点的压力为正常注水压力。测各压力点下的注水量必须在注水稳定之后，其稳定时间视注水层情况而定，一般为30min左右。

(2)测分层指示曲线。测得全井资料后，开始测分层指示曲线。其方法是先投小球入井，小球座在最下一级球座上，将最下一层封住(如图5－37中的为第Ⅲ层)，然后对其上第Ⅰ和第Ⅱ层进行测试，同样测出四至五个不同压力下的注水量，每个压力点都稳定注水30min以上，每个控制点的注入压力应与全井测试时相同。其次投入第二个球将Ⅱ层段封住，便可测得第Ⅰ层段(最上一层)的资料，依此类推，如果井下分注三层，投球两个，井下分注五层，则需从下到上逐级投入由小直径到大直径的四个球，进行测试。

(3)资料整理。分层测试得到的资料经整理后便可得出分层指示曲线。

投第一个球后的注水量为第Ⅰ层段和第Ⅱ层段注水量之和，投第二个球后的注水量为第Ⅰ层段的注水量。全井注水量是Ⅰ、Ⅱ、Ⅲ三个层段同时吸水时的注水量。

第Ⅰ层段注水量 ＝ 投最后一个球后测得的注水量

第Ⅱ层段注水量 ＝ 投第一个球后的注水量 － 投第二个球后的注水量

第Ⅲ层段注水量 ＝ 全井注水量 － 投第一个球后的注水量

将全部测试成果整理列表，如表5－11所示。由表中数据可绘出各分层的注入压力与注水量的关系曲线——分层指示曲线(图5－38)。

表5－11　分层测试成果表

注入压力，MPa	10	9	8	7	6
层段	注入水量，m³/d				
全井	741	671	602	533	465
Ⅰ＋Ⅱ	396	351	313	272	232
Ⅰ	124	110	96	83	69
Ⅱ	272	241	217	189	163
Ⅲ	345	320	289	261	233

分层注水指示曲线是注水层段注入压力与注水量的相关曲线。指示曲线的形状主要取决于地层和井下配水工具的工作状态。因此，同一层段在同一时间和不同时间的指示曲线变化，反映了油层吸水能力的变化及井下工具的工作情况。

分层吸水能力也可用相对吸水量来表示。相对吸水量是指在同一注入压力下，某一层吸水量占全井吸水量的百分数，即：

$$相对吸水量 ＝ \frac{小层吸水量}{全井吸水量} \times 100\%$$

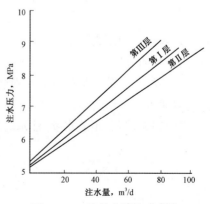

图5－38　某井分层指示曲线

相对吸水量是用来表示各小层相对吸水能力的指标。有了各小层的相对吸水量,就可以由全井指示曲线,绘出各小层的分层指示曲线,而不必进行分层测试。

在计算各个层段的累计注入量,分析各层注采平衡情况和检查层段配注指标完成情况时,都首先需要了解各层段注入量。但正常注水时一般只测得全井注水量,为了获得每个层段的注水量要将全井注入量按下述方法分配给各个层段。

首先用近期的分层测试资料整理成层段指示曲线,在曲线上求出目前正常注水压力下各层注水量及全井注水量,再由下式计算此注入压力下各层段的相对注水量:

$$某层段相对注水量 = \frac{某层段注水量}{全井注水量} \times 100\%$$

然后把目前实测全井注水量按上式计算的比例分配给各层段:

$$目前某层段注水量 = 某层段相对注水量 \times 全井实测注水量$$

例如,某注水井分三个层段注水,已测得层段指示曲线如图 5-39 所示。正常注水井口压力为 8.5MPa,目前全井注水量为 230m³/d,三个层段目前日注水量的分配方法如下:

(1)由图 5-39 层段指示曲线上查出 8.5MPa 下各层段的注水量和全井注水量,并计算出各层段相对注水量,如表 5-12 所示。

表 5-12   各层段相对注水量

层段	I	II	III	全井
注水量,m³/d	91.8	53.1	85.1	230
相对注水量,%	39.9	23.1	37.0	100

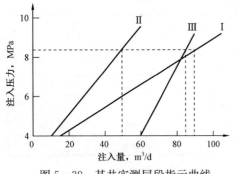

图 5-39　某井实测层段指示曲线

(2)计算层段注水量如下:

第 I 层段日注水量＝230×39.9＝91.8（m³/d）;

第 II 层段日注水量＝230×23.1＝53.1（m³/d）;

第 III 层段日注水量＝230×37.0＝85.1（m³/d）。

7. 嘴损曲线与配水嘴的选择

配水嘴尺寸、配水量和通过配水嘴的节流损失三者之间的定量关系曲线称为嘴损曲线。各种配水器的嘴损曲线各异,可以在实验室,通过地面模拟试验来确定。试验时,固定嘴前压力,然后控制出口改变回压,以求得不同压力下的流量。KGD-110 配水器的嘴损曲线如图 5-40 所示。

注水井的分层定量配水是通过配水嘴来实现的,分层配水的实质是在井口压力相同的情况下,利用配水嘴节流损失的大小对各层段的注水量进行控制,达到分层定量配水的目的。因此,可以通过配水嘴需要降低的压力值(即嘴损)来求得配水嘴尺寸。

当油层无控制(不装水嘴)注水时,注入量和注入压力间的关系为:

$$Q = K \times \Delta p \tag{5-2}$$

$$\Delta p = p_t + p_H - p_{fr} - p_e \tag{5-3}$$

$$p = p_t + p_H - p_{fr} \tag{5-4}$$

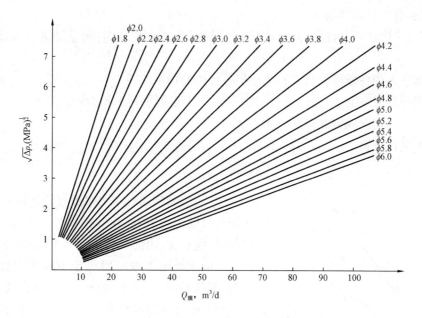

图 5—40　KGD—110 配水器嘴损曲线

当油层控制(装上水嘴)注水时,则:

$$Q_d = K \times \Delta p_d \tag{5-5}$$

$$\Delta p_d = p_t + p_H - p_{fr} - p_e - p_{cf} \tag{5-6}$$

$$p_d = p_t + p_H - p_{fr} - p_{cf} \tag{5-7}$$

式中　Q——油层无控制时的注入量,m^3/d;

　　　Q_d——油层控制时的注入量,m^3/d;

　　　p_t——井口注入压力,MPa;

　　　p_H——静水柱压力,MPa;

　　　p_{fr}——注水时油管内沿程损失,MPa;

　　　p_e——油层开始吸水时的井底压力,MPa;

　　　p_{cf}——注水时配水嘴造成的压力损失,MPa;

　　　K——油层吸水指数,$m^3/(d \cdot MPa)$;

　　　p——无控制注水时的有效注入压力,MPa;

　　　p_d——控制注水时的有效注入压力,MPa。

注水层段水嘴直径选择有两种类型。一类是新投注井,在投注前先进行分层测试(即各层段不加水嘴),然后用此测试资料选择水嘴。第二类是已注水的井,用正常注水的管柱(即各层段已带有水嘴)进行分层测试,查各层段水嘴大小能否达到配注要求。

1)新投注井水嘴选择方法

(1)用注水管柱进行投球测试;

(2)整理出分层及全井指示曲线(按实测井口注入压力绘制);

(3)用各层段配注量 Q_d 在分层指示曲线上查得各层的配注压力 p_d;

(4)用已确定的井口压力减分层配注压力就可得各层的井口嘴损;

(5)根据各层需要的嘴损和配注量,在相应的嘴损曲线查得应选用的水嘴大小和个数。

2)带有水嘴井的水嘴调配

在已下配水管柱的井,经过测试,水量达不到配注方案要求时,需立即进行调整。调整步骤为:

(1)根据下入管柱投球测试资料整理出各层段的指示曲线。

(2)根据分层配注要求,在层段指示曲线上求出相应的井口分层配注压力 p'_d。

(3)根据实际情况确定井口注入压力 p'_i。

(4)求水嘴损失:

$$p'_{cf} = p'_d - p'_i \tag{5-8}$$

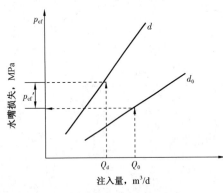

图5—41 由水嘴曲线调配水嘴

(5)由嘴损曲线求出水嘴直径。在嘴损曲线上,先由目前注水量 Q_0 作一垂线与目前已下的水嘴直径 d_0 线相交,由此交点作一水平线,再与 p_{cf} 轴相交点向上或向下取一段等于 p'_{cf},并由此点作水平线,与从 Q_d 作的垂线相交于某水嘴直线 d 线上,该 d 即为此需要的水嘴直径,如图5—41所示。关于 p'_{cf} 是向上或向下选取,则根据 Q_0 与 Q_d 关系而定, $Q_0 > Q_d$ 则向上取,反之则向下取。

带水嘴注水井的配水嘴大小调配,在实际工作中也可根据经验进行调换。

3)选择配水嘴注意事项

(1)选择配水嘴的准确与否和测试资料的准确程度有直接关系。一般要求连续两次以上的测试资料基本相同,调整水嘴才能准确。

(2)要对水井的资料和动态等做经常性分析,及时掌握油层变化情况,找出变化原因。

(3)每次调整配水嘴必须检查原水嘴与配水管柱,修正实测资料的准确程度。

第二节 酸 化 技 术

酸化是通过井眼向地层注入一种或几种酸液,通过酸液对岩石胶结物或地层孔隙、裂缝内堵塞物(黏土、钻井液、完井液)等的溶解和溶蚀作用,恢复或提高地层孔隙和裂缝的渗透性,达到使油气井增产、注水井增注的目的。

酸化按照工艺可分为酸洗、基质酸化和压裂酸化(也称酸压)。酸洗是将少量酸液注入井筒内,清除井筒孔眼中酸溶性颗粒和钻屑及结垢等,并疏通射孔孔眼;基质酸化是在低于岩石破裂压力下将酸注入地层,依靠酸液的溶蚀作用恢复或提高井筒附近较大范围内油层的渗透性;酸压是在高于岩石破裂压力下将酸注入地层,在地层内形成裂缝,通过酸液对裂缝壁面物质的不均匀溶蚀形成高导流能力的裂缝。

酸化按照酸液类型可分为盐酸酸化、土酸酸化、有机酸酸化、多组分酸酸化等。

海上油田酸化现场施工面积小,设备不易摆放,酸化返排对环境保护的要求更高,酸化施工受海况的影响较大,因此海上酸化酸液的选择及现场施工工艺技术较陆上酸化有更高的要求。

一、酸液与添加剂

酸液与添加剂体系的合理选择、配制及使用,对酸处理增产效果起着重要作用。酸化工作液性能一般要求为:

(1)溶蚀能力强,与地层配伍性好,不产生二次伤害等;

(2)物理、化学性质能满足施工要求;

(3)残酸液易返排,易处理;

(4)运输、施工方便,安全;

(5)价格便宜,货源充足等。

1. 常用酸液的种类与性能

目前常用的酸液可分为无机酸、有机酸、粉状酸、多组分(或混合)酸和缓速酸等类型,其主要特点及适应条件见表5-13。

表5-13 酸化常用酸型

酸类	名称	特点	适用条件
无机酸	盐酸	溶解力强,价廉货源广;反应速度快,腐蚀严重	广泛用于碳酸盐岩储层酸化和碳酸盐含量高的砂岩储层酸化
	盐酸—氢氟酸(土酸)	溶解力强,反应速度快,反应严重,易产生二次污染	砂岩储层基质酸化
	氟硼酸	反应速度慢,水解速度受温度影响较大,处理范围大	砂岩储层深部解堵酸化
	磷酸	反应速度慢,用以解除硫化物,腐蚀产物及碳酸盐类堵塞物,可加入氢氟酸溶解黏土矿物	碳酸盐含量高,泥质含量高,含有水敏及酸敏性黏土矿物,污染较重,又不易用土酸处理的砂岩储层,可用磷酸—氢氟酸处理
有机酸	甲酸(蚁酸)	反应速度慢,腐蚀性弱	高温碳酸盐岩储层酸化
	乙酸(冰醋酸)		
粉状酸	氨基磺酸	反应速度慢,腐蚀性弱,运输方便;溶蚀能力低,在高温下易产生水解不溶物	温度不高于70℃的碳酸盐岩储层解堵酸化
	氯醋酸	反应速度慢,腐蚀性弱,运输方便;溶蚀能力低,较氨基磺酸性强而稳定	碳酸盐岩储层解堵酸化
多组分酸	乙酸—盐酸混合酸	可保证较强的溶解力,又可较好地实现深部酸化	高温碳酸盐岩储层的深部酸化
	甲酸—盐酸混合酸		
缓速酸	稠化酸	缓速效果好,滤失量小;高温下稳定性差,残酸不易返排	中、低温碳酸盐岩储层的酸化
	乳化酸	缓速效果好,腐蚀性弱;摩阻大,排量受限	碳酸盐岩储层
	胶联酸	缓速效果好,滤失量小;高温下稳定性差,未破胶对储层污染严重	碳酸盐岩储层
	化学缓速酸	缓速效果好,施工难度大	碳酸盐岩储层
	泡沫酸	缓速效果好,滤失量小,对储层污染小;成本高,施工困难	低压、低渗水敏性碳酸盐岩储层酸压

碳酸盐岩油气层的酸化主要用盐酸,有时也用甲酸、醋酸、多组分酸和氨基磺酸等酸液。为了延缓酸的反应速度,有时也采用稠化酸、乳化酸、缓速酸、泡沫酸等。砂岩油气层的酸化主要用土酸(盐酸—氢氟酸)、氟硼酸等。

下面对常用的几种酸液的特性及其用途进行简单介绍。

1) 盐酸

盐酸是一种无机强酸,具有强腐蚀性。由于盐酸对碳酸盐岩的溶蚀力强,反应生成的氯化钙、氯化镁盐类能全部溶解于残酸水,不会产生化学沉淀;酸压时对裂缝壁面的不均匀溶蚀程度高,裂缝导流能力大;加之成本较低。因此,目前大多数酸处理措施仍使用盐酸,特别是使用28％左右的高浓度盐酸。

高浓度盐酸处理的优点:

(1)酸岩反应速度相对变慢,有效作用范围增大;

(2)单位体积盐酸可产生较多的CO_2,利于废酸的排出;

(3)单位体积盐酸可产生较多氯化钙、氯化镁,提高了废酸的黏度,控制了酸岩反应速度,并有利于悬浮、携带固体颗粒从地层中排出;

(4)受到地层水稀释的影响较小。

盐酸处理的主要缺点:与石灰岩反应速度快,特别是高温深井,由于地层温度高,盐酸与地层作用太快,因而处理不到地层深部;此外,盐酸会使金属坑蚀成许多麻点斑痕,腐蚀严重。硫化氢含量较高的井,盐酸处理易引起钢材的氢脆断裂。

盐酸相对密度与浓度的关系,是配制酸液时常用的数据,常温下其相对密度与浓度的关系如图5—42所示。盐酸相对密度与浓度的关系为:

$$\gamma_{HCl} = \frac{C}{2} + 1 \tag{5-9}$$

式中　γ_{HCl}——盐酸相对密度,无量纲;

　　　　C——盐酸浓度,以小数表示。

盐酸的黏度随浓度的增加而增加,随温度的升高而降低,图5—43为25℃(298K)时盐酸黏度与浓度的关系曲线。

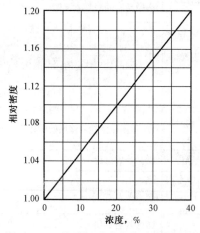

图5—42　盐酸相对密度与浓度关系图

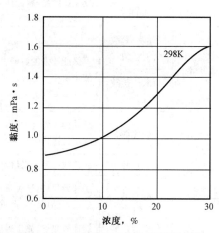

图5—43　盐酸黏度与浓度关系曲线

2) 甲酸和乙酸

甲酸又名蚁酸($HCOOH$),易溶于水,水溶液呈弱酸性。乙酸又名醋酸(CH_3COOH),极易溶于水,因为乙酸在低温时会凝成像冰一样的固态,故俗称为冰醋酸。

甲酸和乙酸均为有机酸,主要优点是反应速度慢、腐蚀性较弱,在高温下易于缓速和缓蚀。它们主要用于特殊储层(如高温井)的酸处理以及酸液与油管接触时间较长的带酸射孔作业等,或用于须与镀铝或镀铬部件直接接触的场合。可供使用的有机酸品种很多,但在酸处理中乙酸和甲酸用得较广。

甲酸和乙酸电离度小,与同浓度盐酸相比腐蚀性小,反应速度慢几倍到几十倍,有效作用距离大。如果完全与碳酸盐反应,其溶蚀能力较同浓度的盐酸小 $1.5\sim2$ 倍。但由于其价格昂贵,欲达到盐酸的溶蚀能力,用酸量大,成本高。另外,酸压时甲酸均匀溶蚀裂缝壁面,裂缝导流能力小。所以,只有在高温(120℃以上)井中,盐酸液的缓速和缓蚀问题无法解决时,才使用它们进行碳酸盐岩储层酸化。

甲酸或乙酸与碳酸盐作用生成的盐类,在水中的溶解度较小。所以,酸处理时温度不能太高,以防生成甲酸或乙酸钙盐沉淀堵塞渗流通道。一般甲酸的浓度不超过 10%,乙酸的浓度不超过 15%。

3)多组分酸

多组分酸是一种或几种有机酸与盐酸的混合物。

酸岩反应速度依据氢离子浓度而定。因此当盐酸中混掺有离解常数小的有机酸(甲酸、乙酸、氯乙酸等)时,溶液中的氢离子数主要由盐酸的氢离子数决定。根据同离子效应,极大地降低了有机酸的电离程度,因此当盐酸活性耗完前,甲酸或乙酸等有机酸几乎不离解,盐酸活性耗完后,有机酸才离解起溶蚀作用。所以,盐酸在井壁附近起溶蚀作用,有机酸在地层较远处起溶蚀作用,混合酸液的反应时间近似等于盐酸和有机酸反应时间之和,因此可以得到较大的有效酸化处理范围。

4)乳化酸

乳化酸即为油包酸型乳状液,其外相为原油。为了降低乳化液的黏度亦可在原油中混合柴油、煤油、汽油等石油馏分,或者用柴油、煤油等轻馏分作外相。其内相一般是浓度为 15%～31% 的盐酸,或根据需要用有机酸、土酸等。

对油酸乳化液总的要求是,在地面条件下稳定(不易破乳)但在地层条件下不稳定(能破乳)。

由于油酸乳化液的黏度较高,因此用油酸乳化液压裂时,能形成较宽的裂缝。这样就减少了裂缝的面容比,有利于延缓酸岩的反应速度。油酸乳化液进入油气层后,被油膜所包围,酸滴不会立即与岩石接触。只有当油酸乳化液进入油气层一定时间后,因吸收地层热量,温度升高而破乳;或者当油酸乳化液中的酸滴通过窄小直径的孔道时,油膜被挤破而破乳。破乳后油和酸分开,酸才能溶蚀岩石裂缝壁面。因此,油酸乳状液可把活性酸携带到油气层深部,扩大了酸处理的范围。

油酸乳化液作为高温深井的缓速缓蚀酸,在国内外都被采用。油酸乳化液除了缓速作用外,由于在油酸乳化液的稳定期间,酸液并不与井下金属设备直接接触,因而可以很好地解决防腐问题。现场在配制油酸乳化液时,一般仍在酸液中加入适量的缓蚀剂。

乳化酸的主要问题是摩阻较大,施工注入排量受到限制。

5)稠化酸

稠化酸是指在盐酸中加入增稠剂(或称胶凝剂),使酸液黏度增加。这样降低了氢离子向岩石壁面的传递速度;同时,由于胶凝剂的网状分子结构,束缚了氢离子的活动,从而起到了缓速的作用。高黏度的稠化酸与低黏度的盐酸溶液相比,酸压时还具有能压成宽裂缝、滤失量小、摩阻低、悬浮固体微粒的性能好等特性。

酸液的增稠剂有:含有半乳甘露聚糖的天然高分子聚合物,如瓜胶、刺梧桐树胶等;工业合成的高分子聚合物,如聚丙烯酰胺、纤维素衍生物等,加入的聚合物越多,黏度越高。

通过试验可以确定按不同比例配成的稠化酸的稳定性和时间与温度之间的关系。因此可选择恰当的比例预先配置,然后在一定温度和确信不会破胶的时间内,运往井场挤入地层,稠化酸在地层温度条件下,经过一定时间,即自动破胶,便于返排。若在实际施工中,需要配置超过 500mPa·s 的特高黏度酸液,则可在上述方法配制成的稠化酸中,加入为原酸质量 0.1%～0.8% 的醛类化合物作为交联剂,如甲醛、乙醛、丙醛、2-羟基丁醛、戊醛等。加入醛类化合物后,稠化酸的黏度甚至可达数万毫帕·秒,因而可使配制稠化酸所需的聚合物用量减少,成本也就可以降低。

由于增稠剂只能在低温下(65℃)使用,在地层温度较高时,会很快在酸液中降解,从而使稠化酸变稀。此外,由于它的处理成本较高,所以在国外也较少采用。

6)泡沫酸

泡沫酸是用少量泡沫剂将气体(一般用氮气)分散于酸液中制成,其中气体的体积含量(泡沫干度)约占 65%～85%,酸液量约占 15%～35%,表面活性剂约占酸液量的 0.5%～1.0%。表面活性剂要与缓蚀剂有较好的配伍性。在天然裂缝发育的地层里,常用稠化水作为前置液以减少酸液的滤失。

泡沫酸在酸压中由于滤失量低而相对增加了酸液的溶蚀能力。泡沫酸的排液能力大,减少了对油气层的损害,再加上它的黏度高,在排液中可携带出对导流能力有害的微粒。由于泡沫酸可降低黏土的不利影响,广泛应用于水敏性油气层、低渗透率碳酸盐岩油气层。

7)土酸

对于砂岩地层,由于岩层中泥质含量高,碳酸盐岩含量少,油井钻井液堵塞较为严重而泥饼中碳酸盐含量又较低,用普通盐酸处理常常达不到预期的效果。对于这类生产井或注入井多采用浓度为 10%～15% 的盐酸和 3%～8% 的氢氟酸与添加剂组成的混合酸液进行处理,这种混合酸液通常称为土酸。

土酸中的氢氟酸(HF)是一种强酸,对砂岩中的一切成分(石英、黏土、碳酸盐岩等)都有溶蚀能力,但由于氢氟酸与碳酸钙和钙长石(硅酸钙铝)等反应生成氟化钙沉淀堵塞地层,不能单独使用氢氟酸,而要和盐酸混合配制成土酸使用。

2. 酸液添加剂

为改善酸液性能和防止酸液在油气层中产生有害影响,酸化时需要在酸液中加入某些物质,这些物质统称为添加剂。

常用的添加剂种类有:缓蚀剂、表面活性剂、稳定剂、缓速剂,有时还加入增黏剂、减阻剂、暂时堵塞剂及破乳剂等。

对酸液添加剂总的要求是:效能高,处理效果好;与酸液、油藏流体及岩石配伍性好;来源广,价格便宜。

1)缓蚀剂

酸液对金属都有腐蚀作用,特别是高浓度盐酸,它能严重缩短设备及管件的使用寿命,有时造成断裂事故,导致施工失败。酸对钢材的腐蚀用腐蚀速度表示,常用单位为 g/(m² · h)。

盐酸对钢材的腐蚀主要是在金属表面形成局部电池,进行电化学腐蚀,把金属表面坑蚀成麻点状斑痕。温度越高,酸液浓度越大,腐蚀速度越快;同时,优质钢比碳素钢腐蚀严重,有硫化氢存在时,盐酸的腐蚀会加剧钢材的氢脆断裂。

缓蚀剂的作用主要在于减缓局部电池的腐蚀作用。其机理有三方面:抑制阴极腐蚀;抑制阳极腐蚀;在金属表面形成一层保护膜。缓蚀剂的类型不同,起主导作用的方面也不一样。

国内外使用的盐酸缓蚀剂分为两大类:一类是无机缓蚀剂,如含砷化合物(亚砷酸钠、三氯化砷)等;一类是有机缓蚀剂,如胺类(苯胺、松香胺)、醛类(甲醛)、喹啉衍生物、烷基吡啶、炔醇类化合物等。有机缓蚀剂比无机缓蚀剂的缓蚀效能高,有机缓蚀剂和无机缓蚀剂组成的复合缓蚀剂缓蚀效果最好。

目前国内外有很多商品化的缓蚀剂可供选用,性能和价格各异。一般应根据下列处理条件及井况进行选用:

(1)酸型及浓度;

(2)与酸液接触的金属类型;

(3)最高温度;

(4)酸液与管件的接触时间;

(5)硫化物引起的强度破坏(如硫化氢产生的氢脆)等其他因素。

2)表面活性剂

酸液中加入表面活性剂,可以降低酸液的表面张力,减少注酸和排出残酸时的毛细管阻力,防止在地层中形成油水乳状物,便于残酸的排出,改变岩石润湿性,防止生成酸渣,提高酸化效果。

表面活性剂分子具有亲水基团和亲油基团(有机链),其亲水亲油平衡(HLB)值决定了有机链的组成。

表面活性剂根据亲水基团所带的电荷可分为五类:阴离子表面活性剂、阳离子表面活性剂、非离子表面活性剂、两性表面活性剂、氟碳表面活性剂。

阴离子表面活性剂在水溶液中电离后带负电荷,对 Ca^{2+}、Mg^{2+} 等多电荷离子敏感,遇多电荷离子易发生沉淀,阴离子表面活性剂主要用作防乳化剂、缓蚀剂和清洗剂。阳离子表面活性剂在水溶液中电离后带正电荷,对多电荷离子敏感。阳离子和阴离子表面活性剂一般不配伍,两者混合易产生沉淀。非离子表面活性剂的亲水基团和亲油基团均不带电荷,主要用作破乳剂和起泡剂。两性表面活性剂的亲水基团随溶液 pH 值的升高而变化,若溶液为酸性,则表现为阳离子表面活性剂;若溶液为中性,则表现为非离子表面活性剂;若溶液为碱性,则表现为阴离子表面活性剂。氟碳化合物形成的表面自由能低于烃化合物的表面自由能,因此氟碳表面活性剂降低溶液表面张力的能力远大于烃表面活性剂。

酸化时一般多采用阴离子型和非离子型表面活性剂,如阴离子型的烷基碘酸钠(AS)、烷基苯磺酸钠(ABS)和非离子型聚氧乙烯辛基苯酚醚(OP)等。

3)铁离子稳定剂

酸液与金属设备及井下管柱接触,溶解铁垢和腐蚀铁金属,使酸液含铁量增多。

$$2HCl + Fe \longrightarrow Fe^{2+} + 2Cl^- + H_2 \uparrow$$

$$6HCl + Fe_2O_3 \longrightarrow 2Fe^{3+} + 6Cl^- + 3H_2O$$

油层本身或多或少含有二价铁和三价铁的氧化物,酸液进入地层以后,盐酸和氧化铁反应,也会生成铁离子。

$$2HCl + FeO \longrightarrow Fe^{2+} + 2Cl^- + H_2O$$

因此酸液中存在二价或三价铁离子,它们在酸液中能否沉淀取决于 pH 值和 $FeCl_2$ 与 $FeCl_3$ 的含量。当 $FeCl_3$ 含量大于 0.6(重量)且 pH 大于 1.86 时,Fe^{3+} 会水解生成凝胶状沉淀,而当 $FeCl_2$ 含量大于 0.6(重量)及 pH 大于 6.84 时,Fe^{2+} 也会水解生成凝胶状沉淀。

$$Fe^{3+} + 3H_2O \longrightarrow Fe(OH)_3 \downarrow + 3H^+$$

$$Fe^{2+} + 2H_2O \longrightarrow Fe(OH)_2 \downarrow + 2H^+$$

为了减少氢氧化铁沉淀堵塞储层的现象而加入的某些化学物质叫做铁离子稳定剂。稳定剂能与酸液铁离子结合生成溶于水的络合物,从而减少了氢氧化铁沉淀的机会。

常用的铁离子稳定剂有醋酸、柠檬酸,有时用乙二胺四醋酸(EDTA)及氮川三乙酸钠盐(NTA)等。

由于铁离子和醋酸根的结合能力比铁离子和氢氧根的结合能力强,所以酸液中的铁离子优先与醋酸根结合,从而生成溶于水的六乙酸铁络离子,这样就减少了产生氢氧化铁沉淀的机会。此外,由于醋酸与储层及氧化铁等的反应很慢,在酸化过程中其浓度变化不大,因此可使酸液保持较低的 pH 值。

4)黏土稳定剂

酸液中加入黏土稳定剂是防止酸化过程中酸液引起储层中黏土膨胀、分散、运移造成的污染。

常用的黏土稳定剂分类如下:

(1)简单阳离子型黏土稳定剂。主要是 K^+、Na^+、NH_4^+ 等氯化物,如 KCl、NH_4Cl 等,添加在酸液中依靠离子交换作用稳定黏土。

在相同浓度下,钾盐对黏土膨胀的抑制效果比其他盐都好。这类稳定剂的特点是价格低廉,使用方法简单,短期防膨效果较好。缺点是防膨有效期短,且对抑制微粒运移效果较差,它们容易被钠离子取代,从而失去稳定性。

(2)无机阳离子聚合物黏土稳定剂。常用的无机阳离子聚合物为羟基铝和羟基锆。

无机阳离子聚合物中的三价和三价以上的金属离子在一定条件下解离出多核羟桥络离子,这种络离子具有很高的正电价并且结构与黏土相似,能紧密吸附在黏土表面上,减少黏土表面的负电性,有效地控制黏土膨胀和微粒运移。

无机阳离子聚合物稳定黏土的有效期比无机盐长,但耐酸性差,不能用于碳酸盐岩含量高的砂岩地层。

(3)有机阳离子聚合物黏土稳定剂。有机阳离子聚合物的种类较多,按其所含阳离子的不同又可分为聚季铵盐、聚季磷盐和聚叔硫盐三类。其中聚季铵盐应用最多。

聚季铵盐大分子链上的正电性原子或基团与黏土晶层间和黏土表面的负电荷中和,抑制了黏土的水化膨胀;聚合物的吸附层阻止黏土的水化膨胀作用;多点吸附的方式抑制了黏土颗粒在水溶液环境中的分散运移;吸附性能不受 pH 值的影响。

该类黏土稳定剂适用范围广,稳定效果好,有效时间长,既能抑制黏土的水化膨胀又能控制微粒的分散运移,且抗酸、碱、油、水的冲洗能力都较强。

5)增黏剂和减阻剂

在酸液中加入一种能够提高酸液黏度的物质,称为增黏剂或稠化剂。高黏度酸液能延缓酸岩反应速度,增大活性酸的有效作用范围。

常用的增黏剂为部分水解聚丙烯酰胺、羟乙基纤维素和胍胶等,一般能于150℃内使盐酸增黏几毫帕·秒至十几毫帕·秒,长时间保持良好的黏温性能。增黏剂同时又是很好的减阻剂,可使稠化酸的摩阻损失低于水,能够在注酸时有效地降低酸液在井筒中的摩阻。

6)暂堵剂

将一定数量的暂时堵塞剂加入酸液中,可将高渗透层段的孔道暂时堵塞起来,使后续的酸液转向到另外一层或低渗层(污染严重层),达到均匀进酸、最终实现均匀酸化的目的。常用的有膨胀性聚合物如聚乙烯、聚甲醛、聚丙烯酰胺等。

目前采用的暂堵剂主要有水溶性聚合物(聚乙烯、聚甲醛、聚丙烯酰胺、瓜尔胶等)、惰性固体(硅粉、岩盐、油溶性树脂等)、萘、苯甲酸颗粒等。这些暂堵剂也可作为降滤失剂,降低碳酸盐岩储层酸压时酸液沿裂缝壁面的滤失。

二、碳酸盐岩地层的盐酸处理

碳酸盐岩储集层是重要的储集层类型之一。碳酸盐岩地层的主要矿物成分是方解石 $CaCO_3$ 和白云石 $CaMg(CO_3)_2$,其中方解石含量高于 50% 的称为石灰岩,白云石含量高于 50% 的称为白云岩。碳酸盐岩油气层酸处理,就是要解除孔隙、裂缝中的堵塞物质,或扩大沟通油气岩层原有的孔隙和裂缝,提高油气层的渗透性。

碳酸盐岩油气层酸化通常采用盐酸或盐酸与有机酸的混合酸液。

1. 盐酸与碳酸盐岩的化学反应

盐酸与碳酸盐岩的化学反应如下:

$$2HCl + CaCO_3 \longrightarrow CaCl_2 + H_2O + CO_2 \uparrow$$

$$4HCl + MgCa(CO_3)_2 \longrightarrow CaCl_2 + MgCl_2 + 2H_2O + 2CO_2 \uparrow$$

反应所产生的氯化钙、氯化镁等全部溶于残酸中,二氧化碳气体在油藏压力和温度下,小部分溶解到液体中,大部分呈游离状态的微小气泡,分散在残酸溶液中,有助于残酸溶液从油气层中排出。

盐酸的浓度越高,其溶蚀能力越强,溶解一定体积的碳酸盐岩所需要的浓酸体积越少,残酸溶液也较少,易于从油、气层中排出。目前现场已较好地解决了浓酸防腐问题,因此使用高浓度盐酸的酸化效果较好。

酸岩反应是复相反应,只能在酸岩界面上进行,如图5-44所示,其反应过程如下:

(1)酸液中的 H^+ 传递到碳酸盐岩表面;

(2)H^+ 在岩面与碳酸盐岩进行反应;

(3)反应生成物 Ca^{2+}、Mg^{2+} 和 CO_2 气泡离开岩面。

酸液中的 H^+ 在岩面上与碳酸盐岩反应,称为表面反应。对石灰岩地层来说,表面反应速度非常快,几乎是 H^+ 一接触岩面,立刻就完成反应。H^+ 在岩面上反应后,就在接近岩面的液层里堆积起生成物 Ca^{2+}、Mg^{2+} 和 CO_2 气泡。岩面附近这一堆积生成物的微薄液层,称为扩散边界层,该边界层与溶液内部的性质不同。溶液内部,在垂直于岩面的方向上,没有离子浓度差,而边界层内部,在垂直于岩面的方向上,则存在离子浓度差,如图5—45所示。

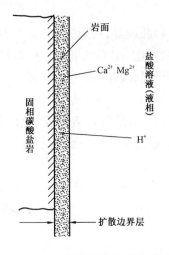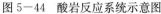

图5—44　酸岩反应系统示意图

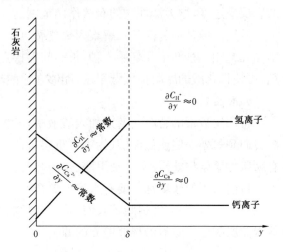

图5—45　扩散边界层的浓度分布

由于在边界层内存在着离子浓度差,反应物和生成物就会在各自的离子浓度梯度作用下,向相反的方向传递。这种由于离子浓度差而产生的离子移动,称为离子的扩散作用。

在离子交换过程中,除了扩散作用外,还会有因密度差异而产生的自然对流作用。总之,酸液中的H^+是通过对流和扩散两种方式,透过边界层传递到岩面的。H^+透过边界层达到岩面的速度,称为H^+的传质速度。

H^+的传质速度比H^+在岩面上的表面反应速度慢得多。盐酸与碳酸盐岩反应时,H^+的传质速度、H^+在岩面上的反应速度和生成物离开岩面的速度,均对整个过程的反应速度有影响,但起决定作用的是H^+的传质速度。传质速度不但受静止条件下诸因素的影响,而且与流动条件有密切关系。在流动条件下酸岩反应时(此时H^+的传递包括扩散传质和对流传质),因H^+传质速度增快,酸岩反应也加快。在其他条件相同时,流速越大,边界层厚度δ越小,反应速度就越快。

2. 影响酸岩反应速度的因素

盐酸溶蚀碳酸盐岩的过程,就是盐酸被消耗的过程,这一过程进行的快慢可用酸岩反应速度表示。酸岩反应速度与酸化效果有密切的关系。在数值上酸岩反应速度可用单位时间内酸浓度降低值表示,也可用单位时间内岩石单位反应面积的溶蚀量来表示。

1)菲克(Fick)定律

对于碳酸盐岩储层,酸岩复相反应速度主要取决于H^+的传质速度,可以用离子传质速度的菲克定律表示酸岩反应速度和扩散边界层内离子浓度梯度的关系:

$$-\frac{\partial C}{\partial t} = D_{H^+} \cdot \frac{S}{V} \cdot \frac{\partial C}{\partial y} \tag{5—10}$$

式中　$\dfrac{\partial C}{\partial t}$——酸岩瞬间的反应速度,mol/(L·s);

D_{H^+}——H^+的传质系数,cm²/s;

$\dfrac{S}{V}$——岩石反应表面积与酸液体积之比,简称面容比,cm^2/cm^3;

$\dfrac{\partial C}{\partial y}$——扩散边界层内垂直于岩面方向的酸液浓度梯度,$mol/(L \cdot cm)$。

菲克定律表明,酸岩反应速度与酸岩反应系统的面容比、H^+ 的传质系数和垂直于边界层方向的酸浓度梯度有关。

2)影响酸岩反应速度的因素

研究和矿场实践表明,酸岩系统的面容比、酸液流速、酸液类型、盐酸浓度、温度、压力等是影响酸岩反应速度的主要因素。

(1)面容比。

当其他条件不变时,面容比越大,单位体积酸液中的 H^+ 传递到岩石表面的数量就越多,反应速度也越快。在小直径孔隙和窄的裂缝中,酸岩反应时间很短,这是由于面容比大,酸化时挤入的酸液类似于铺在岩面上,盐酸的反应速度接近于表面反应速度,酸岩反应速度很快。在较宽的裂缝和较大的孔隙储层中面容比小,酸岩反应时间较长。

图5—46是酸压时面容比对酸岩反应速度的影响试验结果曲线。可以看出,面容比越大,酸岩反应速度越快。因此,形成的裂缝越宽,裂缝的面容比越小,酸岩反应速度相对越慢,活性酸深入储层的距离越远,酸压处理的效果就越显著。

(2)酸液流速。

图5—47为盐酸与白云岩裂缝流动反应时,酸液流速与反应速度的实测数据曲线(试验温度80℃,压力7MPa,裂缝初始宽度1.0mm)。

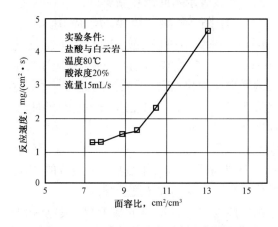

图5—46 面容比对酸岩反应速度的影响

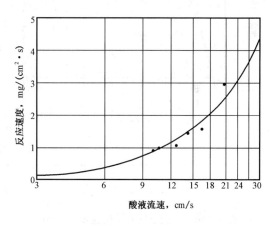

图5—47 酸液流速对酸岩反应速度的影响

由曲线可知,酸液流速较低时,酸液流速的变化对反应速度并无显著的影响;酸液流速较高时,由于酸液液流的搅拌作用,离子的强迫对流作用大大加强,H^+ 的传质速度显著增加,致使反应速度随流速增加而明显加快。但随着酸液流速的增加,酸岩反应速度增加的倍数小于酸液流速增加的倍数,酸液来不及完全反应,已经流入储层深处,所以提高注酸排量可以增加活性酸的有效作用范围。

(3)酸液类型。

不同类型的酸液,其离解程度相差很大,离解的 H^+ 数量也相差很大,如盐酸在18℃、0.1当量浓度下,离解度为29%,而在相同条件下醋酸的离解度仅为1.3%,因此反应速度也不同。

根据酸岩复相反应速度表达式(5－10)，若近似认为边界层内的 H^+ 浓度呈线性变化，酸溶液内的 H^+ 浓度为 C，岩石面上的 H^+ 浓度为 C_s，边界层厚度为 δ，则式(5－10)可写成：

$$-\frac{\partial C}{\partial t} = D_H^+ \cdot \frac{S}{V} \cdot \frac{C-C_s}{\delta} \tag{5－11}$$

如果认为岩石表面的氢离子浓度为零，即 $C_s=0$，则有：

$$-\frac{\partial C}{\partial t} = D_H^+ \cdot \frac{S}{V} \cdot \frac{C}{\delta} \tag{5－12}$$

所以，酸岩反应速度近似与酸溶液内部的氢离子浓度成正比，采用强酸时反应速度快，采用弱酸时反应速度慢。

虽然采用弱酸处理可延缓反应速度，对扩大酸液处理范围有利，但从货源、价格及溶蚀能力等方面来衡量，盐酸仍是酸化应用最广泛的酸。

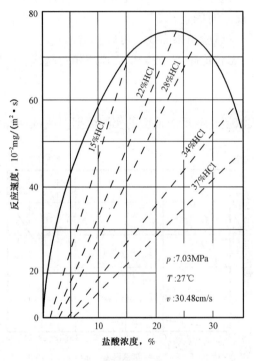

图 5－48　盐酸浓度对反应速度的影响

(4)盐酸浓度。

新鲜酸，指未与岩石发生化学反应的酸液；余酸，指酸岩反应过程中，含有反应产物，但未失去反应性的酸；残酸，指完全失去反应能力的酸液。

盐酸浓度对反应速度的影响如图 5－48 所示。

图中实线表示不同浓度新鲜酸的反应速度，如 15％ 的新鲜酸，初始反应速度为 $69mg/cm^2 \cdot s$；28％ 的鲜酸初始反应速度为 $74mg/cm^2 \cdot s$。浓度在 20％ 以前时，反应速度随浓度的增加而加快；当盐酸的浓度超过 20％，这种趋势变慢。当盐酸的浓度达 22％～24％时，反应速度达到最大值；当浓度超过这个数值，反应速度反而下降。这是由于 HCl 的电离度下降幅度超过 HCl 分子数目增加的幅度所造成的，因此在酸化处理时常使用高浓度盐酸。

图中虚线表示已反应的酸液（余酸）从初始浓度降到某浓度时反应速度的变化规律，如 28％ 的盐酸的初始反应速度为 $74mg/cm^2 \cdot s$；浓度变成 15％时，其反应速度为 $42mg/cm^2 \cdot s$，远低于 15％浓度新鲜酸的反应速度。而且从图中可以看到，相同浓度条件下，初始盐酸浓度越大，余酸的反应速度越慢，因此浓酸的反应时间长，有效作用范围比稀酸大。

以上规律可以用同离子效应来解释，当新鲜酸变为余酸时，由于在酸液中已存在大量的生成物 $CaCl_2$ 和 $MgCl_2$，使酸溶液中 Ca^{2+}、Mg^{2+}、Cl^- 的浓度增加，盐酸的表观电离度降低，致使 H^+ 浓度下降，且 Ca^{2+}、Mg^{2+} 等的存在使扩散边界层内扩散速度减缓，导致酸—岩反应速度降低。这是同离子效应作用的结果，也可以说明高浓度酸比低浓度酸的有效作用范围大。

浓盐酸的初始反应速度虽然较快，但其活性耗完时间与低浓度盐酸相比相对较长（如在相同条件下,浓度28%的盐酸,活性耗完时间将比浓度15%的盐酸高一倍以上),浓盐酸活性耗完前穿入地层的深度相对远些,酸化增产效果比较好。

(5)温度。

温度升高,H^+的热运动加剧,H^+的传质速度加快,酸岩反应速度也随之加快。在流动条件下模拟试验作出的温度对反应速度的影响如图5—49所示。

酸—岩反应速度随温度的升高而加快的主要原因是:温度升高,分子运动加快,单位时间内分子的有效碰撞次数增加,H^+向岩面的传质速度加快,反应产物离开岩面向酸液中的扩散也加剧。此外由于扩散边界层的黏度降低,减小了H^+传质过程中的阻力,进而加快传质速度,导致反应速度加快。

因此,温度越高,反应速度越快,高温下的酸—岩反应速度很快,酸液有效作用范围有限,若不采取措施,很难取得较好的酸化效果。

(6)压力。

反应速度随压力的增加而减慢,如图5—50所示。由试验曲线可以看出,当压力较小时,压力对反应速度的影响较大,当压力超过6MPa,压力对反应速度的影响甚微。由于油层压力一般大于6MPa,因此酸化时一般不考虑压力对反应速度的影响。

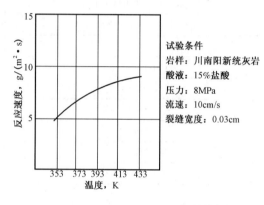

图5—49 温度对反应速度的影响

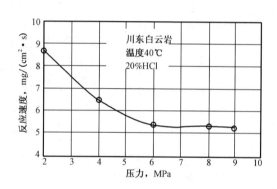

图5—50 压力对反应速度的影响

其他影响因素,如岩石的化学组分、物理化学性质、酸液黏度等都会影响盐酸的反应速度。碳酸盐岩的泥质含量越高,反应速度相对越慢,碳酸盐岩油层面上粘有油膜,可减慢酸岩的反应速度。增大酸液黏度如稠化盐酸,由于限制了H^+的传质速度,也会使反应速度减慢。

通过上述分析可以看出:降低面容比,提高酸液流速,使用稠化盐酸、高浓度盐酸和多组分酸,以及降低井底温度,均影响酸岩反应速度,有利于提高酸化效果。

三、砂岩油气层的土酸处理

砂岩油气层通常采用水力压裂增产措施,但对于胶结物较多或堵塞严重的砂岩油气层,也常采用以解堵为目的的常规酸化处理。

砂岩油气层的酸处理,就是通过酸液溶解砂粒之间的胶结物和部分砂粒,或孔隙中的泥质堵塞物,或其他酸溶性堵塞物以恢复、提高井底附近地层的渗透率。

1. 砂岩的组成

砂岩由砂粒和砂粒间胶结物组成,砂粒主要是石英和长石,胶结物主要为硅酸盐类(如黏土)和碳酸盐类物质。砂岩的油气储集空间和渗流通道就是砂粒与砂粒之间未被胶结物完全充填的孔隙。

影响砂岩反应性的因素是化学组成和表面积。表 5—14 和表 5—15 中列出了砂岩矿物的表面积、溶解度及化学组成。

表 5—14　典型砂岩矿物的化学组成

矿物		化学组成
石英		SiO_2
长石类	正长石	Si_3Al_8Na
	微斜长石	Si_3Al_8K
	钠长石	$Si_{2-3}Al_{1-2}O_8(Na,Ca)$
	斜长石	$(AlSi_3O_{10})K(Mg,Fe)_3(OH)_2$
云母类	黑云母	$(AlSi_3O_{10})KAl_2(OH)_2$
	白云母	$Al_4(Si_4O_{10})(OH)_8$
黏土类	高岭石	$Si_{4-x}Al_xO_{10}(OH)_2K_xAl_2$
	伊利石	$(1/2Ca,Na)_{0.7}(AlMg,Fe)_4$
	蒙脱石	$(Si,Al)_8O_{20}(OH)_4nH_2O$
	绿泥石	$(AlSi_3O_{10})Mg_5(Al,Fe)(OH)_8$
碳酸盐类	方解石	$CaCO_3$
	白云石	$CaMg(CO_3)_2$
	铁白云石	$Ca(Fe,Mg)(CO_3)_2$
硫酸盐类	石膏	$CaSO_4\cdot 2H_2O$
	硬石膏	$CaSO_4$
其他	盐类	$NaCl$
	氧化铁	FeO,Fe_2O_3,Fe_3O_4

表 5—15　砂岩矿物的表面积及溶解度

矿物	表面积	溶解度	
		盐酸	土酸
石英	低	不溶解	很低
燧石	低至中等	不溶解	低至中等
长石	低至中等	不溶解	低至中等
云母	低	不溶解	低至中等
高岭石	高	不溶解	高溶解
伊利石	高	不溶解	高溶解
蒙脱石	高	不溶解	高溶解
绿泥石	高	低至中等	高溶解
方解石	低至中等	高溶解	高溶解
白云石	低至中等	高溶解	高溶解
铁白云石	低至中等	高溶解	高溶解
菱铁矿	低至中等	高溶解	高溶解

2. 砂岩地层土酸处理原理

从砂岩矿物组成和溶解度可以看到,对砂岩地层仅仅使用盐酸达不到处理目的,一般都用盐酸和氢氟酸混合的土酸作为处理液,盐酸的作用除了溶解碳酸盐岩类矿物,使氢氟酸进入地层深处外,还可以使酸液保持一定的 pH 值,不至于产生沉淀物,其酸化原理体现在以下两个方面。

(1)氢氟酸与硅酸盐岩类以及碳酸盐岩类反应时,其生成物中有气态物质和可溶性物质,也会生成不溶于残酸液的沉淀,其反应如下:

$$2HF + CaCO_3 \longrightarrow CaF_2 \downarrow + CO_2 \uparrow + H_2O$$

$$16HF + CaAl_2Si_2O_8 \longrightarrow CaF_2 \downarrow + 2AlF_3 + 2SiF_4 \uparrow + 8H_2O$$

当酸液浓度高时,反应生成的 CaF_2 处于溶解状态,当酸液浓度降低后,即会沉淀。酸液中包含有 HCl 时,依靠 HCl 维持酸液在较低的 pH 值,以提高 CaF_2 的溶解度。

氢氟酸与石英的反应:

$$6HF + SiO_2 \longrightarrow H_2SiF_6 + 2H_2O$$

反应生成的氟硅酸(H_2SiF_6)在水中可解离为 H^+ 和 SiF_6^{2-},而后者又能和地层水中的 Ca^{2+}、Na^+、K^+、NH_4^+ 等离子相结合。生成的 $CaSiF_6$、$(NH_4)_2SiF_6$ 易溶于水,而 Na_2SiF_6 及 K_2SiF_6 均为不溶物质会堵塞地层。因此在酸处理过程中,应先将地层水顶替走,避免与氢氟酸接触,处理时一般用盐酸作为预冲洗液来实现这一目的。

(2)氢氟酸与砂岩中各种成分的反应速度各不相同。氢氟酸与碳酸盐岩的反应速度最快,其次是硅酸盐岩(黏土),最慢是石英。因此当氢氟酸进入砂岩油气层后,大部分氢氟酸首先消耗在与碳酸盐岩的反应上,不仅浪费了大量价格昂贵的氢氟酸,并且妨碍了它与泥质成分的反应。但是盐酸和碳酸盐岩的反应速度比氢氟酸与碳酸盐岩的反应速度还要快,因此土酸中的盐酸成分可先把碳酸盐岩溶解掉,从而能充分发挥氢氟酸溶蚀黏土和石英成分的作用。

总之,依靠土酸液中的盐酸成分溶蚀碳酸盐岩类物质,并维持酸液较低的 pH 值,依靠氢氟酸成分溶蚀泥质成分和部分石英颗粒,从而达到清除井壁的泥饼及地层中的黏土堵塞,恢复和增加近井地层渗透率的目的。

由于油气层岩石成分和性质各不相同,实际处理时,所用酸量、土酸溶液的成分应根据岩石成分和性质而定。多年实践表明,由 $10\% \sim 15\%$ 的 HCl 及 $3\% \sim 8\%$ 的 HF 混合成的土酸足以溶解组成砂岩油层的主要矿物。其中当泥质含量较高时,氢氟酸浓度取上限,盐酸浓度取下限;当碳酸盐含量较高时,则盐酸浓度取上限,氢氟酸浓度取下限。在改造以黏土胶结为主的砂岩地层,或泥浆堵塞物中碳酸盐岩成分较小时,应相应提高土酸溶液中的氢氟酸浓度。有些油田配制的土酸,氢氟酸浓度超过盐酸浓度(如 6%HF+3%HCl),现场常称这种土酸溶液为逆土酸。

3. 提高土酸处理效果的方法

影响土酸处理效果的因素包括:在高温油气层内由于 HF 的急剧消耗,导致处理的范围很小;土酸的高溶解能力可能局部破坏岩石的结构造成出砂;反应后脱落下来的石英和黏土等颗粒随液流运移,堵塞地层。

目前为提高酸处理效果使用最多的方法是就地产生氢氟酸,以使氢氟酸处理地层深处的黏土。

(1)同时将氟化铵水溶液与有机脂(乙酸甲酯)注入地层,一定时间后有机脂水解生成有机酸(甲酸),有机酸与氟化铵作用生成氢氟酸。该方法应用于 $54\sim93℃$ 地层,可以产生浓度高达 3.5% 的氢氟酸溶液。

(2)利用黏土矿物的离子交换性质,在黏土颗粒上就地产生氢氟酸(自生土酸)。先向地层中注入盐酸溶液,它与黏土接触后,使黏土成为酸性的氢黏土。然后使氟化铵溶液流经氢黏土,氟离子与黏土上的氢离子结合,在黏土矿物上生成氢氟酸,并立即与黏土反应。这种方法需交替顺序地注入酸溶液与氟化铵溶液。

(3)使用替换酸(如氟硼酸)。氟硼酸是应用最多的一种替换酸,它可以在任何给定条件下保持较低的氢氟酸含量,因而也就具有较低的反应性,而且当氢氟酸消耗时,通过氟硼酸的水解可以产生氢氟酸。氟硼酸可作为土酸处理的预冲洗液,这可避免微粒失稳和堵塞;氟硼酸也可用作土酸处理的后冲洗液,以使氟硼酸易于穿透。

现场氟硼酸(HBF_4)是通过硼酸(H_3BO_3)、氟化铵氢氟酸($NH_4F \cdot HF$)及盐酸配制,反应如下:

$$NH_4 \cdot HF + HCl \longrightarrow 2HF + NH_4Cl$$

$$H_3BO_3 + 3HF \longrightarrow HBF_3OH + 2H_2O \quad (快反应)$$

$$HBF_3OH + HF \Longleftrightarrow HBF_4 + H_2O \quad (慢反应)$$

氟硼酸水解后产生氢氟酸:

$$HBF_4 + H_2O \Longleftrightarrow HBF_3OH + HF$$

(4)使用互溶剂。土酸中加入互溶剂(如乙二醇丁醚等),互溶土酸既溶于油又溶于水。

互溶剂的主要作用是降低水溶液的表面张力,降低井筒周围地层水饱和度,防止水锁;改变岩石的润湿性,使亲油岩石变成亲水岩石,提高油相渗透率;降低缓蚀剂和表面活性剂在地层中的吸附;溶解地层孔隙中的油组分;促进残酸的返排。

四、酸化压裂技术

酸压(酸化压裂)是在高于岩石破裂压力下将酸注入地层,在地层内形成裂缝,通过酸液对裂缝壁面物质的不均匀溶蚀形成高导流能力的裂缝。

酸压(酸化压裂)是用酸液作为压裂液,可以不加支撑剂的压裂。酸压过程中一方面靠水力作用形成裂缝,另一方面靠酸液的溶蚀作用把裂缝的壁面溶蚀成凹凸不平的表面。停泵卸压后,裂缝壁面不能完全闭合,具有较高的导流能力,可达到提高地层渗透性的目的。

酸液壁面的非均匀刻蚀是由于岩石的矿物分布和渗透性的不均一性所致。沿裂缝壁面,有些矿物极易溶解(如方解石),有些矿物则难以被酸溶解,甚至不溶解(如石膏、砂等)。易溶解的地方刻蚀得较严重,形成较深的凹坑或沟槽,难溶的地方则凹坑较浅,不溶解的地方保持原状。此外渗透率好的壁面易形成较深的凹坑,甚至是酸蚀孔道,从而进一步加重非均匀刻蚀。酸化施工结束后,由于裂缝壁面凹凸不平,裂缝在许多支撑点的作用下不能完全闭合,最终形成了具有一定几何尺寸和导流能力的人工裂缝,大大提高了储层的渗流能力。

与水力压裂技术类似,酸化压裂的增产原理主要表现为:

(1)酸化压裂裂缝增大了油气向井内渗流的渗流面积,改善了油气的流动方式,增大了井附近油气层的渗流能力；

（2）消除井壁附近的储层污染；

（3）沟通远离井筒的高渗透带、储层深部裂缝系统及油气区。

酸压和水力压裂主要差别在于如何实现其导流性，对于水力压裂，裂缝内的支撑剂会阻止停泵后裂缝闭合，因此酸压一般不使用支撑剂，而是依靠酸液对裂缝壁面的不均匀刻蚀产生一定的导流能力。

酸压是碳酸盐岩储层增产措施中应用最广的酸处理工艺，不能用于砂岩储层。其原因是砂岩储层的胶结一般比较疏松，酸压可能由于大量溶蚀，致使岩石松散，引起油井过早出砂；酸压可能压破储层边界以及水、气层边界，造成储层能量亏空或过早见水、见气；由于酸液沿缝壁均匀溶蚀岩石，不能形成沟槽，酸压后裂缝大部分闭合，形成的裂缝导流能力低，且由于用土酸酸压可能产生大量沉淀物堵塞流道。

1. 酸液的滤失

酸压过程中，由于裂缝内外的压力差作用，酸液的滤失与压裂液的滤失一样都是不可避免的，而且酸压对象主要为碳酸盐岩油气层，储集空间多为孔隙—裂缝或孔隙—溶洞型，当裂缝内压力大于天然裂缝张开压力时，酸液的滤失比较严重。酸压过程中，酸蚀孔道的形成增加了滤失面积，使滤失进一步增加，所有这些都会导致酸液有效作用距离的缩短，影响酸压效果。

为提高酸压裂缝的有效长度和酸压效率，需要控制酸液的滤失，常用的方法和措施有以下三种。

1）固相防滤失剂

刺梧桐胶质和硅粉是最常用的酸液固相防滤失剂。刺梧桐胶质在酸中能膨胀并形成鼓起的小颗粒，在裂缝壁面形成桥塞，阻止酸蚀孔道的发展，降低滤失面积，但只能用于低温井（50℃以下）。硅粉（石英粉砂岩）在水力压裂中常用作防滤失剂，在酸压中经常使用 1000 目的硅粉，以 120～360kg/m³ 的浓度加入酸压前置液中，以填满或桥塞酸蚀孔道和天然裂缝。有时也使用溶于油的树脂或与硅粉粒径相同的盐作为降滤失剂。

2）前置液酸压

前置液酸压是用高黏液体（如油包水型乳状液、冻胶液）当做前置液，先把地层压开裂缝，然后再注入酸液，这是国内外常用的降滤失方法。

前置液酸压的主要优点：

（1）用高粘液体作为前置压裂液，由于其黏度高，滤失量小，可形成较宽、较长的裂缝，减少了裂缝的面容比，降低了酸液的反应速度，增大了酸的有效作用距离。

（2）前置液冷却了井筒和地层，减缓了酸液对油管的腐蚀。

（3）前置液与酸液黏度差异较大，黏度很小的酸液不会均匀地把高黏液顶替走，而是在高黏液体中形成指进现象，如图 5—51 所示。一方面降低了漏失量，另一方面又减缓了酸液反应速度。因此，能用较少的酸量造成较长的有效裂缝。

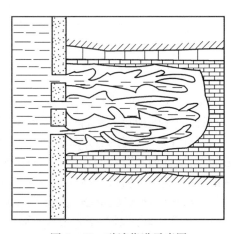

图 5—51　酸液指进示意图

3）胶化酸

胶化酸指以某些表面活性剂作酸液的稠化剂形成胶束稠化酸。由于受剪切后胶束链很快重新形成，所以这类胶化酸是相当稳定的，而且由于黏度大，在形成废酸前能有效地防止酸液的滤失。此外，还可以使用乳化酸和泡沫酸来降低活性酸的滤失。

2. 酸液的损耗

在碳酸盐岩地层酸压中，另一个制约活性酸沿裂缝穿透的主要因素是酸的损耗。在酸液沿裂缝行进过程中，连续不断地与裂缝壁面反应，浓度逐渐变小，当活性酸浓度下降至某一标准时（2％～3％），就不能再充分溶蚀地层，对增产增注是无效的。因此，在酸压施工中，控制裂缝内活性酸与岩石的反应速度是非常重要的。

影响碳酸盐岩地层酸穿透距离（或酸岩反应速度）的因素有：酸液类型、酸液浓度、注入速度、地层温度、裂缝宽度及地层矿物成分等。

注入速度对穿透距离的影响如图 5—52 所示，浓度为 28％的盐酸溶液消耗至原浓度的 10％时注入速度与酸穿透距离的关系表明，增加注入速率，可以增加石灰岩和白云岩地层中酸压的穿透距离，而且在白云岩地层中的穿透距离比灰岩中大，这是因为盐酸与白云岩的反应速度比石灰岩慢。

裂缝宽度对穿透距离的影响如图 5—53 所示，裂缝宽度从 2.5mm 增加至 5mm，酸在灰岩中的穿透距离从 30.6m 增加到 54m，而在白云岩中，穿透距离从 54m 增加到 77.7m，这也说明用高粘前置液和稠化酸造缝的重要性。

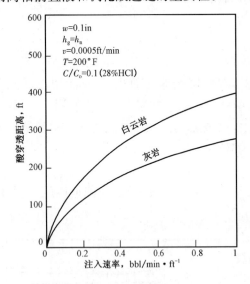

图 5—52　注入速率对酸穿透距离影响

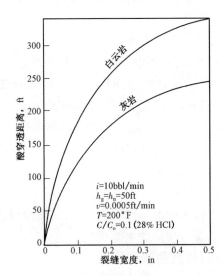

图 5—53　裂缝宽度对酸穿透距离影响

图 5—54 表明了温度对酸穿透距离的影响，温度越高，酸岩反应速度越快，酸穿透距离越小，且白云岩的酸穿透距离对温度的敏感性较石灰岩的大。

所以，酸压裂缝的有效长度将主要受酸岩反应速度的影响。控制反应速度除前面介绍的方法外，最普遍和有效的方法是使用前置液酸压，前置液既可以降低地层温度，也可以形成较宽的裂缝，还可以促进裂缝内酸液的黏性指进。

在酸液中加入诸如烷基磺酸、烷基磷酸或烷基胺之类的阻滞剂（缓速剂）也可以降低酸岩的反应速度。缓速剂在碳酸盐岩表面形成亲油的膜，减少了酸与岩石的接触机会。

采用乳化酸也可以延缓酸岩反应速度，用煤油或柴油作外相，一定浓度的盐酸作内相，通过表面活性剂的阻滞作用,使碳酸盐岩表面变成强亲油,达到降低反应速度的目的。

另外,使用乙酸和甲酸、胶化酸、泡沫酸等也可以减缓酸岩的反应速度,而且还可以起到降低滤失的作用。

3. 酸岩复相反应有效作用距离

酸压时,酸液沿裂缝向地层深部流动,酸浓度逐渐降低。当酸浓度降低到一定数值时,酸液基本上失去溶蚀能力,称为残酸。酸液由活性酸变为残酸之前所流经裂缝的距离,称为活性酸的有效作用距离。

显然,酸液只有在有效作用距离范围内才能溶蚀岩石,当超出这个范围以后,酸液已变为残酸。所以,在依靠水力压裂作用形成的动态裂缝

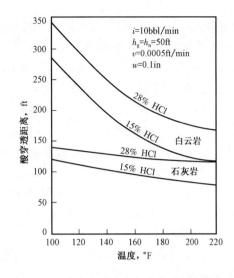

图 5—54　温度及酸浓度与酸穿透距离的关系

中,只有在靠近井壁的那一段裂缝长度内(其长度等于活性酸的有效作用距离),由于裂缝壁面的非均质性被溶蚀成为凹凸不平的沟槽,当施工结束后,裂缝仍然具有相当的导流能力。此段裂缝长度称为裂缝的有效长度。

在动态裂缝中,超过活性酸有效作用距离的裂缝段,由于残酸已不能溶蚀裂缝壁面,所以当施工结束后,将会在闭合压力作用下重新闭合从而失去导流能力。因此,在酸压时仅仅压成较长的动态裂缝是不够的,还必须力求压成较长的有效裂缝。

为了提高酸液有效作用距离,从上述理论看来,在地层中产生较宽的裂缝、较低的氢离子有效传质系数、较高的排量及尽可能小的滤失速度都可使有效作用距离增加。因此,在矿场上采用泡沫酸、乳化酸或胶化酸等以减少氢离子的有效传质系数,采用前置液酸压的方法以增加裂缝宽度,适当提高排量及添加防滤失剂以增加有效酸液深入缝中的能力等工艺措施以取得较好的酸化效果。

五、酸化工艺

酸化效果与许多因素有关,如酸化井层的选择、酸化工艺的选择、施工参数的确定以及酸化后的排液及施工质量等。为了提高酸处理的效果,应做好各个环节的工作。

1. 酸处理井层的选择

酸化处理选井选层的工作目标是:客观描述储层的油气储集性能;客观描述储层的渗滤特征及堵塞特征;推荐可供增产作业改造的油气井和层段。

一般地说,为了能够得到较好的处理效果,在选井选层方面应考虑以下几点:

(1)储层含油气饱和度高,储层能量较为充足;

(2)储层受污染的井;

(3)邻井高产而本井低产的井应优先选择;

(4)优先选择在钻井过程中油气显示好,而试油效果差的井层;

(5)储层应具有一定的渗流能力;

(6)油、气、水边界清楚;

(7)固井质量和井况好。

在考虑具体井的酸化方式和酸化规模时,应对油井的静态资料和动态资料进行综合分析。确定储层物性参数,并根据物性参数及油井的历史情况综合分析,准确判断出油气井产量下降或低产(水井欠注)的原因以及该井可改造的程度,为酸化作业提供地质依据。

2. 酸处理方式

酸处理方式分常规酸化(又称孔隙酸化)与酸压两种。

常规酸化主要起解除井底附近地层堵塞的作用,所以亦称为解堵酸化。解堵酸化就是在新井完成或修井后,以解除泥浆堵塞恢复地层的渗透性,使之正常投产的一种酸处理措施。

为了较好地解除整个油(气)层的堵塞,应该使酸液能均匀地进入地层的纵向各层段,避免沿高渗透层段突入。为此,除了采用分层酸化或使用暂时堵塞剂封堵高渗透层以外,要求注酸泵压控制在地层初始吸收压力以上,而又在地层破裂压力以下,不宜过高以免压开裂缝不能很好地清除堵塞。

由于常规酸化不压开裂缝,因此面容比很大,酸岩反应速度很快,酸的有效作用范围很小。对于堵塞范围较大的油气层,以及由于地层渗透率低导致的低产井,采用常规酸化往往不能获得较好的增产效果,应考虑采用水力压裂或酸压措施。

酸压是在高于地层破裂下进行的酸化作业。酸压一般应用于碳酸盐岩地层,其核心问题是提高酸液的有效作用距离和裂缝的导流能力。

3. 酸化可行性研究及施工设计技术

1)酸化可行性研究

(1)地质研究。通过对储层的矿物成分、流体特性的综合分析,确定酸化的可行性,以及采用的酸液类型。

(2)室内酸液配方设计。酸液设计应包括以下原则:不破坏储层骨架;与储层及其流体配伍,在地层中液体及反应物不产生沉淀;稳定黏土,保持水润湿;能解除近井带污染堵塞物;稳定铁离子、防止二次沉淀;防乳、破乳,降低表面张力;对金属的腐蚀速度低于规定标准;施工方便,安全经济。

酸化室内评价内容如图5—55所示。

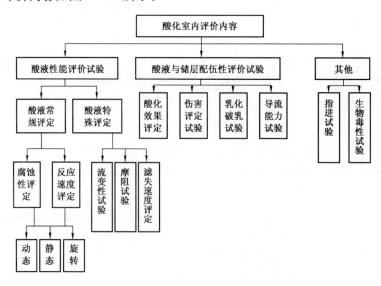

图5—55 酸化试验流程图

2)酸化施工设计

酸化施工设计流程如图5-56所示。

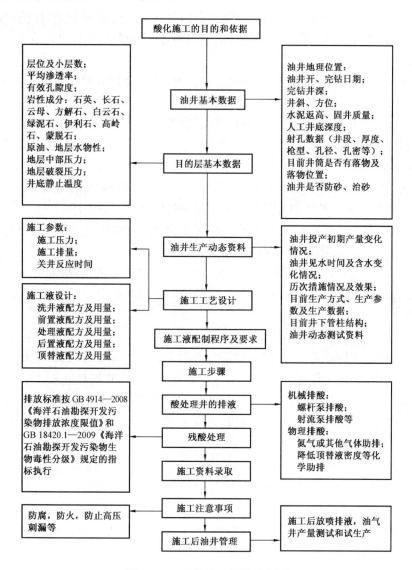

图5-56 酸化施工设计流程图

4. 酸处理井的排液

酸化施工结束后,停留在地层中的残酸水由于其活性已基本消失,不能继续溶蚀岩石,而且随着pH值增高,原来不会沉淀的金属离子相继产生金属氢氧化物沉淀。为了防止生成沉淀堵塞地层孔隙,影响酸处理效果,一般说来应缩短反应时间,限定残酸液的浓度在一定值之上就将残酸液尽可能快速地排出。为此,应在酸化前就作好排液和投产的准备工作,施工结束后立即进行排液。

残酸流到井底后,如果剩余压力(井底压力)大于井筒液柱压力,可依靠地层能量进行放喷排液。如果剩余压力低于井筒液柱压力,就要用人工方法将残酸从井筒排至地面。

目前常用的人工排液法可分为两大类:一类是降低液柱高度或密度的放喷、抽汲、气举法;另一类是以助喷为主的增注液体二氧化碳或液氮法。

1)放喷、抽汲、气举排液

(1)放喷。

油气井如果位于裂缝发育地带,有广阔的供油、气区且地层能量充足,往往一经解堵或沟通裂缝后,一开井就可连续自喷。应选择合适的油嘴,适当地控制回压进行放喷。

(2)抽汲。

抽汲就是不断排出井内液体,降低井内液柱高度,从而降低井筒中液柱的压力,促使残酸流入井底的方法。

伴随残酸流入井底的地层流体(原油及天然气)数量增多后,井筒内液柱混气程度将逐渐增高,井筒流体密度亦相应下降。通过多次抽汲、激动和诱导,有时可将油、气诱喷。若诱喷成功,则可自喷排液,否则应继续进行抽汲。

抽汲的主要问题是:效率低、速度慢,不能及时快速排出残酸,除非能很快转为自喷,否则对酸化效果有影响。海上常用螺杆泵排酸和射流泵排酸两种抽汲方法。

螺杆泵排酸:由于螺杆泵扬程有限,只能将泵下到有限深度排液,因此,这种排酸工艺适合浅层油藏酸化排酸或地层能量很充足的油井酸化排酸。

射流泵排酸:射流泵正循环排酸,即动力液(海水)从油管泵入,残酸和海水混合液从油套环形空间排出地面,工作时射流泵从井口投入,结束时反循环冲出。

(3)气举。

气举排液就是用高压压缩机将高压压缩气体从环形空间注入井内,环空液面下降,当液面下降到油管管鞋时,气体进入油管,使液柱混气并喷至地面。如果井较深,液柱压力超过压缩机的最大工作压力(额定工作压力)时,压缩气体则不能通过油管管鞋进入油管。此时,可采用安装有气举阀的管柱以完成深井酸化气举排液作业。气举的主要问题是:需要有高压压缩机或高压天然气源,另外这种方法要控制得当,否则由于产生较大的压力波动,对疏松地层容易引进出砂。

2)增注液态 CO_2 或液氮助喷排液

为了提高排液能力,用泵注法将液态 CO_2 或液氮在高压下同酸液混合挤入地层,由于温度升高和压力下降,液态 CO_2 或液氮就转变为气态(气化)。排液时,气态 N_2 或 CO_2 的体积不断膨胀,这种膨胀能量将不断携带和推挤残酸,往往无需抽汲即可排净残酸。同时 CO_2 还有缓速等多种效能,现场助排施工效果较好。

第三节　水力压裂技术

水力压裂是利用地面高压泵组,将高黏液体以大大超过地层吸收能力的排量注入井中,在井底憋起高压,当该压力大于井壁附近的地应力和地层岩石抗张强度时,在井底附近地层产生裂缝。继续注入带有支撑剂的携砂液,裂缝向前延伸并在裂缝内充填支撑剂。停泵后裂缝闭合在支撑剂上,在井底附近地层内形成具有一定几何尺寸和导流能力的填砂裂缝,从而实现油气井增产和注水井增注。图5—57为水力压裂作业示意图。

水力压裂增产增注的原理主要是:降低了井底附近地层中流体的渗流阻力并改变了流体的渗流状态,使原来的径向流动改变为油层与裂缝近似性的单向流动和裂缝与井筒间的单向流动,消除了径向节流损失,大大降低了能量消耗;裂缝穿透井底附近地层的污染堵塞带,解除堵塞;沟通非均质性构造油气储集区,扩大供油面积。

一、造缝机理

有利的裂缝方位和几何参数不仅可以提高开采速度,而且还可以提高最终采收率,相反,不利的裂缝方位和几何参数则可能导致生产井过早水窜,降低最终采收率。

造缝条件及裂缝的形态、方位等与井底附近地层的地应力及其分布、岩石的力学性质、压裂液的渗滤性质及注入方式有密切关系。

1. 地层的破裂压力

地层开始形成裂缝时的井底注入压力称为地层破裂压力。图5-58为水力压裂施工泵压变化曲线。F点对应于地层破裂压力(使地层破裂所需要的井底流体压力);E点为瞬时停泵压力(即压裂施工结束或其他时间停泵时的压力),反映裂缝延伸压力(使裂缝延伸所需要的压力);C点对应于闭合压力(即裂缝刚好能够张开或恰好没有闭合时的压力);S点为地层压力。压裂过程中的泵压是地应力场、压裂液在裂缝中流动摩阻和井筒压力的综合作用结果。

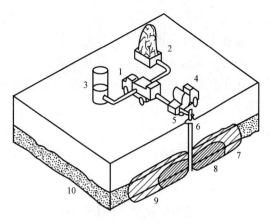

图5-57 水力压裂作业示意图

1—混砂车;2—砂车(罐);3—液罐(组);4—压裂泵车(组);
5—井口;6—压裂管柱;7—动态裂缝;8—支撑裂缝;
9—压裂液;10—储层

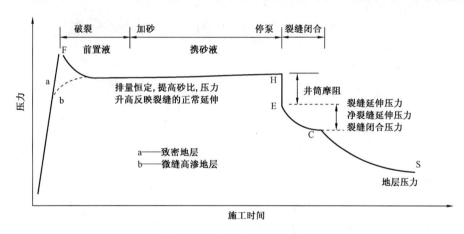

图5-58 水力压裂施工泵压变化曲线

对于致密地层,当井底压力达到破裂压力 p_F 后,地层发生破裂(图5-58中的a),井眼附近应力集中很快消失,裂缝在较低的压力下延伸,裂缝延伸所需要的压力随着裂缝延伸引起的流体流动摩阻增加使得井底和井口压力增加。停泵以后井筒摩阻为零,压裂缝逐渐闭合,施工压力逐渐降低。

对高渗或微裂缝发育地层,地层破裂时的井底压力并不出现明显的峰值,破裂压力与延伸压力相近(图5-58中的b)。

2. 地应力场

地应力场不但影响到水力压裂造缝过程,而且通过井网与人工裂缝方位的配合关系影响到油气藏的开发效果。作用在地下岩石某单元体上的主应力通常是三个相互垂直且互不相等的垂向主应力 σ_z 和水平主应力 σ_x、σ_y。

1)地应力

存在于地壳内的应力称为地应力,是由于上覆岩层重力、地壳内部的垂直运动和水平运动及其他因素综合作用引起介质内部单位面积上的作用力。

作用在单元体上的垂向应力来自上覆层的岩石重量,它的大小可以根据密度测井资料计算:

$$\sigma_z = \int_0^H \rho_s g \, \mathrm{d}z \qquad (5-13)$$

式中　σ_z——垂向主应力,Pa;

　　　H——地层垂深,m;

　　　g——重力加速度,$9.81\mathrm{m/s^2}$;

　　　ρ_s——上覆层岩石密度,$\mathrm{kg/m^3}$。

由于油气层中有一定的孔隙压力 p_s(即油藏压力或流体压力),孔隙中的流体对岩石骨架有支撑作用,故作用在岩石骨架上的有效垂向主应力为:

$$\overline{\sigma}_z = \sigma_z - p_s \qquad (5-14)$$

两个水平主应力与垂向主应力的关系为:

$$\overline{\sigma}_x = \overline{\sigma}_y = \frac{\nu}{1-\nu}\overline{\sigma}_z \qquad (5-15)$$

式中　ν——泊松比,无量纲。

如果岩石处于弹性状态,考虑到构造应力等因素的影响,两个水平主应力可能不相等,设 σ_x 为最大水平主应力,根据弹性力学公式可以得到最大、最小水平主应力为:

$$\begin{cases} \sigma_x = \dfrac{1}{2}\left[\dfrac{\xi_1 E}{1-\nu} - \dfrac{2\nu(\sigma_z - \alpha p_s)}{1-\nu} + \dfrac{\xi_2 E}{1+\nu}\right] + \alpha p_s \\[3mm] \sigma_y = \dfrac{1}{2}\left[\dfrac{\xi_1 E}{1-\nu} - \dfrac{2\nu(\sigma_z - \alpha p_s)}{1-\nu} - \dfrac{\xi_2 E}{1+\nu}\right] + \alpha p_s \end{cases} \qquad (5-16)$$

式中　ξ_1,ξ_2——水平应力构造系数,可由室内测试试验结果推算,无量纲;

　　　E——岩石弹性模量,Pa;

　　　α——毕奥特(Biot)常数,无因次。

实验室测定的岩石泊松比和弹性模量随岩石类型不同而有所差异(表5—16)。

表5—16　常见岩石的泊松比与弹性模量

岩石类型	弹性模量 $10^4\mathrm{MPa}$	泊松比	岩石类型	弹性模量 $10^4\mathrm{MPa}$	泊松比
硬砂岩	4.4	0.15	砾岩	—	0.21
中硬砂岩	2.1	0.17	白云岩	7.4	0.25
软砂岩	0.3	0.20	花岗岩	4.0~8.4	0.25
硬灰岩	7.4	0.25	泥岩	2.0~6.0	0.35
中硬灰岩	—	0.27	页岩	2.0~5.0	0.30
软灰岩	0.8	0.30	煤	1.0~3.5	0.30

2) 井壁上的应力

地层岩石破裂前，井壁最终应力场为钻孔应力集中、向井筒注液所引起的井壁应力、压裂液径向渗入地层所引的井壁应力的叠加。

（1）井筒应力分布。

钻井完成后，地层中应力分布可视为无限大均质各向同性岩石平板有一圆形孔眼时的应力状态，如图 5—59 所示。

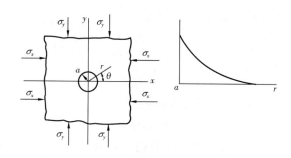

图 5—59　无限大平板中钻一圆孔的应力分布

弹性力学给出了平板为固体的、各向同性与弹性材料周向应力的计算等式：

$$\sigma_\theta = \frac{\sigma_x + \sigma_y}{2}\left(1 + \frac{a^2}{r^2}\right) - \frac{\sigma_x - \sigma_y}{2}\left(1 + \frac{3a^4}{r^4}\right)\cos 2\theta \tag{5-17}$$

式中　σ_θ——圆孔周向应力，Pa；

a——圆孔半径，m；

r——距圆孔中心的距离，m；

θ——任意径向与 σ_x 方向的夹角。

当 $r=a$，$\sigma_x=\sigma_y=\sigma_H$ 时，$\sigma_\theta=2\sigma_x=2\sigma_y=2\sigma_H$，说明圆孔壁上各点的周向应力相等，且与 θ 值无关。

当 $r=a$，$\sigma_x>\sigma_y$ 时，$(\sigma_\theta)_{\min}=(\sigma_\theta)_{0°,180°}=3\sigma_y-\sigma_x$，$(\sigma_\theta)_{\max}=(\sigma_\theta)_{90°,270°}=3\sigma_x-\sigma_y$，说明最小周向应力发生在 σ_x 的方向上，而最大周向应力却在 σ_y 的方向上。

随着 r 的增加，周向应力迅速降低，降至原地应力值，如图 5—59 右侧图所示。周向应力分布表明，由于圆孔的存在，产生了圆孔周围的应力集中，孔壁上的应力比远处的大得多，这就是地层破裂压力大于裂缝延伸压力的一个重要原因。

（2）井眼内压所引起的井壁应力。

压裂过程中，向井筒内注入高压液体，井筒内压迅速升高，在井壁上产生周向应力。可以把井筒周围的岩石看作是一个具有无限壁厚的厚壁圆筒，根据弹性力学中的拉梅公式（拉应力取负号）计算井壁上的周向应力：

$$\sigma_\theta = \frac{p_e r_e^2 - p_i r_a^2}{r_e^2 - r_a^2} + \frac{(p_e - p_i)r_e^2 r_a^2}{r^2(r_e^2 - r_a^2)} \tag{5-18}$$

式中　p_e——厚壁筒外边界压力，Pa；

r_e——厚壁筒外边界半径，m；

r_a——厚壁筒内半径，m；

p_i——内压，Pa；

r——距井轴半径，m。

注入压裂液在井壁周围各个方向产生的应力为张应力，其大小沿井轴半径逐渐衰减，在井壁上产生的张应力近似为注液压力，即 $\sigma_\theta=-p_i$。

（3）压裂液径向渗入地层所引的井壁应力。

注入压裂液径向渗入近井筒地带产生另外一个应力区，增大了井壁周围的岩石应力。周向应力值近似为：

$$\sigma_\theta = (p_i - p_s)\alpha \frac{1-2\nu}{1-\nu} \tag{5-19}$$

其中
$$\alpha = 1 - \frac{C_r}{C_b}$$

式中　C_r——岩石骨架压缩系数；

　　　C_b——岩石体积压缩系数。

（4）井壁上的最小总周向应力。

地层岩石破裂前，井壁周向应力为地应力、井筒内压及液体渗滤所引起的周向应力之和。若 $\sigma_x > \sigma_y$，在 $\theta = 0°$ 或 $\theta = 180°$ 受到的周向应力最小：

$$\sigma_\theta = \frac{\sigma_x + \sigma_y}{2}\left(1 + \frac{a^2}{r^2}\right) - \frac{\sigma_x - \sigma_y}{2}\left(\frac{1+3a^4}{r^4}\right) - \frac{r_a^2}{r^2}p_i + (p_i - p_s)\alpha \frac{1-2\nu}{1-\nu} \tag{5-20}$$

从上式可以看出，距离井壁较远处，轴向应力仍为压应力，但在井壁附近为张应力，因此，水力压裂能够形成人工裂缝。井壁上的总周向应力为：

$$\sigma_\theta = (3\sigma_y - \sigma_x) - p_i + (p_i - p_s)\alpha \frac{1-2\nu}{1-\nu} \tag{5-21}$$

3. 水力压裂造缝条件

岩石破坏准则是衡量有效主应力间的极限关系。超过该极限值，就出现不稳定或破坏。水力压裂中常用最大张应力准则，认为施加于井筒壁面的总有效应力一旦达到岩石的抗张强度 σ_t 地层就会破坏，即：

$$\bar{\sigma}_\theta = -\sigma_t \tag{5-22}$$

地层破裂极限条件下的注入压力即为地层破裂压裂。

1）形成垂直裂缝

如果注入压裂液滤失到地层，井壁上有效周向应力为周向应力与注液压力 p_i 之差，即：

$$\bar{\sigma}_\theta = \sigma_\theta - p_i \tag{5-23}$$

根据最大张应力准则，当井壁岩石周向应力 $\bar{\sigma}_\theta$ 达到井壁岩石水平方向的最小抗拉强度 σ_t^h 时，岩石将在垂直于水平应力方向断裂而形成垂直裂缝。此时地层破裂压力为：

$$p_F = \frac{3\bar{\sigma}_y - \bar{\sigma}_x + \sigma_t^h}{2 - \alpha \frac{1-2\nu}{1-\nu}} + p_s \tag{5-24}$$

若压裂液不滤失，总的有效周向应力为

$$\bar{\sigma}_\theta = \sigma_\theta - p_s \tag{5-25}$$

结合最大张应力准则，地层破裂压力为

$$p_F = 3\bar{\sigma}_y - \bar{\sigma}_x + \sigma_t^h + p_s \tag{5-26}$$

2）形成水平裂缝

假设由于液体滤失也增大垂向应力，增加量和水平方向应力增量相同，总的有效垂向应力为：

$$\bar{\sigma}_z = \sigma_z + \alpha(p_i - p_s)\frac{1-2\nu}{1-\nu} - p_i \qquad (5-27)$$

$$\bar{\sigma}_z = -\sigma_t^v \qquad (5-28)$$

式中　σ_t^v——岩石垂向抗张强度。

根据最大张应力准则,形成水平缝的条件是井筒内注入流体的压力 p_i 等于地层的破裂压力 p_F,则:

$$p_F = \frac{\bar{\sigma}_z + \sigma_t^v}{1 - \alpha\dfrac{1-2\nu}{1-\nu}} + p_s \qquad (5-29)$$

由上式计算出来的破裂压力,总是大于在实验室里所得到的在井眼底端附近造成水平缝所需要的压力。为了使计算值接近实验值,式(5—29)可修正为:

$$p_F - p_s = \frac{\bar{\sigma}_z + \sigma_t^v}{1.94 - \alpha\dfrac{1-2\nu}{1-\nu}} \qquad (5-30)$$

若压裂液不向地层滤失,则不存在由于滤失引起的应力增量。根据最大张应力准则:

$$\sigma_z - p_i = -\sigma_t^v \qquad (5-31)$$

总的有效周向应力为:

$$\bar{\sigma}_\theta = \sigma_\theta - p_s \qquad (5-32)$$

地层的破裂压力为:

$$p_F = \bar{\sigma}_z + \sigma_t^h + p_s \qquad (5-33)$$

修正到与实验室数据吻合:

$$p_F = \frac{\bar{\sigma}_z + \sigma_t^h}{0.94} + p_s \qquad (5-34)$$

4. 破裂压力梯度(破裂梯度)

破裂压力梯度为地层破裂压力与地层深度的比值。

$$\alpha_F = \frac{地层破裂压力\ p_F}{地层深度\ H}$$

实际上各油田的破裂梯度值都是根据大量压裂施工资料统计出来的,一般范围在 $15\sim25\text{kPa/m}$ 之间。根据破裂压力梯度可以大致估算压裂裂缝形态。

当 $\alpha_F < (15\sim18)\text{kPa/m}$,形成垂直裂缝;当 $\alpha_F > (22\sim25)\text{kPa/m}$,形成水平裂缝。

由于浅地层的垂向应力相对比较小,近地表地层中构造运动也较多,水平应力大于垂应力的几率也大,所以出现水平裂缝的几率多,深地层则多出现垂直裂缝。

5. 降低破裂压力的途径

当地层破裂压力较高,通过优化施工参数、压裂管柱和压裂液性能,压裂泵车仍无法有效破裂地层时必须设法降低地层破裂压力。降低井底附近地层应力的主要途径包括:

（1）改善射孔参数。应力场与地应力状态（大小、方向）、射孔孔眼参数（直径、孔深和孔密）、射孔压力、孔眼方向与地应力方向的夹角等有关。因此，优化射孔参数、改进射孔工艺可以降低破裂压力。

（2）酸化预处理。通过溶解胶结物成分而降低岩石胶结强度；增加孔眼有效深度和孔径而大幅度降低破裂压力；解除射孔污染，提高孔眼周围渗透率而降低破裂压力。

（3）高能气体压裂。高能气体压裂后形成的裂缝不能完全闭合，裂缝一般足以穿透伤害带，对于裂缝性地层，又可沟通近井带的天然裂缝，预压后地层破裂压力将大大降低。

二、压裂液

1. 压裂液按任务的分类及性能要求

1）压裂液按任务的分类

压裂中向井底地层注入的全部液体统称为压裂液，压裂液起着传递压力、形成和延伸裂缝、携带支撑剂的作用。按照在不同阶段注入井内的压裂液所起的作用，可将压裂液分为前置液、携砂液和顶替液。

（1）前置液，即不含支撑剂的压裂液，作用是破裂地层并造成一定几何尺寸的裂缝，为支撑剂进入地层建立必要的空间，同时可以降低地层温度以保持压裂液黏度。

（2）携砂液，混有支撑剂的压裂液，用于进一步延伸压裂缝，并将支撑剂带入压裂缝中预定位置，充填裂缝形成高渗透支撑裂缝带。携砂液由于需要携带比重很高的支撑剂，必须使用交联的压裂液（如冻胶等）。

（3）顶替液，用于将井筒内携砂液全部顶入压裂缝避免井底沉砂。

2）压裂液的性能要求

压裂液性能的好坏直接影响到压裂作业的成败，尤其对于大型压裂，这种影响更为突出。因此，压裂液必须满足以下性能要求：

（1）滤失少。这是造长缝、宽缝的重要条件。压裂液的滤失性主要取决于它的黏度与造壁性，黏度高则滤失少；在压裂液中添加防滤失剂，能改善造壁性，大大减少滤失量。

（2）悬砂能力强。压裂液的悬砂能力主要取决于黏度。较高黏度的压裂液可以有效地悬浮和输送支撑剂到裂缝深部。

（3）摩阻低。压裂液在管道中的摩阻越小，能降低施工泵压，在设备功率一定的条件下，用于造缝的有效功率也就越大。

（4）稳定性好。热稳定性和抗剪切稳定性好，能保证压裂液不因温度升高或流速增加引起黏度大幅度降低。

（5）配伍性好。配伍性是指压裂液性质应与地层岩石和地层流体性质相适应。压裂液进入地层后与各种岩石矿物和流体相接触时，不产生不利于油气渗滤的物理化学反应。例如，不要引起黏土膨胀或产生沉淀而堵塞油层等。

（6）低残渣。要尽量降低压裂液中水不溶物（残渣）的数量以免降低油气层和填砂裂缝的渗透率。

（7）易返排。施工结束后大部分注入液体应能返排出井外，以减少压裂液的损害，排液越完全，增产效果越好。

（8）货源广，便于配制，价钱便宜。随着大型压裂的发展，压裂液的需求量很大，是压裂施工费用的主要组成部分。近年发展起来的速溶连续配制工艺，大大方便了施工，减少了对液罐及场地的要求。

2. 压裂液的类型

由于压裂地层的温度、渗透率、岩石成分和孔隙压力等地层条件千差万别以及压裂工艺的不同要求,必须开发研究与之相适应的压裂液体系。

目前常用的压裂液有水基压裂液、油基压裂液、乳状及泡沫压裂液等。

1)水基压裂液

水基压裂液是国内外目前使用最广泛的压裂液。除少数低压、油湿、强水敏地层外,它适用于多数油气层和不同规模的压裂改造。存在的主要问题是在水敏地层易引起黏土膨胀和运移,油水乳化、未破胶聚合物、不相容残渣和添加剂易引起支撑裂缝带渗透率损失。

水基冻胶由水、稠化剂、交联剂和破胶剂等配制而成。用交联剂将溶于水的稠化剂高分子进行交联,使具有线性结构的高分子水溶液变成线型和网状体型结构混存的高分子水基冻胶,或者说水基冻胶压裂液是交联了的稠化水压裂液。

(1)稠化剂。稠化剂是水基冻胶压裂液的主体,用以提高水溶液黏度、降低液体滤失、悬浮和携带支撑剂。主要稠化剂包括植物胶及衍生物、纤维素衍生物和工业合成聚合物。常用的植物胶是胍胶、田菁、皂仁等,但天然植物胶压裂液残渣含量高、热稳定性差、抗剪切稳定性弱。为了改善这些性质,往往需要进行改性开发。

(2)交联剂。交联剂能与聚合物线型大分子交联形成新的化学键,使其联结成网状体型结构。聚合物可交联的官能团和聚合物水溶液的 pH 值共同决定了交联剂的类型。常用的交联剂为有机硼交联剂,此外,还有无机盐类两性金属盐、无机酸脂和醛类。

(3)破胶剂。破胶剂是使黏稠压裂液有控制地降解成低黏度压裂液的添加剂。压裂液迅速破胶有利于从地层和裂缝中快速返排出来。常用的破胶剂有过硫酸铵、高锰酸钾和酶等。

2)油基压裂液

油基压裂液是以油为溶剂或分散介质,加入各种添加剂形成的压裂液。基液为原油、汽油、柴油、煤油及凝析油,由于性能较差,多用稠化油。

目前主要采用的稠化剂是铝磷酸酯与碱的反应产物。如铝酸钠、脂和碱的反应是一种络合反应,依次生成某种溶液,增加了柴油或中高密度原油体系的黏度,并提高了温度稳定性,可用于井底温度达 127℃ 的油井。

油基压裂液的最大优势是避免水敏性地层由于水敏引起的水基压裂液伤害,而且稠化油压裂液遇地层水自动破乳。但是油基压裂液易燃且成本高,流动摩阻一般高于水基冻胶压裂液,而且高温条件下温度稳定性不及水基冻胶压裂液,技术和质量控制要求高。因此,油基压裂液主要用于不太深的水敏性油气藏改造。

3)泡沫压裂液

泡沫压裂液是气体分散于液体的分散体系,典型组成是:水相＋气相＋起泡剂。

水相:水、稠化水、交联冻胶;

气相:CO_2、N_2、天然气;

起泡剂:多为非离子型表面活性剂。

泡沫压裂液的黏度稳定性取决于泡沫质量(Foam Quality),也称泡沫干度,它定义为:

$$泡沫干度(泡沫质量) = \frac{气体体积}{泡沫液总体积}$$

泡沫干度为 65%～85%,低于 65% 则黏度太低,超过 92% 则不稳定。

泡沫压裂液的主要特点:悬砂能力强、摩阻低、滤失小、易返排,缺点是耐温性差,适用于低压、水敏和含气地层。

4)乳化压裂液

乳化压裂液为一种液体分散于另一种不相混溶的液体中所形成的多相分散体系,如用表面剂稳定后的油包水或水包油。典型组成是:油相+水相+添加剂。

油相:原油、柴油、煤油、凝析油等;

水相:含有表面活性剂的稠化水;

气相:CO_2、N_2、天然气;

添加剂:表面活性剂,如十二烷基磺酸钠、油酸三乙醇胺等。

乳化压裂液的特点是具有良好的输送性能,滤失小,对地层污染小,成本较油基压裂液低,缺点是耐温性能差。

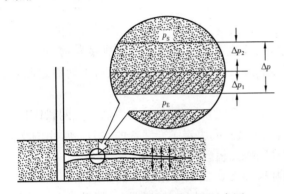

图 5—60 压裂液滤失控制过程示意图

p_E—裂缝延伸压力;p_s—地层压力;
Δp_1—使压裂液滤失于储层的压力差;
Δp_2—压缩并使油藏流体流动的压力差

3. 压裂液的滤失性

压裂过程中,压裂液向地层的滤失是不可避免的。由于压裂液的滤失使得压裂液效率降低,造缝体积减小。压裂液从裂缝壁面向地层内部的滤失经历了三个过程,如图5—60所示。

具有固相颗粒及添加防滤失剂的压裂液,施工中将会在裂缝壁面形成滤饼,相应的影响区域称为滤饼区;压裂液经过滤饼向地层滤失,该过程为压裂液造壁性控制的滤失过程,相应的影响区域称为侵入区;侵入区以外广大地区是受地层流体压缩和流动控制的第三个区域,称为压缩区。

压裂液滤失到地层受三种机理控制,即压裂液的造壁性、压裂液的黏度、油藏岩石和流体的压缩性。

1)受压裂液黏度控制的滤失系数 C_I

当压裂液黏度大大超过油藏流体的黏度时,压裂液的滤失速度主要取决于压裂液的黏度,由达西方程可以导出滤失系数 C_I 为:

$$C_I = 0.17 \left(\frac{K \Delta p \phi}{\mu_f} \right)^{1/2} \qquad (5-35)$$

滤失速度为:

$$v = \frac{C_I}{\sqrt{t}} \qquad (5-36)$$

式中　C_I——受压裂液黏度控制的滤失系数,$m/\sqrt{min}$;

　　　K——垂直于裂缝壁面的渗透率,μm^2;

　　　Δp——裂缝内外压力差,MPa;

　　　ϕ——地层孔隙度,小数;

　　　μ_f——裂缝内压裂液黏度,$mPa \cdot s$;

　　　v——滤失速度,m/min;

　　　t——滤失时间,min。

滤失系数 C_{I} 与储层参数 K、ϕ、缝内外的压力差和压裂液黏度有关,当这些参数不变时,C_{I} 为常数,但滤失速度却是滤失时间的函数,时间越长,滤失速度越小。

2)受储层岩石和流体压缩性控制的滤失系数 C_{II}

当压裂液黏度接近于油藏流体黏度时,控制压裂液滤失的是储层岩石和流体的压缩性,这是因为储层岩石和流体受到压缩让出一部分空间,压裂液才得以滤失进去。由体积平衡方程可得到 C_{II} 的表达式:

$$C_{\mathrm{II}} = 0.136\Delta p \left(\frac{KC_{\mathrm{f}}\phi}{\mu_{\mathrm{r}}}\right)^{1/2} \tag{5-37}$$

式中　C_{f}——油藏综合压缩系数,kPa^{-1};

　　　μ_{r}——地层流体黏度,$\mathrm{mPa \cdot s}$。

3)受压裂液造壁性控制的滤失系数 C_{III}

压裂液的造壁性一方面有利于减少压裂液向地层的滤失,提高压裂液效率;另一方面也容易在裂缝壁面形成固相堵塞。滤失系数 C_{III} 是由实验方法测定的。

图 5—61 为高温高压静滤失仪示意图。滤筒底部有带孔的筛座,其上放置滤纸或岩心片。筒内有压裂液,在恒温下加压,下口处放一量筒。记录滤失量与时间数据,整理为图 5—62 所示的静态滤失曲线。

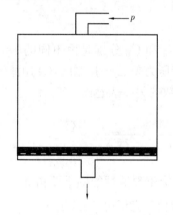

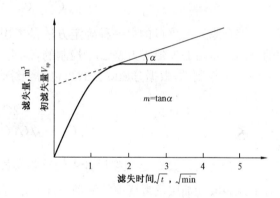

图 5—61　高温高压静滤失仪示意图　　　　图 5—62　静滤失曲线

形成滤饼前,流体滤失很快,形成滤饼后,滤失量受滤饼控制而渐趋稳定。以 V_{sp} 记为形成滤饼前的滤失量,称为初滤失量。总滤失量与时间的关系为:

$$V = V_{\mathrm{sp}} + m\sqrt{t} \tag{5-38}$$

式中　V——总滤失量,cm^3;

　　　m——斜率,$\mathrm{cm}^3/\sqrt{\min}$;

　　　t——滤失时间,$\min$。

式(5—38)除以滤纸或岩心断面积 A 并对 t 求导,得到滤失速度:

$$v = \frac{0.005m}{A\sqrt{t}} \tag{5-39}$$

令造壁液体的滤失系数 C'_{III} 为：

$$C'_{\text{III}} = \frac{0.005m}{A} \qquad\qquad (5-40)$$

则

$$v = \frac{C'_{\text{III}}}{\sqrt{t}} \qquad\qquad (5-41)$$

若实验压差与实际施工过程中裂缝内外压力差不一致，则应进行修正：

$$C_{\text{III}} = C'_{\text{III}}\left(\frac{\Delta p_{\text{f}}}{\Delta p}\right)^{1/2} \qquad\qquad (5-42)$$

式中　　C_{III}——为修正后的滤失系数，$\text{m}/\sqrt{\min}$；

　　　　C'_{III}——实验得到的滤失系数，$\text{m}/\sqrt{\min}$；

　　　　Δp_{f}——实际裂缝内外的压力差，MPa；

　　　　Δp——实验压差，MPa。

4）综合滤失系数 C

压裂液的滤失虽然根据机理可以分为三种情况，但实际压裂过程中，压裂液的滤失同时受三种机理控制，综合滤失系数 C 如下：

$$\frac{1}{C} = \frac{1}{C_{\text{I}}} + \frac{1}{C_{\text{II}}} + \frac{1}{C_{\text{III}}} \qquad\qquad (5-43)$$

综合滤失系数 C 的另一种确定方法是考虑到 C_{I}，C_{II} 和 C_{III} 分别是由不同的压力降控制的，即 C_{I} 是由滤失带压力差 Δp_1 控制的，C_{II} 是由压缩带压力差 Δp_2 控制的，C_{III} 由滤饼内外压力差 Δp_3 控制的，根据分压降公式可以得到综合滤失系数的另一表达式：

$$C = \frac{2C_{\text{I}} C_{\text{II}} C_{\text{III}}}{C_{\text{I}} C_{\text{III}} + \sqrt{C_{\text{I}}^2 C_{\text{III}}^2 + 4C_{\text{II}}^2 (C_{\text{I}}^2 + C_{\text{III}}^2)}} \qquad\qquad (5-44)$$

综合滤失系数 C 是压裂设计中的重要参数，也是评价压裂液性能的重要指标。目前比较好的压裂液在油层及裂缝中的流动条件下，综合滤失系数 C 可达 $10^{-4}\,\text{m}/\sqrt{\min}$。

三、支撑剂

支撑剂的作用在于填充压裂产生的水力裂缝，使之不再重新闭合，且形成一个具有高导流能力的流动通道。在储层特征与裂缝几何尺寸相同的条件下，压裂井的增产效果及其生产动态取决于裂缝的导流能力。

填砂裂缝的导流能力是指油层条件下填砂裂缝渗透率与裂缝宽度的乘积，常用 FRCD 表示，导流能力也称为导流率。

1. 支撑剂的性能要求

一般认为，支撑剂的类型、物理性质（粒度、强度、球度、圆度、密度等）及其在裂缝中的分布（铺砂浓度，即单位裂缝面积上的支撑剂质量）、裂缝的闭合压力是控制裂缝导流能力的主要因素。因此，掌握支撑剂的物理性质及影响裂缝导流能力的诸多因素，有利于合理地选择支撑剂，有利于对压裂液与支撑剂等压裂材料提出更为确切的要求。

支撑剂应满足下列性能要求：

（1）强度高。保证在高闭合压力作用下仍能获得最有效的支撑裂缝。支撑剂类型及组成不同，其强度也不同，强度越高，承压能力越大。

（2）粒径均匀、圆球度好。压裂用支撑剂不是单一的粒径，而是有一定范围的一组粒径，粒径相差越大，裂缝导流能力越低。支撑剂粒径均匀、圆球度好可提高支撑剂的承压能力及渗透性。目前使用的支撑剂颗粒直径通常为 $0.45\sim0.9mm$（即 40/20 目），有时也用少量直径为 $0.9\sim1.25mm$（即 20/16 目）的支撑剂。

（3）杂质少。以免堵塞支撑裂缝孔隙而降低裂缝导流能力。天然石英砂，其杂质主要是碳酸盐岩、长石、铁的氧化物及黏土等矿物质。一般用水洗、酸洗（盐酸、土酸）消除杂质，处理后的石英砂强度和导流能力都会提高。

（4）密度低。体积密度最好小于 $2000kg/m^3$，以利于压裂液的输送并有效充填裂缝。

（5）配伍性好。不与压裂液及储层流体发生化学反应，以避免污染支撑裂缝。

（6）货源充足，价格便宜。

2. 支撑剂的类型

目前矿场上水力压裂常用的支撑剂包括天然石英砂、陶粒、树脂包层支撑剂。按照支撑剂的强度和硬度可将其分为脆性支撑剂和韧性支撑剂。

脆性支撑剂的特点是硬度大，变形小，在高闭合压力下易破碎，如天然石英砂、陶粒等；韧性支撑剂的特点是变形大，承压面积随之加大，在高闭合压力下不易破碎，如核桃壳、铝球等。

1）天然石英砂

天然石英砂是广泛使用的支撑剂，主要化学成分是二氧化硅（SiO_2），同时伴有少量的铝、铁、钙、镁、钾、钠等化合物及少量杂质。石英含量是衡量石英砂质量的重要指标，我国压裂用石英砂的石英含量一般在 80% 左右，国外优质石英砂的石英含量可达 98% 以上。

石英砂具有下列特点：

（1）圆球度较好的石英砂破碎后，仍可保持一定的导流能力。

（2）石英砂密度相对低，便于泵送。

（3）$0.154mm$（即 100 目）或更细粉砂可作为压裂液降滤失剂，充填与主裂缝沟通的天然裂缝。

（4）石英砂的强度较低，开始破碎压力约为 20MPa，破碎后将大大降低渗透率，而且受嵌入、微粒运移、堵塞、压裂液伤害及非达西流动影响，裂缝导流能力可降低到初始值的 10% 以下，因此适用于低闭合压力储层。

（5）货源充足，价格便宜。我国压裂用石英砂产地甚广，如甘肃兰州砂、福建福州砂、湖南岳阳砂等。

2）人造陶粒

陶粒的矿物成分是氧化铝、硅酸盐和铁—钛氧化物，相对密度为 $2.80\sim3.60g/cm^3$，适用于深井高闭合压力的油气层压裂。对一些中深井，为了提高裂缝导流能力也常用陶粒作尾随支撑剂。

国内矿场应用较多的有宜兴陶粒和成都陶粒，强度上也有低、中、高之分，低强度适用的闭合压力为 56.0MPa，中强度约为 $70.0\sim84.0MPa$，高强度达 105.0MPa，已基本上形成了比较完整和配套的支撑剂体系。

陶粒具有以下特点：

(1)相对密度高,在相同闭合压力下,与石英砂比较具有破碎率低,导流能力高的性能。尤其是在高闭合压力下能提供一定的导流能力,完成压裂的增产任务。由于相对密度较高,对压裂液的性能(如黏度、流变性等)及泵送条件(如排量、设备功率等)都提出了更高要求。

(2)具有抗盐、耐温性能,在 $150\sim200℃$ 含 10% 盐水中陈化 240h 后抗压强度不变;在 $280℃$、pH 为 11 的溶液中,陈化 72h 后,陶粒的重量损失为 3.5%,而石英砂约有 50% 被溶解。

(3)随着闭合压力的增加或承压时间的延长,陶粒的破碎率要比石英砂低得多,导流能力的递减率也要慢得多。因此,对任一深度,任一储层来说,使用陶粒支撑剂水力压裂都会获得较高的初产量、稳产量和较长的有效期。

(4)陶粒支撑剂的颗粒相对密度与抗压强度均取决于物料中三氧化二铝的含量,加工工艺(粉料细度、半成品强度、烧结温度)比其他支撑剂要求严格、复杂得多。

(5)人造陶粒支撑剂相对磨损大、价格高。

3)树脂包层支撑剂

树脂包层支撑剂是中等强度低密度或高密度,能承受 $56.0\sim70.0MPa$ 的闭合压力,适用于低强度天然砂和高强度陶粒之间强度要求的支撑剂,其密度小,便于携砂与铺砂。它的制作方法是用树脂把砂粒包裹起来,树脂薄膜的厚度约为 0.0254mm,约占总重量的 5% 以下。

树脂包层支撑剂具有如下优点：

(1)树脂薄膜包裹起来的砂粒,增加了砂粒间的接触面积,从而提高了抵抗闭合压力的能力。

(2)树脂薄膜可将压碎的砂粒小块、粉砂包裹起来,减少了微粒间的运移与堵塞孔道的机会,从而改善了填砂裂缝导流能力。

(3)树脂包层砂总的体积密度比中强度与高强度陶粒要低很多,便于悬浮,因而降低了对携砂液的要求。

(4)树脂包层支撑剂具有可变形的特点,使其接触面积有所增加,可防止支撑剂在软地层的嵌入。

四、压裂工艺

1. 压裂井层的选择

油气井低产的原因主要包括：由于钻井、完井、修井等作业过程对地层的伤害,使近井地带造成严重堵塞;油气层渗透率很低,常规完井方法难以经济开采;透镜体地层单井控油面积有限,难以获得高产;油气藏压力已经枯竭,即油气藏剩余能量不足以驱出更多原油。下面通过储层物性评估技术分析油气井低产的原因。

1)储层物性评估

(1)储层地质特征。储层沉积特征决定了井的泄油面积,从而决定了压裂规模。例如,浅层的多数透镜体含水或包含气水接触面,而盆地深部的砂岩透镜体含气,某些透镜体可能主要含水而不适合压裂。断层发育的区块,必须确定出其断层体系的走向和断层性质,从而估计水力裂缝走向。

(2)黏土矿物分析。储层中总充填有黏土,黏土矿物类型、含量与分布方式严重地影响了储层渗透性,而且决定了压裂液与地层的配伍性,是选择压裂液体系的主要依据。常用伽马射线测井、自然电位测井等测井方法或扫描电镜实验分析方法对其进行测定。

（3）岩石力学性质。主要包括储层、盖层和底层的弹性模量、泊松比和断裂韧性值，它们对裂缝几何尺寸有很大影响。岩石力学性质参数可通过取心在实验室测试。由于储层岩石的非均质性、地面与储层条件的差异，测试结果与实际情况有一定出入。现场常用长源距声波测井结合密度测井计算岩石弹性模量和泊松比。但长源距声波测井得到的是动态值，而在压裂作业中使用静态值更合理。

（4）岩心分析。评估油气藏储层基本参数，可采用岩心常规分析或岩心特殊分析技术。后者能模拟地层条件，因而分析结果更可靠。

（5）试井分析。进一步评价地层，确定储层的渗透率、表皮系数、地层压力及其他性质。

2）选井选层原则

任何成功的压裂作业必须具有两个基本的地质条件：储量和能量，前者是压裂改造的物质基础，后者是较长增产有效期的保证。

压裂井层应具有下列条件：

（1）低渗透地层。渗透率越低，越要优先压裂，越要加大压裂规模。

（2）足够的地层系数。一般要求渗透率与厚度的乘积大于 $0.5 \times 10^{-3} \mu m^2 \cdot m$。

（3）含油饱和度。含油饱和度一般应大于35%。

（4）孔隙度。一般孔隙度为 6%～15% 才值得压裂；若储层厚度大，最低孔隙度为6%～7%。

（5）高污染井。解堵不是压裂的主要任务，而是必然结果。需针对储层条件采取措施。

此外，油气井是否适合压裂或以多大规模压裂，还应考虑距边水、底水、气顶、断层的距离和遮挡层条件；并结合天然裂缝原则、最大水平主应力与油水井不相间原则、井网与最大水平主应力有利原则等考虑压裂工艺，并考虑井筒技术条件。

2. 确定入井材料

1）优选压裂液体系

（1）筛选基本添加剂（稠化剂、交联剂、破胶剂），配制适合本井的冻胶交联体系。

（2）筛选与目的层配伍性好的黏土稳定剂、润湿剂、破乳剂、防蜡剂等添加剂系列。

（3）筛选适合现场施工的耐温剂、防腐剂、消泡剂、降阻剂、降滤失剂、助排剂、pH 值调节剂、发泡剂和转向剂等。

（4）对选择的压裂液，在室内模拟井下温度、剪切速率、剪切历程、阶段携砂液浓度来测定其流变性及摩阻系数，并按石油行业标准进行全面评定。

2）选择支撑剂

依据目的层闭合压力选择支撑剂类型，并按石油行业标准对其性能进行全面评定，通过选择支撑剂粒径、铺砂浓度和加砂方式满足闭合压力下无因次导流能力要求。

3. 水力压裂设计计算

压裂设计是压裂施工的指导性文件，它能根据地层条件和设备能力优选出经济可行的增产方案。

压裂设计方案的内容包括：

（1）在给定的储层与井网条件下，根据不同缝长和导流能力预测压后生产动态；

（2）根据储层条件选择压裂液、支撑剂和加砂浓度，并确定合理的用量；

(3)根据井下管柱与井口装置的压力极限选择合理的泵注排量与泵注方式、地面泵压和压裂车台数；

(4)确定压裂泵注程序；

(5)进行压裂经济评价，使压裂作业最优化。

1)压裂设计基础参数

在进行压裂设计计算之前，除要收集油气井基本参数（如井深、泄油面积、油管尺寸、套管尺寸、井眼直径、油管质量、套管质量、射孔孔数和孔眼直径）外，还必须收集储层岩石和储层流体参数、压裂液性能参数和支撑剂的有关参数。

2)压裂设计计算内容

(1)注入方式选择。

压裂施工注液方式有油管注液、环空注液、套管注液和油套混注。在满足泵注参数和施工管柱安全的条件下尽量选择简单的施工注入方式。在常规油气层压裂中，油管注液方式应用较多，但在煤层气藏压裂中，为了降低井筒摩阻，可采用环空注液、套管注液或油套混注。

(2)施工排量。

确定施工排量要考虑多种因素，首先，诱发人工裂缝是因为压裂液能够在井底憋起高压，因此，施工排量必须大于地层的吸液能力 $Q_{吸}$。

高排量有利于输送支撑剂和充分压开产层有效厚度，但高排量注液可能使裂缝穿进遮挡层，尤其当产层与附近气、水层的封隔作用不是足够大时，窜层非常危险。

此外，还应考虑摩阻压力。排量越大，产生的射孔孔眼摩阻和井筒摩阻越高，所需的井口施工压力越大，对设备要求越高。

(3)液量与砂比。

针对油藏特征，以获得最佳裂缝长度和最佳裂缝导流能力为目标，通过裂缝延伸模拟确定压裂液量和砂比。例如，对低渗透油藏应以形成长裂缝为主，砂比在 $30\%\sim50\%$ 左右，而高渗透油藏改造应获得较高裂缝导流能力，对砂比要求更高一些。

(4)井口施工压力：

$$p = p_F - p_H + p_{ft} + p_{fc} + p_{per} \qquad (5-45)$$

式中　p——井口施工压力，MPa；

　　　p_F——地层破裂压力，MPa；

　　　p_H——井筒静液柱压力，MPa；

　　　p_{ft}——压裂管柱中油管部分摩阻，MPa；

　　　p_{fc}——压裂管柱中套管部分压裂液流动摩阻，MPa；

　　　p_{per}——压裂液通过射孔孔眼的流动摩阻，MPa。

(5)施工功率：

$$N_p = 16.67pQ \qquad (5-46)$$

式中　N_p——压裂所需施工功率，kW；

　　　Q——压裂液排量，m^3/min。

(6)压裂车台数。

设压裂车单车功率为P_η,机械效率为η,则所需压裂车台数为:

$$N_1 = \frac{N_p}{\eta P_\eta} + (1 \sim 2) \tag{5-47}$$

设压裂车单车排量为q,则所需压裂车台数为:

$$N_2 = \frac{Q}{q} + (1 \sim 2) \tag{5-48}$$

设计的压裂车数取决于上述二者的最大值。

3)水力裂缝设计计算步骤

水力压裂设计通常是根据储层条件、压裂液性能和支撑剂性能,设置若干施工规模,通过裂缝延伸模拟预测增产倍数,从中选择最优方案。

(1)确定前置液量、混砂液量以及砂量;

(2)选择适当的施工排量、计算施工时间;

(3)计算动态裂缝几何尺寸;

(4)支撑剂在裂缝中的运移分布,确定支撑裂缝几何尺寸;

(5)预测增产倍比。

4. 压裂工艺方式

各地区的油层性质、压力、温度等条件不同,完井方法、技术设备条件也有差异,因此压裂工艺方式也不相同。压裂工艺方式种类很多,这里简要介绍分层压裂、多层压裂技术的基本原理。

1)分层压裂

分层压裂就是多层分压或单独压开预定的层位,多用于射孔完成井。分层压裂由于处理井段小,压裂强度及处理半径相对增高,能够充分发挥各产层的潜力,因而增产效果较好。我国大多数为多油层油气田,通常需要进行分层压裂。

封隔器分层压裂是目前国内外广泛采用的一种压裂工艺技术,主要有以下四种类型:

(1)单封隔器分层压裂,用于对最下面一层进行压裂,适于各种类型油气层,特别是深井和大型压裂,如图5-63(a)所示。

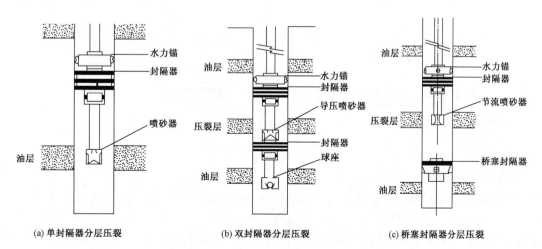

(a) 单封隔器分层压裂　　　(b) 双封隔器分层压裂　　　(c) 桥塞封隔器分层压裂

图5-63　封隔器分层压裂管柱结构示意图

（2）双封隔器分层压裂，可对射开的油气井中的任意一层进行压裂，如图5－63(b)所示。

（3）桥塞封隔器分层压裂，如图5－63(c)所示。

（4）滑套封隔器分层压裂。利用不压井、不放喷井口装置，将压裂管柱及其配套工具下入井内预定位置，实现不压井、不放喷作业。压完第一层（最下一层）后，通过投球器和井口球阀分别投入不同直径的钢球，逐次将滑套憋到喷砂器内堵死水眼，然后依次再进行压裂。当最后一层替挤完后，立即活动管柱，投入堵塞器，实现不压井、不放喷起出油管。

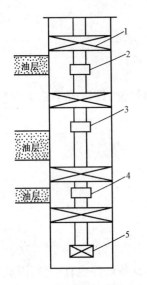

图5－64 滑套式分层压裂管柱示意图
1—封隔器；2、3、4—滑套喷砂器；5—丝堵

滑套喷砂器分层压裂管柱是由投球器、井口球阀、工作筒和堵塞器、水力扩张压裂封隔器、滑套喷砂器组成（图5－64）。

2）多层压裂

（1）限流法分层压裂。

通过严格限制炮眼的数量和直径，以尽可能大的注入排量进行施工。利用压裂液流经孔眼时产生的炮眼摩阻，大幅度提高井底压力，迫使压裂液分流，使破裂压力接近的地层相继被压开，达到一次加砂能够同时处理多层的目的（图5－65）。如果地面能够提供足够大的注入排量，就能一次加砂同时处理更多目的层。

限流法分层压裂适用于纵向及平面上含水分布情况都较复杂，且渗透率比较低的多层薄油层的完井改造。

限流法分层压裂的关键在于必须按照压裂的要求设计合理的射孔方案，包括射孔孔眼、孔密和孔径，使完井和压裂构成一个统一的整体。

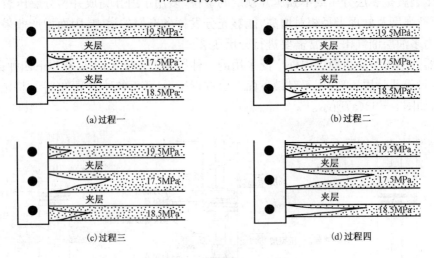

图5－65 压裂液分流过程

（2）选择性压裂。

利用油层内不同部位或各油层间吸液能力不同的特点，通过投入暂堵剂将渗透率高、吸液能力强、启动压力低的高含水部位、层或人工裂缝暂时封堵，迫使压裂液分流，从而在其他部位或层内压开新裂缝，达到选择性压裂的目的。暂堵剂是油溶性的，在一定温度条件下，可变软溶于原油中，开井即可解堵。

选择性压裂适用于常规射孔井,是针对厚油层改造采用的一种压裂工艺。常用的暂堵剂有石蜡、高压聚乙烯、松香和重晶石粉。

(3)多裂缝压裂。

根据被压开油层的吸液启动压力低、吸液量大的特点,压开一个层后,在较低的排量向油层替入高强度水溶(或油溶)转向剂(蜡球、树脂球)封堵已压开层的射孔炮眼,迫使压裂液转向进入其他层,当替入泵压明显升高时,启动其他泵车压裂第二层。整个过程(压裂加砂—封堵—压裂加砂)在一个压裂卡距中完成,通过蜡球封堵射孔炮眼,压裂液转向,压裂加砂改造多层。

多裂缝压裂工艺的特点是在普通射孔完井中,达到一井压裂多层,一段压多缝的目的。用于常规射孔井,分层压裂管柱卡不开的多个性质相近的差油层压裂改造,如图 5-66 所示。

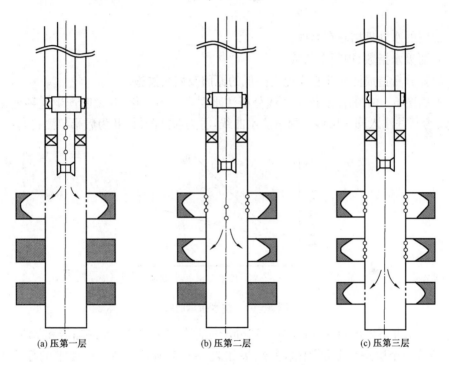

(a) 压第一层   (b) 压第二层   (c) 压第三层

图 5-66　堵塞球分层压裂工艺示意图

3)CO_2 泡沫压裂工艺

CO_2 压裂液是由液态 CO_2、水冻胶和各种化学添加剂组成的两相混合体系。在压裂施工注入过程中,随深度增加,温度逐渐升高,达到一定温度后,CO_2 开始气化,形成以高分子聚合物水基压裂液为外相,CO_2 为内相的两相泡沫液。由于泡沫液具有气泡稠密的密封结构,气泡间的相互作用影响其流动性,从而使泡沫具有"黏度",因而具有良好的携砂性能,在压裂施工中起到与常规水基压裂液相同的作用。

由于液态 CO_2 在地层中既能溶于油,也能溶于水,所以可改善原油物性,降低油水界面张力。CO_2 泡沫可在裂缝壁面形成阻挡层,可大大减少滤失及对地层的伤害。另外,泡沫压裂液的 pH 值在 3.5 左右,可有效防止黏土膨胀,还对地层起到一定的解堵作用。因此,泡沫压裂液比水基压裂液更适用于深层气井、低渗低压油井、水敏性地层和稠油井的压裂改造。

4)端部脱砂压裂工艺

脱砂压裂是利用压裂液的滤失特性,在压裂过程中,当裂缝扩展到预定的长度时,在裂缝端部人为地造成砂堵,从而阻止裂缝进一步扩展。裂缝端部形成砂堵以后,以大于裂缝向地层中滤失量的排量,继续按设计的加砂方案向裂缝中注入混砂液。随着注入时间的增加,注入压力和裂缝宽度会逐渐增加,裂缝中的支撑剂浓度也越来越高,当地面泵压达到预定的压力时停止施工,就可以获得较高的裂缝导流能力,这样既控制了裂缝半径,又实现了较高的裂缝导流能力。

该工艺主要应用于油层渗透率较高,油水井井距小,需要形成短宽缝压裂施工的井层。

练 习 题

5.1 常用的水处理措施有哪些?

5.2 何谓吸水指数、视吸水指数?

5.3 简要分析造成注水井吸水能力降低的原因及恢复措施。

5.4 根据图 5—67 的注水指示曲线分析注水层发生的变化,并说明产生这种变化的原因(图中曲线为某井注入同一层位的两条注水曲线,Ⅰ为前期测得,Ⅱ为后半年测得)。

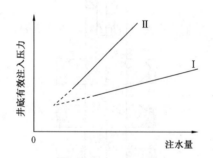

图 5—67　注水指示曲线

5.5 某注水井下入内径 62mm,外径 73mm 的油管,用由 475—8 封隔器和 745—5 封隔器组成的管柱分三个层进行分层测试,其结果如表 5—17 所示。各层段要求的配注量:$Q_Ⅰ=20m^3/d$,$Q_Ⅱ=100m^3/d$,$Q_Ⅲ=80m^3/d$,设计井口压力为 12.0MPa。

表 5—17　某井分层测试数据表

井口注入压力 MPa		9.0	8.0	7.0	6.0	5.0
层段注入量 m³/d	Ⅰ	18	15	12	9	6
	Ⅱ	135	123	111	99	87
	Ⅲ	54	48	42	36	30

求:(1)绘制该井的分层指示曲线;(2)求各层的吸水指数、视吸水指数。

5.6 盐酸浓度在 24%~25% 之间,浓度增加则初始反应速度增加,盐酸浓度超过 24%~25%,随浓度增加则初始反应速度反而下降,试解释其原因。

5.7 试说明影响酸岩复相反应速度的因素及提高酸化效果的措施。

5.8 何谓酸岩复相反应的有效作用距离？提高酸液有效作用距离的途径有哪些？并说明其理由？

5.9 简述盐酸处理和土酸处理的化学原理及其应用的地层条件。

5.10 试述水力压裂增产增注的基本原理。

5.11 何谓破裂压力梯度？降低破裂压力梯度的措施有哪些？

5.12 简述对压裂液、支撑剂的性能要求。

5.13 压裂液的滤失受哪几种因素控制？哪一个因素在三种滤失中起着主要作用？试推导综合滤失系数的公式并说明公式中各符号的意义。

5.14 在压裂过程中，按不同施工阶段压裂液可分为几种类型？各自的作用是什么？

5.15 何谓填砂裂缝的导流能力？利用麦克奎尔—西克拉曲线（增产倍数曲线）说明对不同渗透率地层如何得到好的压裂效果。

5.16 某硬灰岩地层压裂层段深 2500m，地层压力为 28MPa，地层岩石抗张强度为 3.5MPa，上覆岩石平均密度为 2300kg/m³，该地区其他压裂井统计破裂压力梯度 $\alpha = 0.019$MPa/m，求该井的破裂压力梯度。

5.17 某地层渗透率为 $0.005\mu m^2$，孔隙度为 20％，地下原油黏度为 4mPa·s，流体压缩系数为 6×10^{-4}MPa^{-1}，裂缝内外压差为 14MPa，压裂液在裂缝中的黏度为 40mPa·s，由室内 5MPa 下测得 $C_{\text{III}} = 4 \times 10^{-4}$m/$\sqrt{\text{min}}$，求综合滤失系数。

第六章　油气水处理

海洋油气水分离处理的主要特点是：海洋平台造价高昂，占用面积和空间有限，油气水分离处理工艺应力求简化；海洋平台上的设备，均应具有防盐雾等腐蚀的要求；海上作业费用昂贵，要求设备有较高的可靠性和耐用度，且尺寸紧凑，便于维修。

海洋油气水分离处理工艺方案是直接影响海上主要生产设施能否正常运行，能否平稳、正常、安全向陆上终端输送合格原油或天然气的关键。油气水分离处理工艺方案选择与优化的基本原则是：

(1)生产气体(包括天然气和原油伴生气)在海上平台进行分离和脱水处理后，达到管线输送要求，并确保外输上岸出口压力满足终端设计要求。

(2)必须确保从井口到管线终点、输送生产气过程中不致形成水合物。

(3)要十分重视对气井中腐蚀流体如 H_2S、CO_2 的分离处理，采取有效的防腐蚀措施。

(4)原油或凝析油进行分离脱水闪蒸处理，达到稳定原油要求[油中含水小于等于 0.5%，蒸气压(雷德法)小于等于 82kPa]；并确保外输上岸出口压力满足终端设计要求(如 600kPa 左右)。

(5)含油污水处理达到含油量的排放要求：近海外(即沿海港湾之外)排放标准小于等于 $30mL/m^3$；在沿海港湾内排放标准小于等于 $10mL/m^3$。

(6)使用先进、可靠和成熟的技术工艺与设备。

(7)充分利用油气藏本身地层压力的能量。如可利用气层压力进行管线的天然气输送，待气井后期地层压力下降，再增加天然气压缩机以维持管线的输送压力；在油层压力较高的初期，可以不采用电潜泵抽油而靠天然能量采油。

第一节　原油处理

油井产出液中含有原油、凝析油、天然气(包括自由气、溶解气、凝析蒸气)、水、杂质和外来物质。

海上原油处理是将开采出来的原油在海上采油平台或生产油轮进行油、气、水的分离、净化、计量和外输；伴生气经除液后利用或送到火炬系统烧掉；污水进污水处理系统，符合排放标准后排放入海；原油进一步处理后得到合格的商品油存储或外输。

原油处理工艺应根据油、水、伴生气、砂、无机盐类等混合物的物理化学性质、含水率、产量等因素，通过分析研究和经济比较确定。原油汇集、处理和计量外输是原油处理工艺的三大主要组成部分。

原油处理的主要设施由分离器、加热器、测试设备、泵类设备、仪电设备、检测和安全保护设备等组成。处理工艺一般流程如图 6—1 所示。

海上原油处理系统的主要技术要求如下：

(1)根据油田油气性质、储量和该海域的海况、环境，采取合适的工艺措施，最大限度地满足油田高速、经济合理开发；

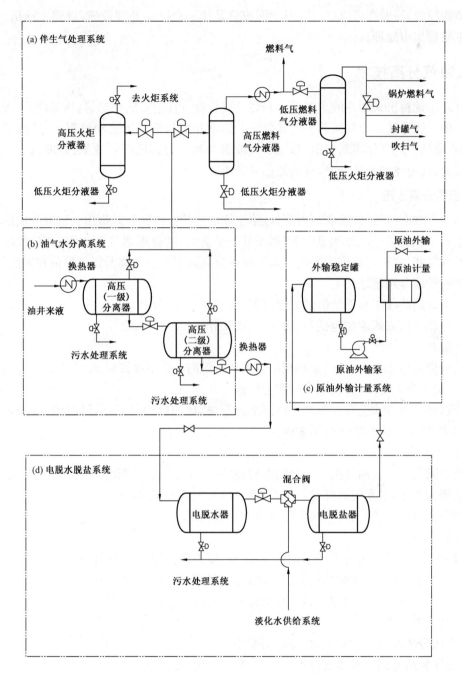

图 6—1　原油处理典型工艺流程框图

（2）要有一定的储备能力，以保证每次销售油轮到来前维持正常生产；

（3）流程密闭，防火、防爆、防污染；

（4）安全可靠性好、保险系数大、运行效率高，仪控自动化程度高，便于操作管理；

（5）适应性强，能适应油田较高速开发和滚动开发周边油田的生产要求，适应油田生产过程中的调整和改造；

（6）工艺布局紧凑合理；

（7）结构牢固，适于防台风、防冻和耐腐蚀。

为节约投资，一般在可以联合开发的海域只设计一套原油处理设施，将周边油田、采油平台来液汇集后集中处理。

一、油气分离技术

从井口采油树出来的井液主要是水和烃类混合物。在油藏的高温、高压条件下，天然气溶解在原油中。当油气混合物从井下沿井筒向上运动并沿集输管道流动过程中，随着压力的降低，溶解在原油中的气体不断析出，形成了气液混合物。为满足产量计量、处理、储存、运输和使用的需要，将液体和气体分开，这就是油气分离。

1. 油气分离方法

原油中常含有溶解气，随着压力降低，溶于原油中的气体膨胀并析出。组成一定的油气混合物在集输系统的某一压力和温度下，系统处于平衡时，就会形成气液比例一定，气液组成一定的液相和气相，这种现象称为平衡分离。机械分离则把平衡分离所得的原油和天然气分开，并用不同的管线分别输送。

决定油气最终收率和质量的最关键过程是油气的平衡分离。

油气平衡分离方式主要包括：一次分离、连续分离和多级分离。

1）一次分离

一次分离是指在系统中，气液两相一直保持接触的条件下逐渐降低压力，使气体逐渐从液体中逸出，最后流入常压罐，在罐中一次把气液分开。

由于这种分离方式会有大量轻质汽油组分损失，增加原油的损耗，同时油、气进入油罐时冲击力很大，故实际生产中一般不采用。

2）连续分离

连续分离是指随着油气两相混合物在管路中压力的降低，不断地将析出的平衡气体排出，直至压力降为常压，平衡气最终排除干净，剩下的液相进入储罐。

连续分离也称为微分分离，在实际生产中很难实现。

3）多级分离

油气两相在保持接触的条件下，沿管路流动，压力降到某一数值时，把降压过程中析出的气体排出，脱除气体的原油继续沿管路流动，压力降到另一较低压力时，把该段降压过程中从原油中析出的气体再排出，如此反复，直至管系压力降为常压，产品进入储罐为止。

多级分离的优点为：

(1)多级分离所得到的原油效率高、密度小；

(2)多级分离得到的天然气量少，重组分在气体中的比例小；

(3)多级分离能充分利用地层能量，减少输送成本。

每排一次气作为一级，排几次气称为几级分离，由于储罐的压力总是低于其进油管线的压力，在储罐中总有平衡气排出，因而通常把储罐作为多级分离的最后一级，而其他各级则通过油气分离器进行。

一个油气分离器和一个油罐组成二级分离，两个油气分离器和一个油罐组成三级分离，其余依次类推。图6-2是典型的三级油气分离流程示意图。

判别油气分离效果主要是用最终液体收获量和液体密度来衡量的。得到的原油越多，密度越小，分离效果越好。一般要求气中尽量不带油滴（把直径为0.1～0.01mm的油滴都分离

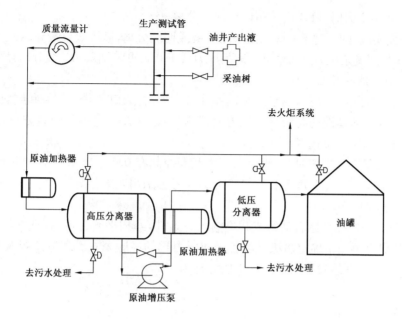

图6-2 典型三级油气分离流程示意图

出来);同时要求油中尽量不含气体(一般1t原油含气不应超过1m³)。

2. 分离级数和分离压力的选择

影响分离效果的因素包括:分离级数、分离压力、分离温度及石油组成。

从理论上分析,分离级数越多,最终液体收获量越多,但过多地增加分离级数会造成投资和操作费用大幅度上升,而且超过三级或四级分离,原油收率的增加幅度则越来越小。

1)分离级数选择的主要原则

(1)根据气油比的高低来选择,气油比高应增多分离级数;

(2)据井口压力进行选择,井口压力高的应增多级数;

(3)根据原油的相对密度进行选择,随着相对密度的降低,应适当增加级数。

2)推荐分离级数

如表6-1所示,一般应根据油气物性和油井压力来合理选用分离级数。

表6-1 分离级数的选择

参 考 条 件			选用分离级数
井口压力	原油密度	气油比	
低	高	低	二级
中	中	中	三级
高	低	高	四级

注:高表示井口压力大于3.5MPa;中表示井口压力介于0.7~3.5MPa;低表示井口压力小于0.7MPa。

(1)气油比较低的低压油田(依靠地层剩余压力进行油气分离时,压力低于0.7MPa),采用二级油气分离;

(2)中等原油密度、中—高气油比和中等井口压力(0.7~3.5MPa)的油田,采用三级油气分离;

(3)井口压力高于3.5MPa,而原油密度低、气油比高时,或者需要外输高压天然气或用高压天然气保持地层压力时,可考虑采用四级油气分离。

国内外长期实践证明,对于一般油田采用三级或四级分离,经济效果最好;对于气油比低的低压油田(依靠地层剩余压力进行油气分离的压力低于0.7MPa)则采用二级分离经济效果最佳。

3)分离压力的选择原则

选择分离压力时,要考虑石油组成和油井井口压力,各油田的井口压力和组成变化范围很大,无法提出适合具体情况的各级最优压力的计算公式,最好拟定多种分离方案,进行闪蒸分离的模拟相平衡计算,择优选择。

一般来说,采用三级分离时,一级分离压力范围控制在0.7～3.5MPa,二级分离压力范围为0.7～0.55MPa,若井口压力高于3.5MPa,就应考虑采用四级分离。

4)分离压力的选择

选择分离压力时,要考虑石油组成和集输压力条件,经相平衡计算后,选择综合效果较优者。Campbell提出了一个确定多级分离各级间压力比的经验公式。若分离级数为n,各级操作压力为p_1、p_2、$\cdots p_n$(绝对压力)时,各级压力比为:

$$R = \sqrt[n-1]{\frac{p_1}{p_2}} \qquad (6-1)$$

若末级为0.1MPa(绝对)时,则:

$$R = \sqrt[n-1]{10p_1} \qquad (6-2)$$

Standing提出,对一般溶解气原油系统,当采用二级分离时,第一级分离器压力可取1.1～1.8MPa(绝对压力);采用三级分离时,第一级和第二级分别取2.9～3.6MPa和0.5MPa(绝对压力)。

油气分离器工作的好坏以分离质量和分离程度来衡量。

分离质量是指分离器出口处每标准立方米气体所带液量的多少,它反映了分离器主要分离部分即沉降分离和除雾器的工作情况,分离出的气体中带液量越少分离质量越好。分离质量用K(百分数)来表示:

$$K = \frac{V_L}{V_g} \times 100\% \qquad (6-3)$$

式中　K——分离质量,%;
　　　V_L——出气口排出的气体所携带的液体体积,m³;
　　　V_g——出气口排出的气体体积,m³。

分离质量差,不少轻质油组分被带走,降低了原油的数量和质量,而且在海上分离出来的天然气除了供应平台日常所需外,剩余部分通过火炬烧掉,这样就使不少轻质油白白浪费。

分离程度是指分离器在分离的温度、压力下,从其出液口中排出的液体所携带的游离气体积和液体体积之比值,用S(百分数)来表示:

$$S = \frac{V_g}{V_L} \times 100\% \qquad (6-4)$$

式中　S——分离程度,%;
　　　V_g——出液口流出的液体所携带的游离气体积,m³;
　　　V_L——出液口流出的液体体积,m³。

分离程度反映的是分离器集液部分结构的完善程度。分离程度差,还将引起输油管窜气,影响容积式流量计和离心泵的正常工作。

但是过高地要求分离质量和分离程度将导致分离器结构复杂,外形尺寸增大,占用面积、空间增大,投资费用将大幅度上涨。我国规定的分离器工作标准是:

$$分离质量\ K \leqslant 0.5\text{cm}^3/\text{m}^3(气)$$

$$分离程度\ S \leqslant 0.05\text{m}^3/\text{m}^3(液)$$

对于海上油田,在确定分离系统方案时,与陆地油田有所不同,有其特殊的限制和要求。

(1)海上平台受到限制。一般情况下,减少分离级数,节省平台空间比提高液体原油收率更为经济。增加设备,加大平台甲板面积,会显著地增加支撑上部设施的下部结构重量。按经验,平台上部设备每增加 1t,下部导管架和钢结构要增加 1～3t 钢材,随之带来了海上安装费用的增加。

(2)井口压力变化大。井口压力决定了最高级分离的最大操作压力,井口流压高,要求分离级数多一些。海上油田开采速度较快,井口压力递减也较快,对分离级数影响很大。

(3)受井液特性和输出条件的限制,通常较轻质原油含有较多的 C_4、C_5 和 C_6,具有较高的气油比,分离级数可以多一些。反之,分离级数可以少一些。分离级数与原油中转站设置地点也有关系。如选用全海式集输方式(中转站设在海上),由运输油轮装载外运,要求产品原油的雷德蒸气压为 50～80kPa,基本上要脱出气体,即最后一级分离的压力略高于常压,这是装油作业安全的要求。

(4)设备并联系列和备用。海上油田受平台甲板和经济的限制,考虑分离系统并联列数时,一般不设备用,仅在处理能力上留有一定的余量。但是平台上的分离器要受到几何尺寸和吊装重量的限制,不能过分地加大分离器的直径和长度。

3. 油气分离器的类型及工作原理

1)油气分离器的类型

将油气混合物进行分离的机械设备称为油气分离器。油田上使用的分离器按形状主要有立式、卧式及球形三种(图 6-3);按功能划分有气液两相分离器和油气水三相分离器;按分离方式有离心式和过滤式分离器。

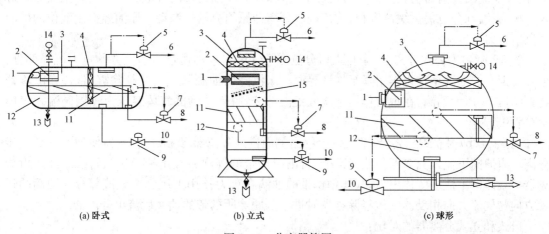

(a)卧式　　　　(b)立式　　　　(c)球形

图 6-3　分离器简图

1—油气水混合物入口;2—入口分离元件;3—气;4—油雾提取器;5—压力控制阀;6—气出口;7—油出口控制阀;8—原油出口;9—水出口控制阀;10—水出口;11—原油;12—水;13—排污口;14—压力仪表;15—偏转挡板

表6-2列出了各种分离器的优缺点。从表中可以看出，根据各形状分离器在分离效率、分离后流体的稳定性、变化条件的适应性、操作的灵活性、处理能力等方面，海上分离器首选卧式三相分离器，其次是立式两相，球形基本上不采用。

表6-2　分离器优缺点比较

项目	卧式分离器	立式分离器	球形分离器
分离效率	最好	中等	最差
分离后液体的稳定性	最好	中等	最差
变化条件的适应性	最好	中等	最差
操作的灵活性	中等	最好	最差
处理能力(直径相同)	最好	中等	最差
单位处理能力的费用	最好	中等	最差
处理外来物能力	最差	最好	中等
活动使用的适应性	最好	最差	中等
安装所需要的空间	最好	中等	最差
纵向上	最好	最差	—
横向下	最差	最好	—
安装的难易程度	中等	最差	最好
检查维修的难易程度	最好	最差	中等

2)油气分离器的工作原理

(1)两相分离器。

图6-4为最简单的油气两相分离器，这种分离器的结构和制造工艺简单，成本低，具有投资少、维护简单的特点，适合于非含水原油的脱气处理。

流体自入口分流器进入分离器，经过分流器后，油、气的流向和流速突然改变，使油气得以初步分离。初步分离后的原油在重力作用下流入分离器的集液部分。集液部分具有足够的容量，使原油流出分离器前在集液部有足够的停留时间，原油携带的气泡有机会上升至液面并进入气相，集液部分也提供缓冲容积，均衡进出分离器原油流量的波动。原油经控制液位的出油阀流出分离器。

图6-4(a)为卧式分离器，来自入口分流器的气体水平地通过液面上方的重力沉降部分，被气流携带的油滴靠重力作用降至气液界面。未沉降的油滴随气体流经除雾器，并在除雾器内聚结，合并成大油滴，在重力作用下滴入集液部分，脱除油滴的气体经压力控制阀流入气体出口管线。

图6-4(b)为立式分离器，油气混合物由侧面进入分离器，经入口分流器使油气得到初步分离。原油向下流入分离器的集液部分，析出所携带的气泡后经出油阀流入管线。经入口分离器的气体向上流向气体出口，气体中携带的油滴在重力作用下沉降至集液部分。油滴的运动方向与气流方向相反。气体经除雾器时进一步脱除所携带的油滴后流出分离器。

卧式和立式分离器的对比：

① 在处理含气量较高的液流时，卧式分离器比立式分离器效率高。

② 在分离器的重力沉降段，液滴的沉落方向与天然气的移动方向垂直，所以，卧式分离器比立式分离器更易于从气体连续相中沉降下来。

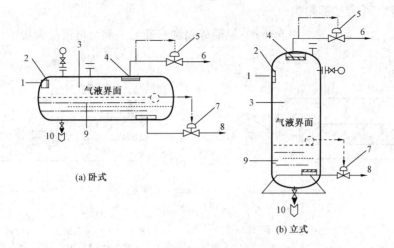

(a) 卧式　　　　　　　(b) 立式

图 6—4　油气两相分离器简图

1—油气混合物入口;2—入口分流器;3—重力沉降部分;4—除雾器;5—压力控制阀;
6—气体出口;7—原油出口控制阀;8—原油出口;9—集液部分;10—排污口

③ 由于卧式分离器的气液界面比立式分离器大,当液体中的气体达到饱和平衡,气泡更易于从溶液中腾空升起,上升到蒸气空间。

④ 卧式分离器在处理含固相液流时,不如立式分离器理想。

⑤ 与立式分离器相比,卧式分离器占用的场地面积较大。

⑥ 卧式分离器易于接管、橇装、搬运和维修,而立式分离器具有较重的甲板载荷,橇装比较困难。海上油田所用生产分离器多采用卧式分离器。

(2)三相分离器。

图 6—5 为挡板卧式三相分离器,油气水混合物进入分离器后,进口分流器把混合物大致分成气液两相。液相由导管引至油水界面以下进入集液部分,集液部分应有足够的体积使自由水沉降至底部形成水层,其上是原油和含有较小水滴的乳状油层,油和乳状油从挡油板上面溢出。油水界面和油面由控制阀控制于恒定的高度。气体水平地通过重力沉降部分,经除雾器后由气出口流出。分离器的压力由设在气管上的阀门控制。

图 6—6 为油池卧式三相分离器,容器内设有油池和挡水板。油自挡水板溢流至油池,油池中油面由出油阀控制。水在油池下面流过,经挡水板流入水室,水室的液面由排水阀控制。

图 6—7 为综合型卧式三相分离器,主要特点是增加内部构件并将其有效组合,提高分离器对油气水的综合处理能力。

二、脱水脱盐技术

从油井产出的油气混合物内含有大量的采出水和泥沙等机械杂质。

对原油进行脱水、脱盐、脱除泥沙等机械杂质,使之成为合格商品原油的过程即为原油处理,国内常称原油脱水。

我国海上油田通常要求合格原油含水率为 $0.2\%\sim1.0\%$,含盐量小于 50mg/L。原油允许含水量与原油密度有关,密度大脱水难度高的原油,允许含水量略高。

1. 原油含水和含盐的影响

原油含水、含盐后对海上平台生产、原油外输和石油加工都会带来较大影响：

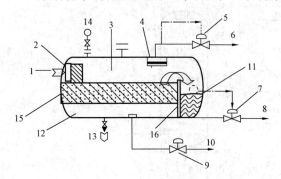

图 6—5　挡板卧式三相分离器简图

1—油气水混合物入口；2—入口分离元件；3—气；4—油雾提取器；5—压力控制阀；6—气出口；7—油出口控制阀；8—原油出口；9—油水界面控制阀；10—水出口；11—原油；12—水；13—排污口；14—压力仪表；15—油和乳状液；16—挡油板

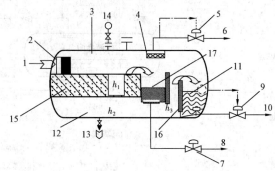

图 6—6　油池卧式三相分离器简图

1—油气水混合物入口；2—入口分离元件；3—气；4—油雾提取器；5—压力控制阀；6—气出口；7—油出口控制阀；8—原油出口；9—油水界面控制阀；10—水出口；11—原油；12—水；13—排污口；14—压力仪表；15—油和乳状液；16—油挡板；17—油池

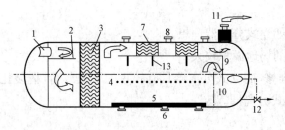

图 6—7　综合型卧式三相分离器简图

1—入口；2—水平分流器；3—稳流装置；4—加热器；5—防涡罩；6—污水出口；7—平行捕雾板；8—安全阀接口；9—气液隔板；10—溢流板；11—天然气出口；12—出油阀；13—挡沫板

(1)增加了液体的体积流量,降低了设备和配管的有效利用率。

(2)增加了运输费用和输送过程的动力消耗。

(3)加大了供热设备。为满足油气分离和原油脱水的工艺要求,常要对流体加热升温,含水原油升温过程中需要的热负荷显著增大。

(4)引起金属管道和设备的结垢与腐蚀。

(5)原油含水和含盐对石油加工也会带来危害,生产的原油达不到合格要求时,将严重影响到销售原油的价格。

由于以上种种原因,必须在油田平台上及时地对原油进行脱水和脱盐处理。

2. 原油脱水的方法

原油脱水包括游离水和乳化水的脱除,游离水一般在三相分离器和储罐中脱除,乳化水的脱出则要借助热、化学剂和高压静电场或它们联合的方法。

原油乳状液脱水的过程实际上可以分为破乳和沉降分离两个阶段。破乳是指乳状液中油水界面膜在化学、电、热等外部条件作用下发生破坏,分散相水滴碰撞、合并产生聚结的过程。而破乳后,分散相水滴聚结,直径增大,乳状液变成悬浮液,在进一步碰撞中合并而产生沉降分离。

由于海上平台受空间和投资的限制,原油脱水要在压力容器中进行,有效地把油气分离工艺和原油脱水工艺结合起来,统一考虑,充分发挥设备的效能,设计出最佳的油气处理系统,以取得最大的经济效益。最佳的原油脱水系统要考虑下列因素:

(1)油气分离器的级数;

(2)原油含水率的逐年变化情况;

(3)原油的物性,主要是原油的密度和黏度以及它们随温度变化的特性;

(4)原油乳状液的稳定性及与其相适宜的化学破乳剂;

(5)海上设置脱水设备的空间条件。

图6-8表示我国海上平台常见的典型原油脱水系统工艺流程简图。

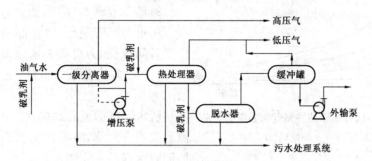

图6-8　原油脱水流程

原油脱水的基本方法包括:重力沉降脱水;利用离心力脱水;注入化学破乳剂在集油管内破乳;利用亲水固体表面使乳化水粗粒化脱水;电脱水或电化学脱水。

1)重力沉降脱水

重力沉降脱水是靠油和水所受重力的不同实现的,适用于处理松散的不稳定乳化液。

由于油水的密度差异,水从油中沉降分离出来,使它有一个向下的重力,与这重力相抗衡的是水滴向下运动穿过油而产生的阻力,当这两个力相等时,就会达到一个恒定的速度。

由于水滴在原油中的下沉速度很慢,通常处于层流流态,常以斯托克斯公式表示水滴在原油中的匀速沉降速度:

$$\omega = \frac{d_w^2 g(\rho_w - \rho_o)}{18\mu_o} \qquad (6-5)$$

式中　　ω——水滴匀速沉降速度,m/s;

d_w——水滴直径,m;

g——重力加速度,m/s^2;

ρ_o,ρ_w——油、水的密度,kg/m^3;

μ_o——原油黏度,Pa·s。

从公式可以看出,原油的黏度和油水密度差对沉降有很大影响。原油黏度越高、油水密度差越小,水滴在原油中的沉降速度越慢。如果脱水器的容积和处理量一定时,对高黏重质原油能达到沉降条件的水滴直径就要增大,而较小直径的水滴就难以沉降下来,脱水效果就会变差。

提高重力沉降脱水效果的措施如下:

(1)增加停留时间。水滴碰撞聚结的机会随着时间的延长而增加,增加停留时间会提高脱水效果。

(2)加热沉降。如图6-9所示,各种不同含水原油的黏度与温度成反比关系,通过加热起到如下作用:

① 降低原油的黏度,使水的沉降速度加快。

② 削弱了油水界面的薄膜强度,使油水易于分离。原油温度的提高,增加了吸附在油水界面上的沥青、石蜡、胶质等乳化剂在原油中的溶解度,降低了水滴保护薄膜的机械强度。

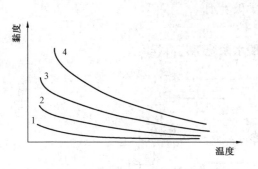

图6-9 各种不同含水原油的黏度与温度的关系
1—含水5%;2—含水14%;
3—含水40%;4—含水60%

③ 增加油水相对密度差,使水易于沉降。在同样加热升温的情况下,原油的体积膨胀系数大,原油相对密度变化比水大。

2)离心力脱水

用重力沉降脱水,含水原油在沉降罐内的停留时间较长,为提高油水分离速度和分离效果,以离心力代替重力沉降,实践证明是很有效的。

脱水设备为离心脱水机。我国仅用离心法测定原油含水率,有些国家将离心脱水机用于原油脱水或污水除油。

3)化学破乳脱水

化学破乳脱水是将含水原油加热到一定温度,并在原油中加入适量的原油破乳剂。这种药剂能够吸附在油水界面膜上,降低油水界面膜的强度,从而破坏乳状液的稳定性,改变乳状液的类型,达到油水分离的目的。其破乳机理可归纳为四点:

(1)表面活性作用。破乳剂是具有较高效能的表面活性剂物质,它们能使油水界面张力降低,因而可自动顶替掉原本存在于油水界面上的表面活性物质。但破乳剂因其独特的分子结构,所形成的界面膜强度较低,在外力作用下极易破裂,使乳状液微粒内相的水易于突破界面膜进入外相并彼此会聚,从而使油水分离。

(2)反相作用。原油乳状液是在原油中含水的乳化剂作用下形成的,俗称"W/O"型乳状液,采用亲水型的破乳剂可以将乳状液转化为"O/W"型乳状液,借助乳化过程的转换一级水包油型乳状液的不稳定性而使油水分离。

(3)"湿润"和"渗透"作用。破乳剂可以溶解吸附在油水界面的胶质、沥青质等天然乳化剂,还能降低原油黏度,而且能透过薄膜与水混合,形成亲水的吸附层。这样,有利于水滴碰撞时的合并,达到水滴下沉的目的。

(4)反离子作用。由于原油乳状液中分散的水滴表面上吸附了一部分正离子,使分散相往往带有正电,分散相的水滴之间相互排斥,水滴难于合并。如果在原油中加入阴离子型破乳剂,它们吸附在水滴表面上并将正电荷中和掉,使水滴间的正电斥力减弱,破坏受同性电荷保护的界面膜,使水滴合并且从油中沉降下来。

4)粗粒化脱水法

粗粒化脱水法是利用油水对固体物质润湿性不同的特点来进行乳化液粗粒化脱水,常用亲水憎油的固体物质制成各种脱水装置。用于油水分离的固体物质应满足下列基本要求:

(1)具有良好的润湿性,由于这种润湿性,油水混合物流经固体表面时,水滴附在固体表面上,在流体的剪切作用下,水滴界面膜破裂,水滴聚结;

(2)固体物质能长期使用,并对油、水不发生化学反应,对油、水性质无有害影响;

(3)固体物质货源充足,价格低廉。

5)电脱水或电化学脱水

(1)电脱水。

对许多原油,特别是重质、高黏原油,用其他脱水方法尚不能达到商品原油含水率的要求,常使用电脱水法。电脱水常作为原油乳状液脱水工艺的最后环节,原油电脱水器也成为油田最常用的设备之一。

我国陆上油田有两种形式的电脱水器,即立式圆筒形脱水器和卧式带压脱水器,而海上油田一般都用卧式脱水器(图6—10)。它与立式脱水器相比具有下列优点:① 不受甲板层间高度的限制,便于容器本身和配管的安装;② 卧式脱水器中部有很大的水平截面积,可用来设置电场,使设备处理能力比同容积立式脱水器有明显提高;③ 在卧式脱水器中,原油内所含水滴的沉降距离短,有利于水滴从油中分出,提高净化油质量。

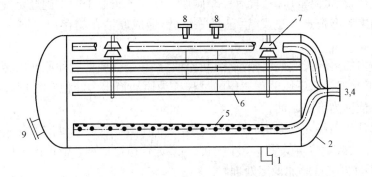

图6—10　卧式电脱水器构造图

1—放出排空口;2—脱水器壳体;3—净化油出口;4—含水原油进口;
5—进液分配管;6—电极;7—悬挂绝缘子;8—绝缘子进线安装孔;9—人孔

脱水器内部空间大致分为上下两部分。上部为悬挂电极空间,下部为沉降水分离空间。

含水原油由含水原油进口4进入脱水器内油水界以下的多孔配液管,并自下而上沿水平截面均匀地通过电场空间。由于电场对水滴的作用,削弱了水滴界面膜的强度,促进水滴的碰撞,使水滴聚结成粒径较大的水滴,在原油中沉降分离出来,并沉降到脱水器底部,经放水管排出。

电法脱水只适用于低含水率油包水型乳状液。

(2)电化学联合破乳脱水法。

电化学联合破乳脱水法同时应用电脱水法与化学破乳脱水法。

表6—3简要列出了各种脱水方法的基本原理、适用条件和主要优缺点。

表6—3　各种脱水方法的基本原理、适用条件和主要优缺点

脱水方法	基本原理	适用条件	优点	缺点
重力沉降和增加停留时间	油水密度差	处理松散的不稳定乳化液	费用少	耗时、效果差
加热沉降法	降黏度、破界面膜	乳化液	工艺简单	需要加热设备
化学破乳脱水法	破坏界面膜	乳化液	实用性强	费用高
粗粒化脱水法	润湿	乳化液	资源充足、价格低廉	处理量少
电化学联合破乳脱水法	化学与电场	低含水原油	—	—

3. 原油脱盐的方法

原油脱盐常采用电动态脱盐技术,即电脱水和脱盐合二为一技术。操作时,使淡化水与原油成逆向流动状态进入电脱水和脱盐装置,在高强电场作用下,淡化水被碎裂成许多统一细小颗粒与逆向而来的原油混合(淡化水"冲洗"作用),使淡化水与盐水多层次接触,在电场减弱时细小颗粒又较易结合在一起,并且不断增大最后发生沉降,达到脱水和脱盐的目的,脱水和脱盐在同一装置内完成。

三、原油稳定

原油是由碳氢化合物组成的复杂混合物。原油中碳和氢组成的烃类化合物有相对分子质量很小的气态烷烃,在常温常压下,含有一个碳原子到四个碳原子的正构烃是气体。这些轻烃从原油中挥发出来时会带走大量戊烷、己烃等组分,造成原油在储存和运输过程中较大量的损失。

使净化原油内的溶解天然气组分汽化,与原油分离,较彻底地脱除原油内蒸气压高的溶解天然气组分,降低常温常压下原油蒸气压的过程称为原油稳定。经稳定处理后饱和蒸气压符合规范要求的原油称为稳定原油。

对未稳定原油进行稳定处理时,所脱除的挥发性强的轻组分范围主要是 $C_1 \sim C_4$,如未稳定原油中 $C_1 \sim C_4$ 的质量含量低于 0.5%,一般不必进行稳定处理。油田内部原油蒸发损耗率低于 0.2% 时,不宜再进行原油稳定处理。

原油稳定装置在处理流程上安排在原油脱水之后,进装置的未稳定原油是经过脱水的原油。

我国对原油稳定的要求是稳定后在最高储存温度下的原油蒸气压"不宜大于当地大气压的 0.7 倍",约为 $0.071MPa$。

1. 原油稳定的目的

原油稳定实质是降低原油的饱和蒸气压和回收自然蒸发而损耗的那部分轻烃,其目的在于:

(1)降低原油的蒸发损耗,减少输送和储存损失;

(2)减少输送过程中因轻组分气化而造成的困难,改善输送泵的吸入条件,降低管线流动阻力,节约加热能量;

(3)回收可能因原油中轻组分蒸发而损失的部分轻烃,为石化和民用提供洁净原料,是合理利用油气资源和提高经济效益的有力措施。

2. 原油稳定的原理

原油稳定是从原油中脱除轻组分的过程,也是降低原油蒸气压的过程,以使原油在储存时蒸发损耗减少,保持一定的稳定。

原油是由各种相对分子质量和沸点不同的烃类所组成的混合物。在一定的压力和温度下,气液两相处于动态平衡,如果改变外界的压力和温度条件,就会打破原来的相态平衡而达到新的平衡,在一定的压力和温度范围内,如果提高原油的温度,则由于各组分的沸点不同,轻组分(低沸点组分)将优先汽化,原油中各组分的沸点也相应降低。因此,在某一压力和温度的条件下,各组分的汽化程度也不同,有些轻组分可能沸腾汽化,有的组分则不行。原油稳定通常就是根据这个原理,采用较高的温度,或者较低的压力(常压或负压)将原油中的某些轻组分汽化后脱去,再经冷凝将其中的轻质油回收,实现原油在常温常压下的完全稳定。

原油稳定的核心问题是,原油的蒸气压和原油稳定深度。

1)原油的蒸气压

在一定温度下,密闭容器中单位时间内蒸发出的分子数和由气相返回到液体内的分子数相等,气液两相处于平衡状态时的蒸气所具有的压力称为该液体的饱和蒸气压,简称蒸气压。用符号 p 表示,单位帕(Pa)或千帕(kPa)。

原油的蒸气压与温度和组成有关,同一种原油的蒸气压随温度的升高而增大;在相同温度下,轻烃含量高的原油蒸气压也高。因此,要降低原油的蒸气压,可以从降低原油的温度或减少原油中轻烃的含量来实现。降低原油的温度往往受到工艺条件的限制,切实的方法是减少原油中轻烃的含量,尽可能从原油中脱出 $C_1 \sim C_4$ 的组分。

对烃类组成来说,在同一温度下,相对分子质量越小的组分蒸气压越高,越容易从液相中挥发出来;反之相对分子质量越大的组分蒸气压越低,则不容易从液相中挥发出来。提高原油的温度,可以加速液相中分子的运动,克服相邻分子之间的吸引力,使一部分分子逸散到上层气相空间。轻组分的相对分子质量小,分子之间引力也小,容易挥发出来。这样,利用轻重组分挥发度不同,就可以把原油中 $C_1 \sim C_4$ 轻组分分离出来。

2)原油稳定深度

原油稳定深度是指对未稳定原油中挥发性最强组分 $C_1 \sim C_4$ 的分离程度,C_5 以下轻烃组分分离出越多,原油稳定的深度越大。由于原油的饱和蒸气压主要取决于原油中易挥发组分的含量,所以通常用最高储存温度下原油的饱和蒸气压来衡量原油稳定的深度。

从降低原油在储运过程中蒸发损耗和储运安全的角度考虑,稳定原油饱和蒸气压越低越好。但追求过低的饱和蒸气压,不仅增加了投资和能耗,还使稳定原油收率降低,原油中汽油馏分含量减少。所以在确定原油稳定深度时,一般将稳定原油在最高储存温度下的饱和蒸气压控制在当地大气压的 0.7 倍以内。

原油蒸发损耗低于 0.2%(质量分数)或 $C_1 \sim C_4$ 含量低于 0.5%(质量分数)的原油一般不需要进行稳定处理。

3. 原油稳定方法

在达到规定的原油稳定深度的前提下,采用合理的稳定方法,对提高轻烃产品收率和降低能耗、取得较高的经济效益是非常重要的。

原油稳定方法一般可分为闪蒸法、分馏法、多级分离法。其中闪蒸法包括负压脱气法、加热闪蒸法等;分馏法包括提馏稳定法、精馏稳定法和全塔分馏法等。

1)闪蒸法

原油以某种方式被加热和/或减压至部分汽化,进入容器空间内,在一定压力、温度下,气液两相迅速分离,并分别引出容器,称之为闪蒸。

闪蒸时,原料中各种组分同时存在于气液两相中,气相中轻组分 $C_1 \sim C_4$ 的纯度不高,液相中也得不到纯度很高的重组分,轻重组分的分离较粗糙,油气分离器内进行的过程就属于闪蒸过程。

由于原油组成、进料温度和轻组分收率的要求不同,闪蒸分离的操作压力又分为负压、常压或微正压三种流程,按使原油部分汽化所采用的方法,闪蒸可分为负压闪蒸和加热闪蒸两种。

(1)负压闪蒸。

原油稳定的闪蒸压力(绝对压力)比当地大气压低,即在负压条件下闪蒸,以脱除其中易挥发的轻烃组分,这种方法称为原油负压稳定法,又称为负压闪蒸法。

负压稳定的操作压力一般比当地大气压低 0.03~0.05MPa;操作温度一般为 50~80℃。该法适用于含轻烃较少的原油,当每吨原油的预测脱气量在 5m³ 左右时,适合采用此法。

负压稳定工艺流程如图 6-11 所示。来自电脱水器的原油从原油稳定塔的上部进入,在塔内负压条件下闪蒸,易挥发组分从塔顶被抽进真空压缩机,经真空压缩机加压后进入冷凝器降温至 40℃以下;之后进入三相分离器,分出的不凝气经计量后并入集气管网,分出的轻油用泵打进储油罐,在集水包内的含油污水去污水处理系统。从稳定塔底出来的稳定原油可直接用泵外输或进罐。

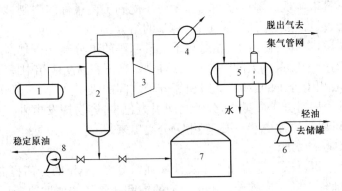

图 6-11　负压稳定工艺流程示意图

1—电脱水器;2—原油稳定塔;3—真空压缩机;4—冷凝器;

5—三相分离器;6—轻油泵;7—稳定原油罐;8—原油外输泵

(2)加热闪蒸。

加热闪蒸稳定法又称微正压稳定法,其闪蒸温度一般要比负压闪蒸法高,需要在原油脱水温度(或热处理温度)的基础上,再进行加热(或换热)升温才能满足闪蒸温度要求。

加热闪蒸稳定的操作压力一般在 0.12~0.40MPa 内,操作温度则根据操作压力和未稳定原油的性质确定,一般为 80~120℃,特殊情况在 130℃以上。为了降低操作温度,可采取降低油气分压的措施(如适当加入水蒸气、水或不凝气等)。一般情况下,不宜提高操作压力,否则闪蒸温度随之提高,增加能耗。

加热闪蒸稳定法工艺流程如图 6-12 所示。

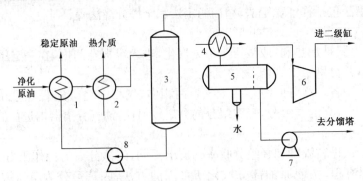

图 6-12　加热闪蒸稳定工艺流程

1—脱水原油换热器;2—脱水原油加热器;3—稳定塔;4—塔顶冷凝器;

5—冷凝液分离器;6—稳定气压缩机;7—液烃泵;8—塔底泵

2)分馏法

原油中轻组分蒸气压高、沸点低、易于汽化,重组分的蒸气压低、沸点高、不易汽化,即轻、重组分挥发度不同。

分馏法稳定是根据精馏原理脱除原油中的易挥发组分。精馏是将由挥发度不同的组分所组成的混合液,在精馏塔中同时多次地进行部分气化和部分冷凝,使其分离成几乎纯组分的过程。

根据操作压力不同,分馏法可分为常压分馏和压力分馏。前者的操作压力为常压至50kPa(表压),需设塔顶气压缩机和塔底泵,适用于密度较大的原油。压力分馏的操作压力在50～100kPa(表压)之间,一般可以不设塔顶气压缩机和塔底泵,适用于密度较小的原油。

根据精馏塔的结构和回流方式不同,分馏法又可分为提馏稳定法、精馏稳定法和全塔分馏稳定法三种。

提馏稳定法工艺流程如图 6-13 所示,该稳定塔内只设提馏段。原油从稳定塔的顶部进塔后随即在塔顶闪蒸。闪蒸后的原油在沿着各层塔板流向塔底的过程中,通过与上升油气的多次接触,进行相间传质传热,使其中易挥发组分不断转入气相,将油气中的重组分不断冷凝下来,最后从塔底获得稳定原油。该方法用于稳定原油质量要求高、对拔出气体纯度没有要求的原油稳定。

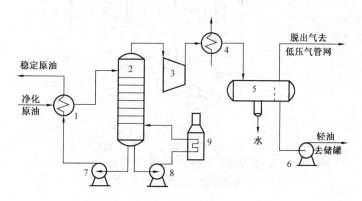

图 6-13　提馏法原油稳定流程

1—换热器;2—稳定塔;3—压缩机;4—冷凝器;5—三相分离器;
6—轻油泵;7—塔底油泵;8—重沸油泵;9—加热炉(器)

精馏稳定法工艺流程如图 6-14 所示,该稳定塔内只设精馏段。原油经稳定塔底出来的热稳定原油预热后,再用加热炉(器)升温,然后从塔底进塔闪蒸,闪蒸后的稳定原油从塔底用泵升压经换热后流出装置。闪蒸出来的油气通过多层塔板与塔顶回流进行传质传热;分离出来的不凝气进低压气管网,分出的轻油用泵升压后一部分输往轻油储罐,另一部分作为塔顶液相回流打回塔顶。

由于提馏稳定法能耗大,拔出组分多为 C_5,蒸气压高,储运难,一般不推荐使用。但若站内有凝液分馏装置,此法也可采用。

全塔分馏法工艺流程如图 6-15 所示,该稳定塔内既有精馏段,又有提馏段。原油经换热和加热后进入稳定塔中部,闪蒸出来的油气穿过精馏段的各层塔板从塔顶逸出,闪蒸后的原油沿着提馏段的各层塔板流到塔底。出塔油气和塔底原油的走向,分别与精馏法和提馏法相同。

这种工艺虽然复杂,能耗高,但分离效率最高,稳定后的原油质量最好。全塔分馏法适用于含轻烃较多的原油,特别是凝析油,当每吨原油预测脱气量在 $10m^3$ 以上时,宜采用此法。

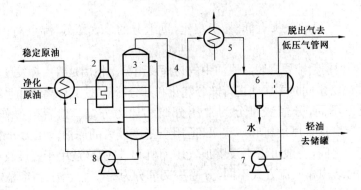

图6-14　精馏法原油稳定流程

1—换热器;2—加热炉(器);3—稳定塔;4—压缩机;5—冷凝器;6—三相分离器;7—轻油泵;8—塔底油泵

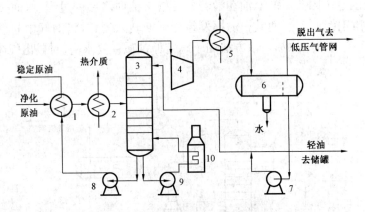

图6-15　全塔分馏法原油稳定流程

1—换热器;2—热介质换热器;3—稳定塔;4—压缩机;5—冷凝器;6—分离器;
7—轻油泵;8—塔底油泵;9—重沸油泵;10—重沸加热炉(器)

3)多级分离法

多级分离法实质上是利用若干次减压闪蒸使原油达到一定程度的稳定。

多级分离稳定是将井口油气流在若干级压力下逐级进行油气分离,使最终收获原油达到稳定。在每级分离时,容器中的油气都接近于平衡状态。图6-16表示典型的海上平台三级分离稳定流程。

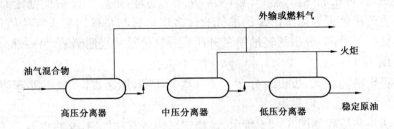

图6-16　三级分离稳定流程

4. 原油稳定方法的选择

1)选择稳定方法的原则

(1)满足要求的原油蒸气压;

(2)控制 H_2S 含量；

(3)使稳定原油数量多,密度小；

(4)稳定过程中得到的气体的烃露点低(即气体内重组分含量少)；

(5)因稳定而投入的成本,包括建设和运行费用的回收期短,经济效益好；

(6)油气田流程、设备、操作尽量简单、可靠。

2)原油稳定工艺选择方案

(1)原油中 $C_1 \sim C_4$ 质量分数低于 0.5% 时,一般不需进行稳定处理；

(2) $C_1 \sim C_4$ 的质量分数低于 2.5%、无需加热进行原油稳定时,宜采用负压闪蒸；

(3) $C_1 \sim C_4$ 的质量分数高于 2.5%,可采用正压闪蒸,有废热可利用时也可采用分馏稳定；

(4)对于凝析油且对组分分离要求较高时才考虑采用分馏法。

我国大部分原油 $C_1 \sim C_4$ 的质量分数在 $0.8\% \sim 2.0\%$ 范围内,因而负压闪蒸法在我国得到广泛使用。

四、油气计量

油气计量是指对石油和天然气流量的测定。油气计量主要包括油井产量计量、外输流量计量、原油销售计量。

油井产量计量是指对单井所生产的油量和生产气量的测定,它是进行油井管理、掌握油层动态的关键资料数据。外输计量是对石油和天然气输送流量的测定,它是输出方和接收方进行油气交接经营管理的基本依据。

1. 油井产量计量

油井产量(包括油、气、水)计量的目的在于了解油井生产情况,配合油井的压力参数进行综合分析,从而了解油田开采中地下油藏动态,预测生产变化,进行有效的生产管理,及时调整开采方式,在开采期限内生产更多的原油。同时,油井产量计量也是油井生产动态的统计,便于产出效益与操作费用的比较,从而预测放弃平台,终止生产的时间。

油井产量计量多采用分离法计量和多相流量计。分离法计量是利用油气分离器将油井采出物分离成气相和液相,或利用三相分离器将油井采出物分离成气体、油和水,而后分别对气体、液体(三相分离器出口的油和水)流量进行计量。

油井产量计量要求的精度不是很高,一般规定,计量表的误差控制在 5% 以内。平台上油井产量计量是一口井一口井轮流进行的。每口井每次计量时的连续时间为 $8 \sim 24h$。每口井隔 $5 \sim 10d$ 计量一次。图 $6-17$ 是油井产量计量流程。

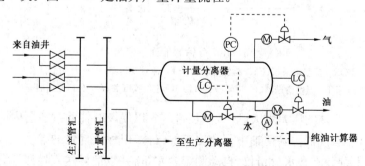

图 6-17 油井产量计量流程

A—含水分析仪;M—气或液体流量计;PC—压力变送器;LC—液面变送器

待计量的单井油气流通过管汇上的切换阀,轮流经测试管汇流进测试分离器。其余井流体经生产管汇流向生产分离器。被计量的流体在测试分离器内分离成油、气、水三相并分别用管线排出。计量表分别安装在排出管路上。

分离出的天然气经气体流量计计量后进入气管线。气体流量计常采用孔板流量计或涡轮流量计。

从分离器出来的含水油先经过滤器后再通过流量计计量含水油总量。为得到纯油量,在油出口管路上装含水分析仪或人工取样分析原油中的水量。从分离器底部出来的水通过游离水流量计计量后去含油污水系统处理。液相计量主要使用涡轮流量计、刮板流量计和质量流量计。

2. 外输流量计量

外输原油计量是确定油田实际生产情况的依据,它与成品原油销售有直接关系。由于涉及外贸出口和国家商品检验制度,因此,对计量精度要求较高。我国规定计量综合误差(计量系统精度)在±0.35%以内,并要求原油计量仪表配套使用流量计、密度计、低含水分析仪和计算器,其流量计精度应为0.2级。

外输原油计量为单相流量计量。流量计常用容积式流量计和速度式流量计两种。容积式流量计包括有腰轮流量计、刮板流量计和椭圆齿轮流量计等;速度式流量计为涡轮流量计。图6—18所示为海上油田外输原油计量流程,流量计的辅助设备有过滤器和消气器,过滤器的进出口安装差压计。

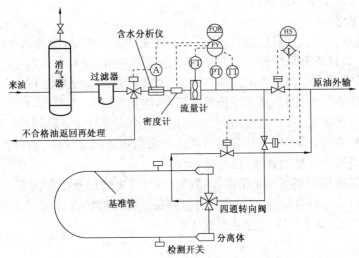

图6—18 外输原油计量流程

FQR—流量记录仪;FY—检测计算器;FT—流量变送器;PT—压力变送器;
TT—温度变送器;I—逻辑开关;HS—标定倒换开关;A—分析变送器

当过滤器受堵,两端的压差增大到一定值后报警,以便及时清除过滤器内的污物。原油在通过流量计之前,经消气器排除原油中释放出来的气体,以保证计量的准确。

在流量计的上游装有含水分析仪,自动测定含水量,并以信号送入检测计算器。如含水量超过预先设定的标准,则三通转换阀自动切换,将不合格的坏油送回原油处理流程重新进行脱水处理或进坏油罐,以待再处理。如含水量达到预先设立标准,则原油通过流量计外输。

3. 原油销售计量

商品原油的体积量可采用流量计、容器两种方法计量。流量计法是在原油流动的条件下测得体积量,称为动态计量;容器法则是原油处于静止状态下测得的体积量,称为静态计量。

1)原油的静态计量

(1)立式金属计量罐。立式金属计量罐为竖直安装的圆筒形罐,是目前应用最广泛的容量计量器具。用于原油和一些重质石油产品计量的立式金属罐,为防止油品大量散热,黏度增加,罐外加保温层,罐内安装加热器;设有计量孔和计量管,罐顶还设有人孔、透光孔、呼吸阀和安全阀等附件。

(2)球形金属罐。球形金属罐是一种新型计量罐。它的容量一般是 $50\sim8000m^3$,具有占地少、耐压高、密封性能好等优点,通常用于存储液化石油气等高压气体。球形金属罐一般是按照正球体的形状设计和制造的,内部无附件。罐体由若干块一定规格的预制弧形钢板以对焊形式构成。

(3)卧式金属罐。卧式金属罐是水平放置的圆筒形金属罐,筒体两端的顶是对称的,以弧形顶为多见。其优点是能承受较高正压和负压,有利于减少油品的蒸发损耗,搬运拆迁都比较方便。多用于小型油库、加油站和油田联合转油站。

(4)船舱。船舱是指油轮和油驳船的装油舱,船舱形状各异,根据其形状不同而采取不同的计算方法。

2)原油的动态计量

海上原油销售计量一般都采用管道计量工艺,由于原油具有易于凝固、黏度高的特点,在原油计量过程中,要求计量管线在一定的温度、压力下不发生变形。按工作压力大小分有:6MPa 以上的高压管线、$1.6\sim2.5MPa$ 的中压管线和 1.6MPa 以下的低压管线。

影响原油计量精度的因素主要有:温度、气泡、压力、含水量、原油本身的性质。

4. 常用计量装置

海上油田油、气、水计量常用的流量计包括涡轮流量计、刮板流量计、孔板流量计、多相流量计。

1)涡轮流量计

涡轮流量计是一种速度式流量计。流体通过流量计时,流量计壳体内的叶片式涡轮转子旋转,旋转的速度随流量的大小而变化。原油销售计量多采用涡轮流量计。

涡轮流量计主要由以下几部分组成(图 6—19):壳体、涡轮、导流器、支承叶轮的轴承和感应线圈。

液体从流量计入口经过导流器整流,导流器上的导流方向与螺旋形叶片平行,经整流后的流束流入由螺旋形叶片组成的涡轮,推动涡轮旋转,从涡轮流出的流体再经过出口导流器将流体整流成与轴线平行的流束,以减小压力损失。在叶轮的上端,装有一个感应线圈,线圈的中心装有一块永久磁钢。当由导磁材料制成的螺旋形叶片边缘通过感应线圈下端时,周期地改变线圈磁路的磁阻,使通过线圈的磁通量发生变化,在感应线圈内部产生与流量成正比例的脉冲信号,该信号经过线圈引出线进入前置放大器放大,然后远传至显示仪表。

2)刮板流量计

油田外输管线上的流量计多为刮板流量计。刮板流量计属于容积式流量计,其性能稳定、计量准确、易于维护,适用于高黏度液体的计量。

图 6—20 为凸轮式刮板流量计,其主体部分主要由转子、凸轮、凸轮轴、刮板、连杆、滚柱及壳体组成。

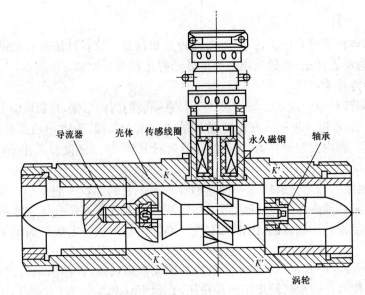

图 6-19　涡轮流量计变送器剖面图

壳体内腔是圆形空筒,转子是一个转动的空心薄壁圆筒。有两对刮板,在转子圆筒壁上沿径向开有互成 90°角的四个槽。刮板在槽内滑动,能伸出也能缩回,四个刮板由两根连杆连接着,互成 90°角。在刮板与凸轮之间有一个轴承,共有四个轴承,这些轴承均在一个不动的、具有一定形状的凸轮上滚动,从而使刮板时而从转子内伸出,时而又缩回到转子内。

当被测液体流过流量计时,推动凸轮和刮板向前转动,这样在两片刮板、轴承、壳体之间就形成了一个精确的计量室,随着轴承的转动,就会连续产生这样的计量室,达到累积计量的目的。

3)孔板流量计

孔板流量计又称差压流量计,主要包括节流装置和差压变送两大部分。孔板流量计测量方法简单、没有可动零件、工作可靠、适应性强、测量精度较高,现场应用较广泛。

差压流量计实际上就是伯努利流线能量方程(能量守恒方程)的应用。当流体流经节流装置时,使流束造成一个局部收缩(图 6-21),其流速增加,而静压力(位能)降低,在节流装置前后将产生一定大小的压力降,在管道及节流孔一定的情况下,介质的流速越大,相应的压降也越大。无论是渐缩或聚缩,其动能是在消耗可用的位能(静压)情况下增加的。位于满管段(图 6-21 的取压孔Ⅰ段)和收缩部位附近的取压孔(图 6-21 取压孔Ⅱ段)之间的差压与下列因素有关:Ⅰ段速度的平方减去Ⅱ段速度的平方;流体性质以及收缩的陡峭程度。由于速度乘以

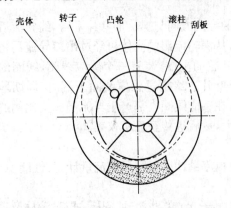

图 6-20　凸轮式刮板流量计结构示意图

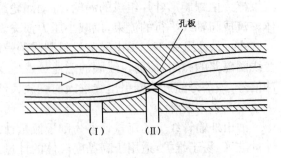

图 6-21　孔板流量计节流图

管面积就等于体积流量,所以基本公式可写为测量差压 Δp、密度 ρ_f 和体积流量 q 之间的平方根关系,即:

$$q = \sqrt{\frac{\Delta p}{\rho_f}} \qquad (6-6)$$

4)多相流量计

多相流量计是一种油、气、水三相在线计量的特殊流量计,它的应用将作为测试分离器的替代品而为油田生产带来更经济的投入和简单的管理。

多相流量计的主要优点:

(1)不用相分离,工艺简洁,结构紧凑,占用空间小;

(2)测量为实时、连续测量,基本上可无人值守,不用人员干预;

(3)仪表具有良好的可靠性;

(4)适用的准确度和重复性;

(5)一次投资和维护费用低,在采油生产中,尤其在海洋石油和油井测试中具有很大的潜在效益。

多相流量计主要由气液两相旋流分离器、涡街流量计、气路控制阀、文丘里流量计、流型调整器、单能伽马传感器、双能伽马传感器、压力变送器、温度变送器、数据处理系统等组成。图6-22为文丘里流量计系统组成示意图。

文丘里流量计是一种差压式流量计,其基本原理是:在充满流体的圆管中设置文丘里或喷嘴之类的节流件,当流体流经节流件时,在其上、下游侧会产生静压力差,该静压力差与流过的流量之间有一个固定的函数关系,只要测得静压力差就可以由流量公式求得流量。

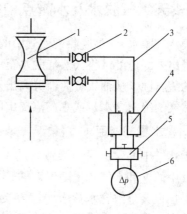

图6-22　文丘里流量计系统组成示意图
1—节流件(文丘里管、文丘里喷嘴);2—上、下游引压管;3—隔离罐;4—截止阀;5—五阀组;6—差压变送器

第二节　天然气处理

油田伴生气或气井采出的天然气,一般都含有砂粒、岩屑等固体杂质,水、凝析油等液体,以及水蒸气、硫化氢、二氧化碳等气体。

天然气中的杂质引起的主要危害包括:

(1)固体杂质将导致管道、设备和仪表的磨损,堵塞管道,降低输气量。

(2)天然气中存在水蒸气,不仅减少了管线的输送能力和气体热值,而且当输送压力和环境条件变化时,还可能引起水蒸气从天然气流中析出,形成液态水、冰或天然气的固体水合物,从而增加管路压降,严重时堵塞管道。天然气中凝析油的聚积不仅会引起设备、管道和仪表的腐蚀,同样会增加管输的阻力,降低输气量。气中凝析油和水汽对平台燃气轮机也不利,易造成机内积炭,增加腐蚀,减少使用寿命。

(3)天然气中的硫化氢、二氧化碳等酸性气体溶于水,会加速对管道、设备的腐蚀。

我国管输天然气的气质要求：H_2S 的浓度小于 $5.7 \sim 16mg/m^3$，总硫的质量浓度小于 $150 \sim 450mg/m^3$；CO_2 的质量分数小于 $0.02\% \sim 0.03\%$。在管输压力下，气体的露点应比最低输气温度低 $5℃$ 以上。

天然气的处理主要根据产出天然气的流量、组分、温度、压力以及客户要求的质量指标而定，同时也要考虑管道传输问题。

一般的天然气处理工作主要包含以下内容：相分离、甜化处理（即脱硫，脱二氧化碳）、水露点控制（即脱水）、烃露点控制（即去除天然气中的重质成分）、温度控制（冷却、加热）、压力控制（减压、压缩升压）、天然气的传输、计量等。

在海上平台要脱除天然气中的 H_2S 或 CO_2 酸性气体，需要建设庞大的装置，增加海上投资。一般是将天然气输送到岸上进行脱酸气处理，而在平台上只完成天然气脱水，降低气体露点，使其在向岸上输送过程中无水分析出，处于气体状态的酸气就不会对输送管道产生严重的腐蚀。

一、天然气脱水及水露点控制

天然气脱水，就是脱除天然气中的水分，降低水露点的工艺。水露点是指水开始从天然气中冷凝出来的温度。将天然气脱水至所要求露点以下的温度，就可以避免水合物的形成及冷凝水的酸腐蚀。从油气分离器分离出来的天然气是处于含水汽的饱和状态。天然气销售时会对天然气的绝对含水量或水露点提出明确要求。

1. 含水量的确定

天然气中的含水量与天然气的温度、压力、组分及酸性气体（H_2S 和 CO_2）等因素有关。天然气中的饱和水气含量随温度的升高而增加，随压力的增加而减小，酸性气体及重质烃类含量的增加也会导致含水量增加，而一定量的氮气则会使含水量降低。

测定天然气中含水量的方法有：质量法、露点法、图算法等。前两种在生产现场较常用，而图算法主要用于设计脱水系统来估算天然气的含水量。

2. 天然气脱水的方法

天然气脱水方法有液体吸收法、固体吸附法和降温冷凝法。液体吸收法是海上平台天然气脱水使用较为普遍的方法，应用最广泛的是三甘醇相接触脱水。

液体吸收法脱水深度一般能达到 $-20 \sim -40℃$，固体吸附法一般能达到 $-73℃$ 以下，含水量可达到 $1mg/m^3$。如果脱水要求的露点相同，液体吸收法要比固体吸附法更经济。降温冷凝法一般用于对高温高压天然气中的水分进行粗分离。

1）液体吸收法

液体吸收法是根据天然气和水在液体中的溶解度不同，采用亲水性较强的吸水液体与天然气接触，使天然气中的水分被吸收，从而达到干燥天然气的目的。

天然气脱水中常用的液体吸收剂（干燥剂）有四种：乙二醇（EG）、二甘醇（DEG）、三甘醇（TEG）和四甘醇（T_4EG）。

甘醇类化合物对天然气有较高的脱水深度和较低的溶解度，具有对化学反应和热作用稳定、蒸气压低、黏度小、发泡和乳化倾向小、对设备无腐蚀、容易再生、价格低廉等优点，并且容易获得。

天然气的脱水深度一般用露点降表示。露点降是天然气脱水塔操作温度与脱水后干气露点温度之差。

当要求脱水后气体露点降到−20～−40℃时,通常选用三甘醇脱水。实践证明,三甘醇以它较大的露点降、技术上的可靠性和经济上的合理性在天然气脱水中使用最普遍。

三甘醇的应用范围:露点降为22～78℃,气体压力为0.172～17.2MPa,气体温度为4～71℃,含硫或不含硫天然气的脱水。

(1)三甘醇脱水工艺流程。

三甘醇脱水工艺主要由甘醇吸收和再生两部分组分。图6−23是三甘醇脱水工艺的典型流程。

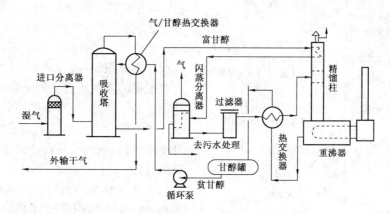

图6−23　天然气三甘醇脱水流程

含水天然气(湿气)先进入进口分离器,以除去气体中携带的液体和固体杂质,然后进入吸收塔。在吸收塔内,原料气自下而上流经各塔板,与自塔顶向下流的贫甘醇液逆流接触,甘醇液吸收天然气中的水汽。经脱水后的天然气(干气)从塔顶排出。吸收了水分的甘醇富液自塔底流出,经再生精馏柱换热后进入闪蒸分离器。闪蒸出的气体可作为燃料或排至安全地带放空。从闪蒸分离器内撇出的碳氢化合物液收集到平台含油污水处理系统,从闪蒸分离器底部出来的富甘醇溶液经过滤器和贫/富甘醇热交换器后进入再生装置。

富甘醇在再生装置中提浓后溢流到下部重沸器,然后冷却并流入贫甘醇储罐。浓缩后,甘醇由循环泵经气/甘醇热交换器打入吸收塔重复使用。

甘醇吸收塔和气/甘醇热交换器同工艺设备通常安装在平台危险区,其余的设备组装在一起并放在再生撬块上。由于重沸器可能是直接火管加热式的,它必须放在一个安全位置并处于平台的下风处。

(2)三甘醇脱水工艺原理。

八碳以下的甘醇具有很强的吸水性,这一物理性质是由它的分子结构决定的。每个甘醇分子都有两个羟基(−OH),羟基在结构上与水相似,因而可与水分子形成氢键,类似于水分子与水分子之间的氢键,从而使水缔合:$x(H_2O)=(H_2O)_x$,这样,高浓度甘醇水溶液就可将天然气中的水蒸气萃取出来,形成甘醇稀溶液。

甘醇的脱水过程就是吸收过程,这个过程在接触(吸收)塔内进行。如图6−24所示,气流从塔底进入,而贫三甘醇溶液从塔顶流入,以逆流方式流动,通过各级塔盘的气体与三甘醇充分接触,气流里的水蒸气被吸收到贫三甘醇溶液中。最后,富三甘醇从塔底流回再生(浓缩)系统。

2)固体吸附法

吸附是指流体与多孔固体粒子相接触,流体中某些组分的分子被固体内孔表面吸住的过程。它是在固体表面力作用下产生的,根据表面力的性质可分为物理吸附和化学吸附。由于物理吸附是"范德华力"造成的,是一种可逆过程,随温度和压力变化会发生"脱附"。因此天然气净化脱水多用物理吸附法,常用的固体吸附剂有硅胶、分子筛、活性铁矾土、活性氧化铝等。而轻烃回收装置(深冷)多用分子筛脱水。

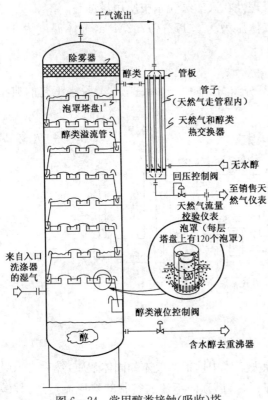

图6-24 常用醇类接触(吸收)塔

分子筛为多孔性的硅酸铝,具有很大的内部比表面积(一般为 $600\sim1000m^2/g$),因而有很强的吸附能力。分子筛型号一定,其孔径都是一样的,只有那些比分子筛孔径小的分子才能进入分子筛的空腔而被吸附,大分子则被排除在外,从而达到了大小分子分离的目的。

天然气脱水装置中的吸附塔一般采用加热法再生。当用分子筛进行气体的深度脱水时,再生温度在 $260\sim371℃$,脱水后的干气露点可达 $-84\sim-101℃$。

如图6-25所示,从吸附床底部出来的原料气抽取一小部分作再生气进加热器(炉)升温。从加热器(炉)出来的高温再生气从再生床的底部进入,然后从顶部出来的含饱和水蒸气的再生气经冷却器冷却后进入再生分离器。从再生分离器分离出来的水排入闭式排放系统,分出来的湿天然气可通过再生气压缩机增压返回原料气进口分离器,亦可直接做燃料气或并网外输。

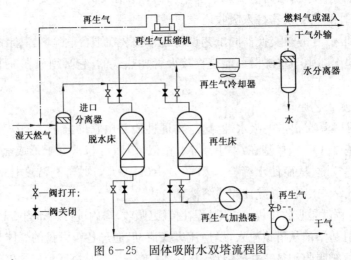

图6-25 固体吸附水双塔流程图

3)降温冷凝法

降温冷凝法包括空冷法、膨胀法和冷剂制冷法,通过直接冷却天然气,使天然气中的饱和水随温度降低而减少。降温冷凝法适用于气源压力低、气流温度高、含饱和水天然气在输送过程中产生烃类凝液较多、环境温度又非常低，且低于起点天然气的水露点和烃露点的情况。

(1)空冷法。冬季气温在较长时间内比埋地管线低 10℃以上时，就可以采用空冷法，即直接利用自然冷源对饱和天然气进行降温脱水。对使用空冷法脱水的天然气集输管线一般设有通球和添加抑制剂(如甲醇)设施。可见，空冷法只适用于冬季或温度很高的天然气。

(2)膨胀法。即节流法脱水，该法只限于气源有富余压力可利用、膨胀后无须再增压的场合。膨胀法脱水装置一般包括进气分离器、换热器、节流阀、低温分离器以及防止水合物生成的注抑制剂的储罐和注入泵。若采用甘醇作抑制剂，则还有甘醇再生装置。

(3)冷剂制冷法。即利用冷剂(氨、丙烷及混合冷剂)制冷原理使天然气降温脱水，主要适用于无压差可利用的场合。冷剂制冷装置包括进气分离器、贫富气换热器、蒸发器、低温分离器、制冷、凝液稳定设备等。

二、天然气水合物的形成及预防

天然气水合物是一种白色结晶固体，外观类似松散的冰或致密的雪，密度为 $0.88\sim0.90\mathrm{g/cm^3}$。

1. 水合物的结构

天然气水合物是在一定的压力和温度条件下，天然气中某些组分(如甲烷、乙烷、丙烷、H_2S 和 CO_2 等)与水构成的结晶状水合物。烃分子与水分子之间并没有真正发生化学作用，仅靠分子间的范德华力保持晶体的稳定。

天然气水合物有两种晶体结构:I型结构和II型结构。两种结构都包含有两种大小不同而数目一定的孔穴。所谓孔穴是由水分子通过氢键连接起来而构成的多面体，有 12 面体、14 面体和 16 面体三种。12 面体分别和另外两种多面体搭配而形成I、II型两种结构，如图6—26所示。

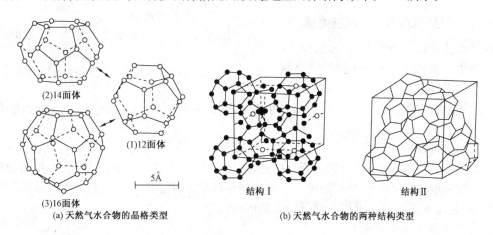

(2)14面体　(1)12面体

5Å

(3)16面体

(a) 天然气水合物的晶格类型

结构I　结构II

(b) 天然气水合物的两种结构类型

图 6—26　天然气水合物的结构

2. 水合物的形成

形成水合物一般要有三个条件：

(1)气体处于水气的过饱和状态或有液态水存在；

(2)有足够高的压力和足够低的温度；

(3)其他次要条件，如气体流速高、任何形式的搅动、酸性气体(H_2S 和 CO_2)的存在、天然气的组分等。

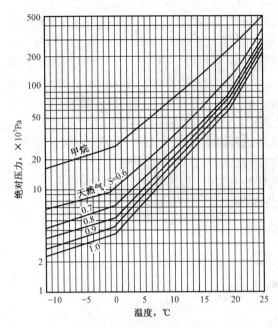

图 6-27 天然气水合物形成的平衡曲线

图 6-27 是天然气水合物生成的平衡曲线。它描述了不同相对密度的天然气形成水合物的最低压力及最高温度条件。从图中曲线可以看出，天然气压力越高，形成水合物的温度也越高。天然气的相对密度越大，形成水合物的压力越低，温度越高。然而天然气中每种组分生成水合物都有一个温度上限，即水合物可能存在的最高温度。若温度高于此上限，不管压力多大，都不能生成水合物，此温度称为气体水合物生成的临界温度。

图 6-28 所示为天然气水合物形成特性曲线与其烃露点线及泡点线的关系。线 FEGC 是该气体的烃露点线，水合物曲线 FGH 的倾斜度沿着四分线 FG 变得越来越垂直。

四分线 FG 的倾斜度取决于系统中烃类液体的量，烃类液体的量越大，其倾斜度越陡。若四分线与相包络线相交在 C 点的左边（即泡点线），则水合物曲线在单相态区域内基本上是垂直的。

3. 预防天然气水合物形成的措施

烃类水合物是一种不稳定的化合物，当它的温度和压力条件处于适当值时，会分解为碳氢化合物和水。

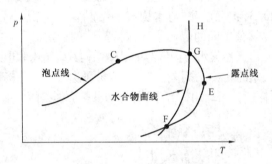

图 6-28 天然气水合物形成特性曲线

天然气中含有水分是形成水合物的内在因素，因此最积极的防止水合物形成的方法是脱除天然气中的水分。

1）控制节流压降

天然气在节流过程中，导致气体降压膨胀，温度下降，压降越大，温降就越大。控制节流压降，就可以保证温降不太大，并使温度高于水合物生成的温度。图 6-29 是天然气随给定压降的温降图，利用该图可快速求得天然气流温降的近似值。

2）提高天然气流动温度

在一定的压力下，水合物有一定的形成温度。如果使天然气的温度始终高于水合物形成的温度，则会有效地防止水合物的形成。该法主要用于高压气井节流阀前，预先用加热器加热天然气，使其经过节流阀的节流降压后，气体温度仍高于水合物形成的温度。

平台加热天然气的常用设备有电加热器和热介质加热器。如果天然气的压力过高，电加热器的投资会非常昂贵，但电加热器的操作非常方便。

3）天然气中注入水合物抑制剂

向天然气中注入各种能降低水合物生成温度的抑制剂，一般常用的抑制剂有甲醇（MeOH）、乙二醇（MEG）、二甘醇（DEG）。

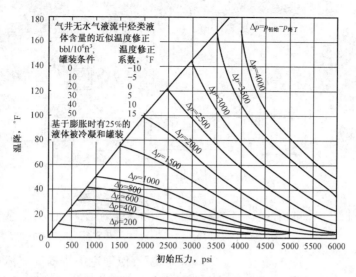

图 6-29　天然气随给定压降的温降图

甲醇可用于任何操作温度,由于它的沸点较低(常压下为 64.7℃),故用于低温下比较合适,在较高温度下,蒸气损失过大。甲醇用于处理气量较小,含气量较低的平台井口节流设备或管道。

乙二醇较甲醇沸点高,蒸发损失小,一般可重复使用,适用于处理气量大的平台。

4. 解除天然气水合物在管线中冰堵的措施

在井站和输气管道内,一旦形成水合物,则管道两端压差逐渐增大,输气量逐渐减少,严重时可能完全堵塞管道,影响平稳供气,因此必须采用紧急解堵措施。

常用的解除天然气水合物堵塞的措施有三种:

(1)注抑制(防冻)剂。在生产现场常用甲醇、乙二醇。将抑制剂注入水合物形成点的上游,以降低水合物形成的平衡温度,从而使形成的水合物逐步分解,达到解堵目的。

(2)加热。提高水合物形成点上游天然气的流动温度,使之高于水合物的形成温度。对于地面管道,可以采用在管外加热水或用蒸汽来加热管线,逐步解除管道内已形成的水合物。

(3)降压解堵。通过放空天然气降低压力,降低水合物形成的平衡温度,达到解堵目的。该法一般在管道完全堵塞的情况下应用。

当管道开始发生水合物冰堵时,应立即采取提高天然气流动温度或注入抑制剂等措施。一旦管道被天然气水合物完全堵塞,则只有放空降压解堵,不过管道温度低于 0℃不宜采用降压法,因为水合物分解时形成的水会变成冰引起冰堵,在此情况下,应在降压的同时向管道内注入抑制剂,加入量以最后形成的抑制剂水溶液不致凝固为标准。

三、天然气计量

天然气计量方法主要包括流量计量和能量计量两种。我国只有个别情况采用能量计算,大多采用流量计量。

目前国内外采用的输气干线流量计有三种类型:孔板流量计、涡轮流量计和超声流量计。

孔板流量计由于在气体流动中没有运动的部件,更换不同尺寸的孔板就能适应不同的流量范围,具有不依靠外部动力的记录仪,有可靠的传感器,受环境因素影响小,所以是油田气体测量的主要仪表。其中又以孔板差压流量计的应用最为广泛。

孔板差压流量计由节流装置、导压管和差压计三大部分组成,如图 6-30 所示。

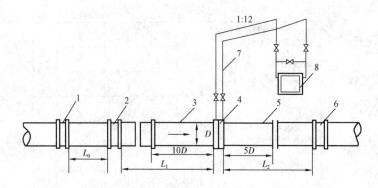

图6—30 孔板压差流量计组成示意图

1—上游侧第二阻力件；2—上游侧第一阻力件；3—上游侧直管段；4—孔板和取压装置；
5—下游侧直管段；6—下游侧第一阻力件；7—导压管路；8—差压计

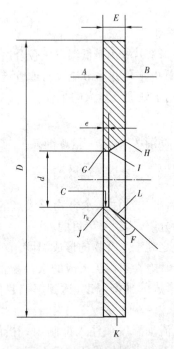

图6—31 标准孔板结构示意图
A—上游面；B—下游面；C—开孔内圆柱面；
D—孔板外圆直径；d—孔板开孔内圆直径；
E—厚度；e—开孔内圆柱面的长度；F—开孔
圆锥半角；G—开孔直角入口边缘；H—开孔
圆锥面出口边缘；I—开孔内圆柱面出口边缘；
J—开孔直角入口角度；K—外圆柱面；L—开
孔圆锥面；r_k—开孔直角入口边缘圆弧半径

（1）节流装置：使管道中流动的流体产生静压力差的一套装置，完整的节流装置由标准孔板、带有取压孔的孔板夹持器和上下游测量管组成。标准孔板（图6—31）是一块金属板，具有与测量管轴线相同心的圆形开孔，其入口直角边缘加工非常尖锐。气体通过标准孔板时，由于截面积突然缩小，流束在孔板开孔处形成局部收缩，流速加快，在开孔前后产生压差，流量越大压差越大。通过测量压差可计算流量。

（2）导压管：一般采用 $\phi18mm \times 3mm$ 的无缝钢管，其作用是将标准孔板所产生的压差信号传送给压差计。

（3）差压计：用于测量差压信息，把此差压转换成流量指示并记录下来。

1. 单井产气计量

孔板流量计测量单井气量的常规计算表达式为：

$$q_g = 0.18943 K d^2 \sqrt{\frac{H_w p_0}{T_0 Z_0 \gamma}} \qquad (6-7)$$

式中　q_g——标准状况下的体积，m^3/h；

　　　K——孔板综合校正系数；

　　　d——孔板直径，mm；

　　　H_w——孔板压差，毫米水柱；

　　　p_0——测试分离器压力（指绝对压力），$\times 10^5 Pa$；

　　　T_0——测试分离器温度（指绝对温度），K；

　　　Z_0——气体压缩因子；

　　　γ——气相对密度。

标准状况指温度为20℃，压力为0.101325MPa。孔板综合校正系数 K 由 K_0、R_e、Y 三个校正系数产生。K_0 为孔板校正系数，R_e 是截面积比 m 的函数，截面积比 m 由下式得到：

$$m = \frac{d^2}{D^2} \qquad (6-8)$$

式中 d——孔板直径，mm；

$\quad\quad D$——管道内径，mm。

孔板直径 d 和管道内径 D 间的关系如图 6-32 所示。

孔板压差 H_w 由孔板流量计的 Barton 记录仪记录在卡片上。

孔板压差 H_w 平均值由下式得出：

$$H_w = \left(\frac{1}{n} \sum_{i=1}^{n} \sqrt{h_{wi}} \right)^2 \quad (6-9)$$

式中 h_{wi}——测试期间内的每小时平均值；

$\quad\quad n$——测试的小时数。

2. 油田总产气量计量

1）单井产气量累计法

根据油田各单井测试的产气量求和累计可计算出油田总产气量。

$$Q_g = \sum_{i=1}^{n} q_{gi} T \quad\quad (6-10)$$

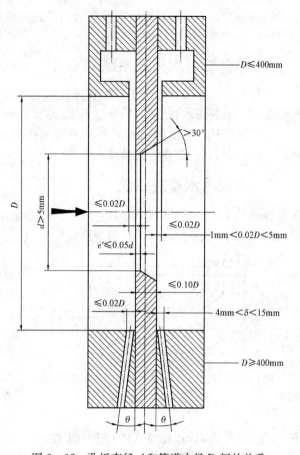

图 6-32　孔板直径 d 和管道内径 D 间的关系

式中 Q_g——油田总产气量，m^3；

$\quad\quad q_{gi}$——单井产气量，m^3/d；

$\quad\quad n$——生产井数；

$\quad\quad T$——生产井生产天数。

2）外输气量累计法

将油田外输气流量计流量值进行累计，再加上原油分离器气出口的气量得到油田总产气量。

3. 销售计量

在天然气销售计量中，国外多以能量流量作为结算依据。

$$W = Q_g \times V \quad\quad (6-11)$$

式中 W——能量热值，MJ；

$\quad\quad Q_g$——标准状况（20℃、0.101325MPa）下的流量，m^3；

$\quad\quad V$——每标准立方米所含的热量（由实验分析确定），MJ/m^3。

目前，国内仍采用公制标准状态下的体积流量为结算依据。

第三节　水　处　理

海上油田水处理系统，包括含油污水处理系统、用于注海水的海水处理系统、注水及生活所用浅层地下水处理系统，以及收集冲洗甲板水及雨水的辅助污水处理系统等。

海上油田的含油污水处理系统，均采用闭式。含油污水处理方法及主要工艺流程、用于注海水的海水处理系统已在第六章第一节注水技术中介绍,这里只介绍辅助性污水处理系统。

辅助性污水处理系统采用开式。平台污水排放系统主要是收集平台各处敞开于大气的水、污水和污油,并进行处理。有些平台的开式排放系统又可以分为非含油污水排放系统和含油污水排放系统。

一、非含油污水排放系统

非含油污水排放系统由于收集和排放的是不含油和对海洋不会造成污染的水,主要是生产流程中多余的海水、处理后的生活污水、冷却设备水、冷凝水、反冲洗水以及下雨时从各甲板和直升机坪(甲板)汇集起来的雨水,因此该系统不采用任何处理设备,只是用管子将各排放口连接,最后汇集到一根总管直接排入大海。

二、含油污水排放系统

含油污水排放系统的作用是将生产、公用系统中的含油污水进行收集和处理,达到排放标准后排入海中,该系统的主要设备有开式排放罐、污水泵等。

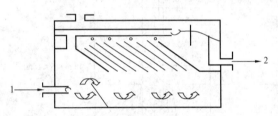

图6—33 潤11—4PUQ的开式排放罐示意图
1—进水管;2—排污管

开式排放罐是含油污水排放系统中最重要的设备,图6—33(潤11—4PUQ的开式排放罐)是一个典型的开式排放罐示意图,其外部主要有各种接口管嘴、仪表、阀门、人孔及插入式加热器等,内部主要有与水平面线成45°角的一组斜板、油水隔板和导油管等。含油污水从"1"口进入集装箱,经过斜板时由于油水重度不同,油滴沿着斜板面向上浮起,在水面上聚结成油层,油层通过集油管到集油箱。污水从"2"口流出排海或进行进一步处理,集油箱里的油通过污油泵打回油气处理系统。回收油泵则是用于将排放罐中的原油打到原油处理流程。

三、开式排放系统的操作

开式排放系统由于收集的是各处与大气相连的含油液,因此它是在常压下工作,操作中主要注意控制罐内的液位和温度。正常情况下液位和温度都是自动控制,设定好报警值,将液位和温度限制在要求的范围内,一般的开式排放罐也提供了就地的手动控制功能,可以就地开启或关停泵来保持罐的液位,就地关断或开启电热源(或热介质)来保持罐的温度。

练 习 题

6.1 何谓原油处理?油气分离的主要方法有哪些?海上油气田一般采用的是哪种?

6.2 影响油气分离的因素有哪些?

6.3 试述三相分离器的组成和工作原理。

6.4 试说明原油脱水的方法、原理和特点。

6.5 试述原油稳定的作用和原理,原油稳定的方法、特点及选择。

6.6 油气计量方法有哪些?

6.7 何谓水露点?试述天然气脱水方法、工作原理。海上油气田多采用哪种脱水方法?

6.8 天然气水合物的形成条件及防治措施是什么?

第七章　海上油气储存与集输

为了满足油气开采和储运的要求,将分散的油井产物,分别测得各单井的产量值后,汇集、处理成出矿原油、天然气、液化石油气及天然汽油,称为油气集输过程。

海上油气集输系统是指把海上油井生产出来的原油、天然气和采出水进行集中、处理、初加工,经储存、计量后输送给用户的整个生产流程,以及为上述生产流程提供的生产设备、工程设施的总称。

海上油田原油的储存和运输通常有两种基本方式:一是把储油设备放在海上,原油用油轮来外运;二是用海底管道把原油输送到岸上的中转储库,再用其他运输方式运往用户。

第一节　海上储油系统

海上油田油气储运方式的选择是否合理,对于海上油田开发项目的投资和油田生产操作费有重大影响。

海上储油设施是全海式油田不可缺少的工程,它为油田连续稳定生产提供足够的缓冲容量。海上储油设备的容量取决于油田产量和运输油轮的数量、大小、往返时间以及装油作业受海况的限制条件。

目前海上油田储油设施主要包括:浮式生产储油轮、平台储油罐、海底储油罐、重力式平台支腿储油罐、储油/系泊联合装置。

一、浮式生产储油轮

油轮储油容量大,不受水深条件限制,可停泊在平台附近,亦可用单点系泊或多点系泊锚定。油轮不仅可作为储油设施,而且可作为油田的生产设施。

浮式生产储油轮(Floating Production Storage Offloading,FPSO,图7-1),它与单点系泊相连接形成海上石油终端,是一种具备多种功能的浮式采油生产系统,它是海上储油最常用的一种方式,对于海上边际油田和远离陆地的海上油田的开发,都具有特别重要的意义。它不仅能节约投资费用,而且机动性好,在结束一个油田的生产之后,可以立即迁移用于另一个新油田的开发;其缺点是受环境影响大,在恶劣的气候条件下不能连续生产。

浮式生产储油轮可以专门设计建造,也可以购置旧油轮经改造而建成,它一般具备三种功能:油、气、水处理功能,原油储存功能,卸油外输功能。有些海上油田的开发,把油、气、水处理功能放在平台上,因此,有些浮式生产储油轮只有后面两种功能,简称为储油轮。

生产储油轮要接收油田各油井开采出来的油井液,并进行油气计量、油气分离,使原油经过油气处理达到商品原油质量标准后储存待运。因此,用作储油的油轮,应满足装油作业的要求并配有下面设施:

(1)油舱,是油轮用来装油的部分,用单层舱壁将油舱分隔成若干个独立的舱室。当油轮摇动时,可减少油品的水力冲击,增加油轮的稳定性。油轮四周边部舱室可用作海水压载舱室,通过注入或抽出海水来调节装油作业时的平衡。

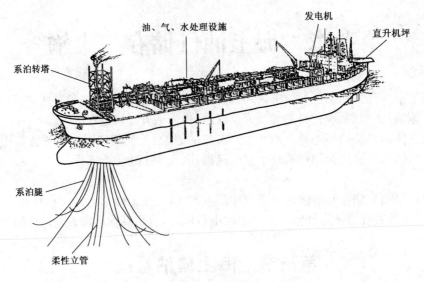

图7-1 浮式生产储油轮(FPSO)

（2）各种管路系统和设备，主要有进油和装油管系，装油泵组、出售原油的计量和标定装置、装油生产作业的仪表监测和控制系统、用于舱室密封气的生产装置和管系、油舱清洗设备和管系、储油舱加热保温热力系统等。此外，还有齐全的安全探测、消防灭火、人员救生设备，适应海上永久性作业的住房设施，直升机停机坪和与单点系泊连接的系泊设施。

二、平台储油罐

对于油田产量小、离岸远或浅水海区，铺设海底管线不经济，或者油田虽大，离岸也不太远，但处于开发初期，海底管线尚未铺设，这时就需要在平台上设储油罐临时储油，然后再用油轮装运上岸或直接运到用户。

所谓平台储油罐是指在固定式钢结构物上建造的金属储油罐，如图7-2所示。这种储油方式一般都建在浅水区。平台储油罐的结构及其附件，跟陆上储油罐基本相同，多半采用立式圆筒形钢质储油罐。

由于受固定平台甲板面积和承载能力的限制，储油容量不可能很大，因为过大的储油罐容量，受风浪影响较大，安全上就会有问题，同时建支撑平台要增加投资，不经济，故目前采用较少。

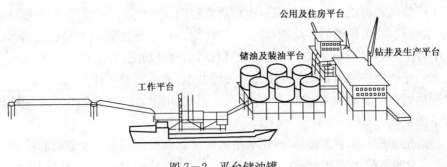

图7-2 平台储油罐

三、海底储油罐

海底储油罐使用在水深小于 100m 的近海区,其容积小的为几千立方米,大的达几十万立方米。油罐使用的材料有金属、钢筋混凝土和其他非金属材料。罐的形状有圆筒形、长方形、椭圆抛物面形、球形或其他组合壳体。由于长期浸泡于海水中,因此要特别注意防腐处理。

海底储油罐的优点:由于它位于水面以下,同火源、雷电隔离,不仅油气损耗小、不易着火、使用安全,而且在天气恶劣时,油井可以继续生产;油罐置于水下,受波浪力小;与水上储油方式相比,可以节省昂贵的平台建造费用,而且罐容量不受限制,具有巨大的储油能力。

设计海底油罐的结构型式时,要考虑海流、波浪、潮汐等作用力以及水深、海底土质条件等诸多因素。因此,其形状和结构往往彼此不同。

下面简略介绍水下储油工艺和两种海底油罐。

1. 水下储油工艺

水下储油是采用油水置换原理将储油罐稳定在海床上。油水置换工艺是利用油水密度差的原理,在水下油罐就位后,立即向罐内充满水。当储油时,原油注入油罐,将海水置换出来;输油时,向油罐注入海水将油置换出来,使油罐始终处于充满液体状态,以保持罐体在水下的重力稳定,罐壁内外压力保持基本平衡。

由于罐内始终充满液体(油和水),而无气相空间,罐外海水和罐内液体的静压差小,从而减小罐壁厚度和压载重量,大大节约建造费用。

水下储油罐可以储存轻质原油及高凝固点、高黏度原油。水下储油罐内的原油可以通过外部循环加热系统或罐内盘管热介质加热系统来加热。

2. 倒盘形海底油罐

倒盘形海底油罐是利用油比水轻,油总是在上部,海水在下部的原理制成的。图 7—3(a) 为 1969 年建于波斯湾迪拜海的海底金属油罐。

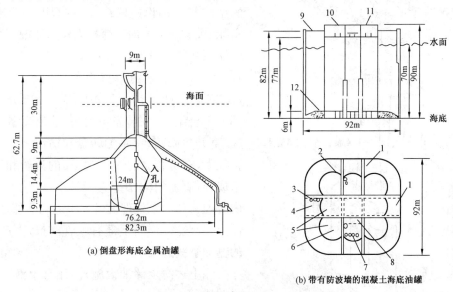

(a) 倒盘形海底金属油罐

(b) 带有防波墙的混凝土海底油罐

图 7—3 海底储油罐

1—隔墙;2—进油孔;3—海水泵;4—过桥;5—9 个有顶盖的储罐;6—吸入室;

7—4 台装油泵;8—控制室;9—顶部甲板;10—泵和撇油箱;11—直升机坪;12—内底板

油品的收发作业采用油水置换原理。利用设置在罐内的深井泵向外发油,海水从底部进入罐内,使油罐始终处于充满油或海水的状态。罐内油水界面随着向外发油而不断上升。由于罐截面积很大,收发油时油水界面的升降速度只有 0.3m/h,界面没有剧烈的波动,因而不会造成油品的乳化。油水界面的位置可由专门的测量仪表测得,也可根据力的平衡原理,根据上部圆筒中的油面高出海面的距离计算出来。

3. 带有防波墙的混凝土海底油罐

带有防波墙的混凝土海底油罐建于北海埃科菲斯克油田,罐形状如图 7—3(b)所示。

油罐底面呈皱纹形以增加与海底的摩擦力。内有 9 个储罐并相互沟通,都是预应力混凝土结构。罐四周用多孔防波墙围绕,防波墙的作用是保护罐体不致遭受狂暴风浪袭击而破坏。油品由 4 台装油泵经吸入室从储罐吸出装船外运。海水泵装设在储罐和防波墙之间的环形空间内,从储罐吸出的海水要经过罐顶甲板上三个撇油箱。

四、重力式平台支腿储油罐

巨大的混凝土和钢结构重力平台提供了能满足储油需要的空间。重力式平台需要有稳定的压载物,这种结构物的压载舱可设计成储油罐。图 7—4 为混凝土重力式储油平台。混凝土平台支腿油罐可以整体拖运至现场,甲板能事先安装在下部结构上,可省去海上吊装工作量。同时竖井可设置在混凝土结构中,使得立管和设备能够在一个干燥的环境中进行安装和操作,并能防止由于水下环境造成的腐蚀。

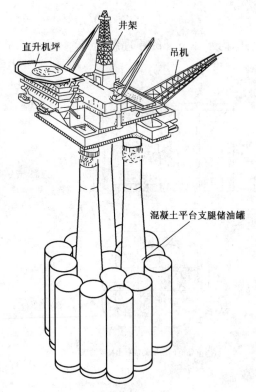

直升机坪　　井架　　吊机

混凝土平台支腿储油罐

图 7—4　混凝土重力式储油平台

五、储油/系泊联合装置

储油/系泊联合装置把海上油田设施和油轮的系泊与装油设施联合在一起,因而紧凑实用。实际上,这是把系泊浮筒扩大作为储罐,并在上面增加原油装卸设备。

SPAR(单锚腿单点系泊)的储油浮筒如图 7—5 所示。此浮筒由上、中、下三个部分组成,上部为平台结构,安装发电设备、控制设备、生活设施、直升机降落台、系泊转盘和输油软管等;下部直径大,有可容原油约 4×10^4 t 的油舱和压载舱,组成浮筒的主体;中部直径最小,以减少波浪力,内装油泵和污水处理设备。中部和下部之间有一浮力控制舱。浮筒下部有软管,与从生产平台来的输油管线连接。

除上述海上储油设施外,还有半潜式和自升式油罐等,但这些储油设施容量有限,故采用不多。

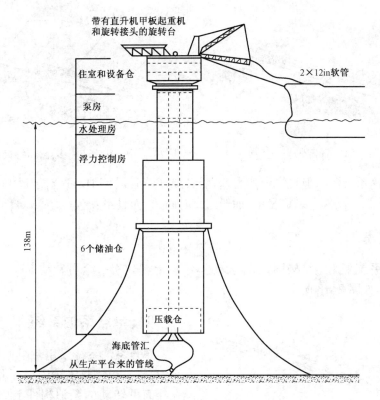

带有直升机甲板起重机
和旋转接头的旋转台

住室和设备仓

泵房

水处理房

浮力控制房

6个储油仓

138m

压载仓

海底管汇

从生产平台来的管线

2×12in软管

图7-5　储油/系泊联合装置(SPAR)

第二节　海上装油系统

海上各种容器储存的原油,最终要用油轮来
运走。海上装油系统即海上输油码头,也称作海上石油终端。海上装油系统主要提供海上油
轮停靠设施、油轮系泊设施、原油及压舱水装卸设施。

常用的海上装油系统为固定码头、多浮筒系泊系统、塔式系泊系统和单点系泊系统。

一、固定码头

海上固定码头有混凝土式和钢平台式两种结构,它是采用钢结构或预应力混凝土基础作
支撑而建成的码头平台,如图7-6所示。

固定码头适用于浅水区域。随着水深和油轮吨位的增加,码头的造价显著增加。这种码
头操作条件好、维修费用低,但建造周期长、投资费用高、适应性差。

二、多浮筒系泊系统

多浮筒系泊系统又称多点系泊,它通常是一种临时性生产油轮系泊方式。穿梭油轮用缆
绳或锚链系泊到几个专用浮筒上,每个浮筒用锚链固定到海床上,如图7-7所示。从海上储
油设施通过一条海底管线并借助一段软管与穿梭油轮的进油管汇相连。待穿梭油轮装满原油
后解掉浮筒上的系缆再开走。

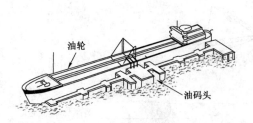

图7-6 固定码头

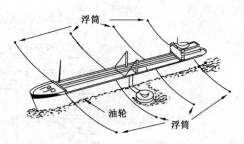

图7-7 多浮筒系泊系统

多点系泊简单、经济,但抗风浪能力差,船必须迎着强风停泊。这对于风浪方向多变的海区,使用受到限制。此外它系缆复杂,油船停靠时间长,而且不安全。

三、塔式系泊系统

塔式系泊系统采用钢结构固定在海床上,结构上部建有一个可转动360°的系泊转台,用缆绳系住油轮,如图7-8所示。

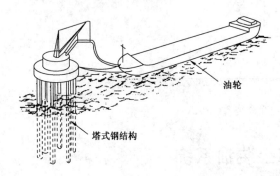

图7-8 塔式系泊系统

四、单点系泊系统

单点系泊系统采用一个大直径的圆筒形系泊浮筒,用锚及锚链固定在海底,油轮系泊在浮筒可转动的系泊构件上,可随海流和风向沿浮筒旋转360°,能使油轮处于海浪流速和风速以及风力综合造成的最小阻力位置。浮筒的甲板上有装油、卸压舱水、装卸燃油等管线设施,原油从海底管线通过立管或软管进入浮筒的中央旋转装置,延伸至油轮的管汇系统。

单点系泊系统的优点是不受港口水域的限制,适应性强,在一般风浪情况下可进行装卸作业,它比固定的岛式码头造价低,建造速度快;缺点是操作条件差。

1. 单点系泊系统组成

(1)浮筒。除了固定塔式单点系泊装置之外,其余类型的单点系泊装置大多装设一个浮筒,以提供正浮力以及安装转盘和流体旋转头。浮筒尺寸是根据所需正浮力和结构要求而确定的。除了强度要求外,浮筒必须满足水中稳定要求,包括在无链拖航和最大外界环境中的稳定。

(2)桩腿构件。单点系泊系统的桩腿是将浮筒支持在安装点的部件,分为锚链类(或锚链—立管)和刚性构件两种,按数量分为有单桩腿和多桩腿。桩腿构件之间的连接一般采用万向接头。

(3)系泊缆绳。系泊缆绳是系泊船只的主要部件。按美国海运局标准(ABS规范)规定,系泊缆绳最多只能由两根组成,由系泊负荷决定。

(4)输油软管。单点系泊系统的输油软管通常分为两段,一段是从海底管道的末端管汇连接到浮筒上的流体旋转头,称为水下软管(或者称为柔性立管);另一段是从流体旋转头连接到储油轮,称为漂浮软管。

(5)流体旋转头。流体旋转头是单点系泊系统的关键部件,它是连通固定部分和旋转部分之间各种流体管道的转换设备。流体旋转头采用一个双密封系统,它具有模块化结构,在需要做多通道布置时,可以把几个旋转头叠装在一起。

2. 单点系泊系统的系泊方式

1)悬链式浮筒系泊

悬链式浮筒系泊主要用于浅水海域,是一种最普通的系泊(图7—9)。它是一个漂浮在水面上的大直径的鼓形浮筒,由六根悬链锚固定到海床上。浮筒上装有旋转接头、装油管汇和系泊臂,旋转接头通过浮筒下软管与海底管道相连,油轮由缆绳系泊到浮筒。一条漂浮软管将单点与油轮相连,通过该软管向油轮装油。

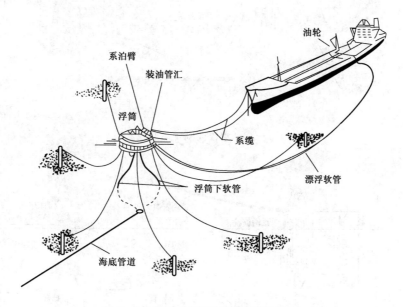

图7—9 悬链式浮筒系泊装置(CALM)

它的主要优点是结构简单、便于制造和安装,造价低廉,大大降低了系泊负荷,缓冲了风浪对系统的冲击。

它的缺点是要求海底地貌平坦,浮筒的漂移、升沉随恶劣的环境条件不断增长,这将使水下软管因过度挠曲而易于损坏。在持续摇荡期间,工作艇难于靠近,给维修保养工作带来不便。

2)单浮筒刚臂系泊装置

单浮筒刚臂系泊装置是在悬链式浮筒系泊装置的基础上发展起来的,其主要差别是用刚性轭臂系泊取代缆绳系泊,如图7—10所示。刚性轭臂与储油轮之间的铰链连接,允许产生纵摇;它的另一端支持在浮筒上,可以围绕浮筒旋转,并通过万向接头连接在一起,这样就可使浮筒、刚性轭臂和油轮的摇摆角各自独立。大多数刚性轭臂都设计成A字架形式,采用封闭的箱型结构。

3)单锚腿系泊装置

单锚腿系泊装置的结构如图7—11所示。它有一个长圆柱形浮筒,用一根粗锚链固定在海床上,浮筒可以在海面上自由转动。由于浮筒的正浮力,锚链处于张紧状态。基座用桩固定在海底,生产旋转接头固定在基座上。软管一端与旋转接头相连并漂浮在水面。当油轮开来时,用浮式系缆系住。油轮系泊好后把浮式装油软管与油轮管汇相连,即可装油。

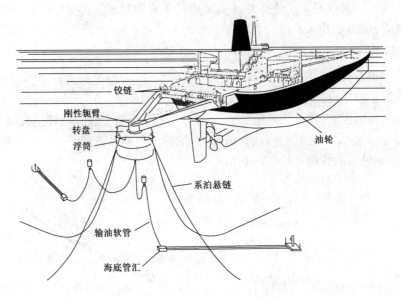

图 7-10 单浮筒刚臂系泊装置

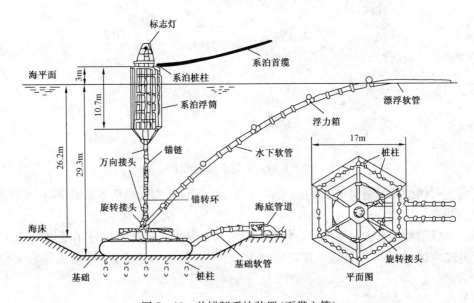

图 7-11 单锚腿系泊装置(不带立管)

4)单锚腿刚臂系泊装置

单锚腿刚臂系泊装置是在单锚腿系泊装置的基础上发展起来的,如图 7-12 所示。刚性轭臂与油轮是铰链连接,并通过一个允许有相对纵摇和横摇运动的铰链接头与系泊立管相连。铰链接头通过滚柱轴承连接到立管顶部,使轭臂和油轮能随风摆动。与立管组合在一起的浮力舱趋于使立管保持垂直位置,从而为油轮保持在停泊点位置提供了恢复力。立管底部通过万向接头与海底的锚定底座相连。

5)导管架塔式刚臂系泊装置

图 7-13 是我国渤海某油田采用的导管架塔式刚臂系泊装置。系泊臂是一个刚性"A"字形钢管构架,其前端依靠横摇—纵摇绞接头与系泊头相连接,后端依靠系泊腿与生产储油轮的系泊构架连接。系泊头安装在导管架顶部中央的将军头上。系泊头上安装有转输油、气、水的

流体旋转头和一个转动轴承,它可以使生产储油轮和系泊刚臂一起绕着导管架转动。油田产出的原油和天然气,从海底管道进入系泊头上的流体旋转头,分别输往生产储油轮。

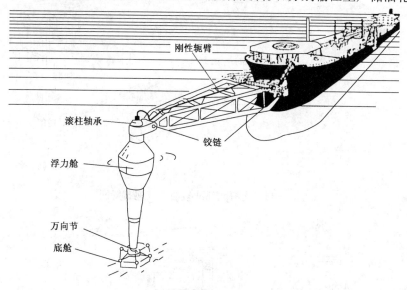

图 7—12　单锚腿刚臂系泊装置

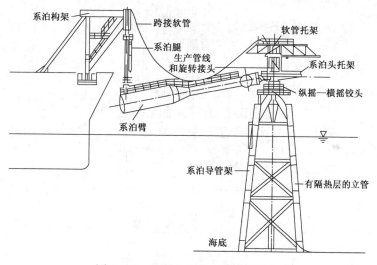

图 7—13　导管架塔式刚臂系泊装置

6)固定塔式单点系泊装置

南海北部湾某油田采用的固定塔式单点系泊装置是一个固定在水深 37.5m 海床上的柱状结构物,它通过一条缆绳系泊浮式生产储油轮(FPSO),如图 7—14 所示。这种类型的系泊装置主要由上下两部分结构组成,其结构形式如图 7—15 所示。

海上石油终端各有优缺点,通过海上石油终端的调动与装载性能、作业成本、经济效益对比,可以得出以下几点结论:

(1)固定码头适用于浅水区,建造时需疏浚大量泥沙;要求周围水域具有良好的保护条件,否则需花更大费用建造防波堤。

(2)多浮筒系泊系统只适用于具有良好保护的水域和小型油轮。

(3)塔式系泊系统具有撞船的危险,只适用于环境条件较好的浅海和具有防波堤的水域。

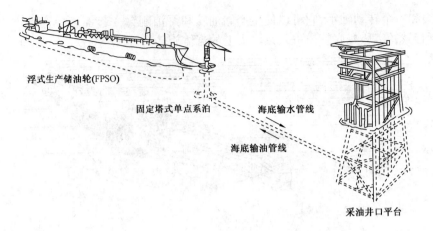

浮式生产储油轮(FPSO)

固定塔式单点系泊　　　海底输水管线

海底输油管线

采油井口平台

图7—14　南海北部湾某油田设施布置图

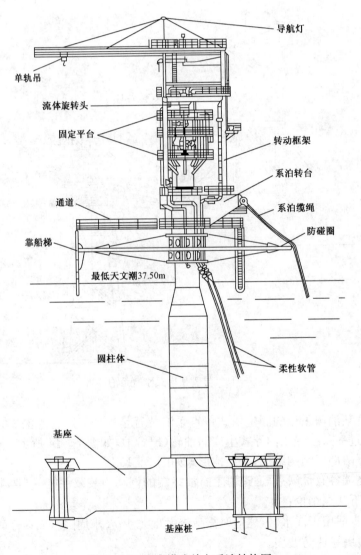

导航灯

单轨吊

流体旋转头

固定平台

转动框架

系泊转台

通道

系泊缆绳

靠船梯

防碰圈

最低天文潮37.50m

圆柱体

柔性软管

基座

基座桩

图7—15　固定塔式单点系泊结构图

(4)单点系泊系统的特点是投资少,输油成本低,对环境条件适应性强,较为机动灵活,具有安全、可靠、经济等优点。

第三节　海上油气集输模式

海上油气集输系统包括海上油气生产设备系统以及为其提供生产场地、支撑结构的工程设施,包括井口、生产平台、生活平台、储油平台、储油轮、储油罐、单点系泊、输油码头等。根据所开发油田的生产能力、油田面积、地理位置、工程技术水平及投资条件等,可分别组成不同的油气集输系统。

海上油气集输方式是按完成油气集输任务的环境位置区分的。随着海上油田开发工程由近海向远海发展,海上油气集输形成了全海式、半海半陆式和全陆式三种类型。它们的根本区别在于集输的生产处理设施是放在海上还是陆上。

影响海上油气集输方式选择的因素很多,必须在掌握大量资料的基础上进行综合经济分析比较,才能得到合理的方案。主要影响因素包括:

(1)油气藏情况:包括油田面积、可采储量、开采方法、油气井生产能力、开采年限、油气性质等;

(2)油田位置:包括离岸距离、岸上码头情况或建港条件、油田附近有无岛屿等;

(3)环境条件:油田水深、海底地形、海水和土壤性质、气象、海况、地震资料等;

(4)油气销售方向:原油内销还是出口,到消费中心的距离远近,输送路线是水路还是陆路等;

(5)海上施工技术:承制海上结构的工厂及海上施工、运输、铺管等技术水平和设备条件等;

(6)其他条件:如原油价格、材料价格、临时设备重复利用的可能性、投资、操作费用、经济评价后的盈利情况等。

一、全陆式集输方式

全陆式集输方式是指原油从井口采出后直接由海底管线送到陆上,油气分离、处理、储存全在陆上进行。

全陆式集输方式的海上工程设施一般为:

(1)井口保护架(平台)通过海底出油管上岸,如图7-16所示;

图7-16　海上油田全陆式集输方式

（2）井口保护架（平台）通过栈桥与陆地相连；

（3）人工岛通过路堤与陆地相连。

全陆式集输方式在海上只设井口保护架（平台）和出油管线，大大减少了海上工程量，便于生产管理。陆地生产操作费用比较低，而且受气候影响小，与同等生产规模的海上生产系统相比，其经济效益好。

全陆式集输方式由于海上工作量少，因而投资省、投产快。但这种集输方式因受井口压力的限制对离岸远的油田不适用，而且集输管线是油气水三相混输，管内摩阻大，要求管径也相应增大。

因此，该系统一般适用于浅水、离岸近、油层压力高的油田。我国滩海油田开发多采用这一集输方式。

二、半海半陆式集输方式

半海半陆式集输系统是指部分工艺设施放在海上、部分放在陆上，一般是在海上进行采集、分离、计量、脱水等，经过分离初处理后，再将原油经海底管线运送到陆上进行稳定、储存、外输，如图7—17所示。

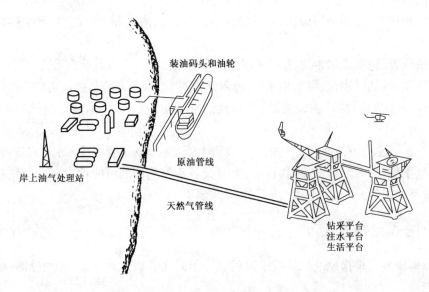

图7—17　海上油田半海半陆式集输方式

半海半陆式集输方式适用于离岸不远、油田面积大、产量高、海底适合铺设管线以及陆上有可利用的油气生产基地或输油码头条件的油田，尤其适用于气田的集输。但该方式必须铺设海底管线，对于海底地形复杂，或原油性质不适宜管输的情况，不宜采用这种方式。

三、全海式集输方式

将油气的集中、处理、储存和外输工作全部放在海上的油气集输方式，称为全海式集输方式，如图7—18所示。全海式的集输方式可以是固定式，也可以是浮动式；井口生产系统可以在水上，也可以在水下。这种集输方式既适合小油田、边际油田，也适合大油田；既适合油田的常规开发，也适合油田的早期开发。这是当今世界适应性最强、应用最广的一种集输方式。

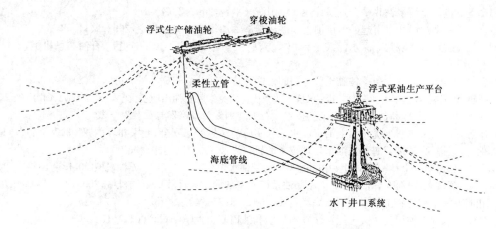

图 7—18　海上油田全海式集输方式

练 习 题

7.1　海上油田储油设施主要包括哪些？各自的适用条件是什么？

7.2　简述单点系泊系统的定义、类型、组成和优缺点。

7.3　试对比分析海上油气集输方式的主要特点。

参 考 文 献

[1] 安国亭,卢佩琼.海洋石油开发工艺与设备.天津:天津大学出版社,2001.

[2] 邓燕霞.海上油田注水新工艺.油气田地面工程,2012,31(3):6—9.

[3] 杜春安,潘永强,吴晓玲.海上油田污水处理技术研究进展.化工进展,2012,31(5):1149—1153.

[4] 樊灵,廖茂林,刘超.海上平台注水系统优化设计.规划设计,2011,30(9):30—32.

[5] 方华灿.海洋石油工程.北京:石油工业出版社,2010.

[6] 方华灿.我国海上边际油田采油平台选型浅谈.石油矿场机械,2005,34(1):24—26.

[7] 方华灿.对我国深水半潜式平台设计的几点浅见.中国海洋平台,2008,23(2):1—7.

[8] 耿福东.海上机械采油.中国海上油气(工程),1992,4(6):70—71.

[9] 桂召龙,邓波,彭刚.胜利埕岛油田注海水工艺技术研究.石油规划设计,2002,13(6):74—78.

[10] 韩霞,刘娜,宗华,等.埕岛油田注入海水净化处理技术研究.工业水处理,2001,21(2):22—24.

[11] 黄维平,白兴兰,孙传栋,等.国外 Spar 平台研究现状及中国南海应用前景分析.中国海洋大学学报,
2008,38(4):675—680.

[12] 刘学强,杜夏英,孔令海.南堡 35—2 油田稠油处理工艺介绍.中国海洋平台,2008,23(2):49—53.

[13] 霍尔.海上开发钻井与采油.北京:石油工业出版社,1988.

[14] 雷宇,李勇.气举采油工艺技术.北京:石油工业出版社,2011.

[15] 姜广彬,郑金中,张国玉,等.埕岛油田 3 种分层防砂分层注水技术分析.石油矿场机械,2010,39(8):
71—74.

[16] 姜磊.锦州 9—3E 油田总体布置的方案优化.中国海洋平台,2008,23(5):36—38.

[17] 李新仲,王桂林,段梦兰.深水油气田开发中的浮式平台新技术.中国海洋平台,2010,25(4):36—41.

[18] 李学富,潘斌.海上油气开发——埕岛油田技术集萃.上海:上海交通大学出版社,2009.

[19] 李润培,谢永和,舒志.深海平台技术的研究现状与发展趋势.中国海洋平台,2002,18(3):1—5.

[20] 李颖川.采油工程.2 版.北京:石油工业出版社,2009.

[21] 廖谟圣.海洋石油钻采工程技术与装备.北京:中国石化出版社,2010.

[22] 廖谟圣.海洋石油开发.北京:中国石化出版社,2006.

[23] 廖谟圣．世界超深水钻井平台发展综述．中国海洋平台,2008,23(4):1—7.

[24] 林永红．海上油田注水引起的地层损害及增注措施．油气地质与采收率,2002,9(1):83—85.

[25] 刘军鹏,段梦兰,罗晓兰．深水浮式平台选择方法及其在目标油气田的应用．石油矿场机械,2011,40 (12):70—75.

[26] 马喜平,罗岚,肖红章．聚季铵黏土稳定剂的性能评价．钻井液与完井液,1995,12(2):48—51.

[27] 牛明超,孔卫国．胜利海上埕岛油田注水技术政策优化研究．胜利油田职工大学学报,2006,20(4):52—53.

[28] 彭刚,王勇．胜利埕岛油田注海水工艺技术．石油规划设计,2002,13(1):28—30.

[29] 冉绍春,熊炜,王忠三．优化海上油田注水工艺实施清洁生产．安全、健康和环境,2003,3(5):17—19.

[30] 苏保卫,王铎,高学理．海上采油水处理技术的研究进展．中国给水排水,2009,25(24):23—26.

[31] 施明华,王艳珍,李宝林,等．海上油田同心双管分层注水工艺研究与应用．石油机械,2011,39(5):70—74.

[32] 师祥洪,闫敬东,冯海东,等．海上机械采油系统效率的测试与计算．石油机械,2003,31(9):46—48.

[33] 万扣兆．海上酸化施工技术探讨．海洋石油,2001(1):36—40.

[34] 王富．胜利埕岛油田注水井分层测试技术．胜利油田职工大学学报,2005,19(3):51—52.

[35] 王桂林,段梦兰,王莹莹．干式井口半潜式生产平台技术与应用．中国海洋平台,2010,25(5):11—14.

[36] 王涛,尹宝树,陈兆林．海洋工程．济南:山东教育出版社,2004.

[37] 王玮,孙丽萍,白勇．水下油气生产系统．中国海洋平台,2009,24(6):41—45.

[38] 王增林,辛林涛,崔玉海．埕岛浅海油田注水管柱及配套工艺技术．石油钻采工艺,2001,23(3):64—67.

[39] 汪张棠,赵建亭．我国自升式钻井平台的发展与前景．中国海洋平台,2008,23(4):8—13.

[40] 肖祖骐．海上油田油气集输工程．北京:石油工业出版社,1994.

[41] 谢梅波,赵金洲,王永清．海上油气田开发工程技术和管理．北京:石油工业出版社,2005.

[42] 辛世刚．海上油田开发(一).中国海上油气(工程),1990,2(6):5—6,49—50.

[43] 徐兴平．海洋石油工程概论．东营:中国石油大学出版社,2007.

[44] 薛鸿超．海岸及近海工程．北京:中国环境科学出版社,2003.

[45] 杨鼎源．海上油气生产系统展望．海洋石油,1998(3),32—38.

[46] 杨雄文,樊洪海．Spar平台结构型式及总体性能分析．石油矿场机械,2008,37(5):32—35.

[47] 杨以智．CB25F水源井在海上注水系统中的应用．吐哈油气,2010,15(4):339—342.

[48] 杨树栋,李权修,韩修廷．采油工程．东营:石油大学出版社,2001.

[49] 伊继涛,袁春鸿,赵宪堂．我国海上油田开采模式与强化采油技术研究．山东国土资源,2012,28(2):34—37.

[50] 尹先清,陈武,揭芳芳,等．海上油田含油污水离心分离方法研究．石油天然气学报,2005,27(6): 793—794.

[51] 余建星．深海油气工程．天津:天津大学出版社,2010.

[52] 喻西崇,谢彬,金晓剑,等．国外深水气田开发工程模式探讨．中国海洋平台,2009,24(3):52—56.

[53] 曾宪锦．海上油气田生产系统．北京:石油工业出版社,1993.

[54] 赵元伟．螺杆泵采油技术在胜利海上的应用发展．石油天然气学报,2009,31(4):310—312.

[55] 张琪．采油工程原理与设计．东营:石油大学出版社,2002.

[56] 张煜,冯永训．海洋油气田开发工程概论．北京:中国石化出版社,2011.

[57] 张宝印．海上油田开发工程国产化技术研讨会文集．北京:海洋出版社,1998.

[58] 张振峰,张士诚,单学军．海上油田酸化酸液的选择及现场应用．石油钻采工艺,2001,23(5):57—60.

[59] 张伟,杨宝山．海上注水泵配注系统的优化改进．中国设备工程,2006(6):19—20.

[60] 张希俭,桂召龙．胜利埕岛油田注入水处理工艺探讨．石油规划设计,1999,11(2):13—14.

[61] 赵帅．埕岛中心二号平台海水处理工艺．中国海洋平台,1999,14(6):31—36.

[62]《中国油气田开发志》总编纂委员会．中国油气田开发志——南海西部油气区卷(卷二十八)．北京:石油 工业出版社,2011.

[63]《中国油气田开发志》总编纂委员会．中国油气田开发志——东海油气区卷(卷二十九)．北京:石油工业 出版社,2011.

[64] 周守为．中国海洋石油高新技术与实践．北京:地质出版社,2005.

[65] 周守为．海上油田高效开发新模式探索与实践．北京:石油工业出版社,2007.